等离子喷涂技术手册

[美] Frank Shiner　编

马　壮　柳彦博　吴朝军　王富耻
周　野　夏　敏　朱时珍　刘　玲　译
高丽红　文　波　田伟智　马康智

電子工業出版社
Publishing House of Electronics Industry
北京·BEIJING

内 容 简 介

本书对等离子喷涂工艺原理及涂层基本特征进行了介绍，对特征形成机理进行了分析。书中汇集了等离子喷涂工艺的应用实例，对航空发动机制造、生物医学及纺织等领域等离子喷涂涂层进行了详细分析，重点展示了等离子喷涂技术的最新研究成果，包括纳米涂层、材料表面改性、生物涂层、防腐耐磨涂层等，并且对粉体特征、涂层模拟计算等方面的研究成果进行了总结。

本书可作为从事等离子喷涂的工程技术人员、科研人员及高等院校师生的参考用书。

图书在版编目（CIP）数据

等离子喷涂技术手册 /（美）弗兰克·夏纳（Frank Shiner）编；马壮等译. —北京：电子工业出版社，2022.1

书名原文：Plasma Spray Technology Handbook

ISBN 978-7-121-42902-6

Ⅰ. ①等…　Ⅱ. ①弗…　②马…　Ⅲ. ①等离子喷涂-技术手册　Ⅳ. ①TG174.442-62

中国版本图书馆 CIP 数据核字（2022）第 021546 号

责任编辑：张正梅　　特约编辑：张思博
印　　刷：北京天宇星印刷厂
装　　订：北京天宇星印刷厂
出版发行：电子工业出版社
　　　　　北京市海淀区万寿路 173 信箱　邮编：100036
开　　本：720×1000　1/16　印张：16.25　字数：300 千字
版　　次：2022 年 1 月第 1 版
印　　次：2022 年 1 月第 1 次印刷
定　　价：136.00 元

凡所购买电子工业出版社图书有缺损问题，请向购买书店调换。若书店售缺，请与本社发行部联系，联系及邮购电话：（010）88254888，88258888。

质量投诉请发邮件至 zlts@phei.com.cn，盗版侵权举报请发邮件至 dbqq@phei.com.cn。

本书咨询联系方式：（010）88254757。

前　言

近几十年来，随着新技术、新工艺指数式地增长，等离子喷涂技术也受到更加广泛的关注，成为研究与探讨的焦点。本书的主要目的是向读者展示等离子喷涂技术研究及其应用过程中所面临的主要挑战及可能的应对方式。本书在解答等离子喷涂技术现有问题的同时，还对该技术的未来发展及应用领域的拓展进行了分析和讨论。

等离子喷涂技术是本书关注和强调的主要对象。由于等离子射流的特点和沉积涂层特有的结构特征，等离子喷涂技术适用范围不断扩大。通过气体电离产生的等离子，气体中含有自有电子、离子、中性原子及非缔合双原子分子，其核心区的温度最高可达 30000K。通过对等离子喷枪喷嘴收敛-发散结构特征的调节，等离子射流的速度可以在亚声速至超声速的大范围内进行调节。在工作过程中，等离子射流正离子中和及双原子分子缔结过程释放出巨大热能，而等离子射流中的粉末则通过表面热传导或者吸收热辐射实现加热。鉴于等离子射流的特点，等离子喷涂技术可以用于材料表面改性与处理，甚至可以用于聚合物材料的表面活化。此外，等离子喷涂还可以实现新型纳米涂层的制备，显著提升材料的耐磨和防腐性能。本书重点向读者介绍等离子喷涂技术的最新研究成果，包括纳米涂层、材料表面改性、生物涂层、防腐耐磨涂层等。

编者希望本书所介绍的先进技术能够对读者有所裨益，引起读者的兴趣与关注。参与本书编写的人员来自不同的国家，从事不同领域的研究工作，均为各自领域的发展做出了巨大贡献，也为本书带来了丰富的视角和观点。在此感谢各位编者所做的工作和对本书贡献。

Frank Shiner

目　　录

第一部分　等离子喷涂技术在防腐耐磨领域的应用

第二部分　等离子喷涂技术在生物及医疗领域的应用

第三部分　等离子喷涂纳米涂层

第一部分

等离子喷涂技术在防腐耐磨领域的应用

第 1 章　等离子喷涂制备防腐耐磨涂层技术与应用

P. Fauchais，A. vardelle

1.1　引言

为了抵御恶劣环境产生的物理、化学作用，人类在很久以前就开始在材料表面制备防护涂层，以提升材料的耐腐蚀性能，延长材料的使用寿命。直到现在，材料的腐蚀与磨损仍然是工业领域广泛存在的重要问题，是导致工业设备或产品性能下降乃至失效的主要原因。为了提高材料在不同条件下的耐腐蚀耐磨性能，研究人员研究开发出多种防护技术。通常，依据防护层的厚度对这些技术工艺进行分类，包括小厚度膜/涂层（通常认为厚度范围在几微米至 20μm）沉积技术及大厚度膜/涂层沉积技术。后者在大气敞开环境下制备的涂层厚度可达 30μm 以上，而对于一些厚度决定性能、寿命的涂层，其厚度甚至可达几毫米。按照另一种划分原则，膜/涂层制备技术又可分为湿法沉积技术和干法沉积技术，二者的根本区别是：在膜/涂层沉积过程中，承载原料介质的状态。湿法沉积技术主要包含电镀、化学镀、热浸镀；除此以外的其他技术则属于干法沉积技术，包含气相沉积、热喷涂、钎焊、堆焊等。本章主要介绍热喷涂制备涂层技术。按照 Hermanek 提出的定义，热喷涂技术是一系列涂层沉积技术的总称，是将金属或非金属材料加热至熔融或半熔融状态以沉积形成涂层。热喷涂工艺包括直流电弧（d.c.）或射频放电（r.f.）等离子喷涂技术、转移弧等离子喷涂技术（PTA）、丝材电弧喷涂技术、火焰喷涂技术、氧/燃料超声速火焰喷涂技术（HVOF）、空气/燃料超声速火焰喷涂技术（HVAF）及爆炸喷涂技术（D-gun）。最近又出现了一种新的喷涂技术，称为冷气体动力喷涂技术，或者简称冷喷涂。在冷喷涂技术中，气流在喷嘴内压缩膨胀，获得很高的速度与动能。该技术与上述热喷涂技术不同，气体温度较低（小于 800℃），本书不做讨论。

除了射频等离子喷涂技术需要在较低环境压力下使用，大多数热喷涂技术都是在常压敞开环境下使用的。但是，直流等离子喷涂技术也可以在惰性环境或真空环境下使用。冷喷涂技术虽说也可以在大气敞开环境下使用，但是气体流量很大（最高可达 $5m^3 \cdot min^{-1}$），且气体为纯度较高的单质气体（N_2或 He），为了降低成本，可在控制气氛的工作间中进行喷涂，以利于喷涂气体的回收再利用。本书所介绍的技术工艺均在大气敞开环境下使用，除非所喷涂原料太过昂贵，如铂（Pt）等贵金属，为了降低成本必须将喷涂设备置于封闭舱室中，便于原料的回收再利用。

用于喷涂的原料可以是粉末材料、陶瓷棒杆材料、丝线材料，还可以是熔融材料。整个喷涂系统的核心部分是枪体，用于实现输入能量（如火焰喷涂中的化学能、等离子喷涂或丝材电弧喷涂中的电能）的转化，并最终形成高温气流。涂层原料在高温气流中持续加热，甚至可达到熔融态；同时在高温、高速的气流中不断加速，以很快的速度飞向基体。无论是粉末材料、棒材还是线材，都会在高能的气流中产生大量高温颗粒。这些高速飞行的颗粒汇聚在一起，以束流的形式撞向基体表面。高温颗粒一旦在基体表面发生撞击，将立即发生铺展变形，形成层片状的变形颗粒。大量变形颗粒堆叠在一起，最终在基体表面形成涂层。

现在，热喷涂技术已经广泛用于制备防腐耐磨、热防护（热障涂层）及具有其他功能的涂层。选择涂层制备工艺的主要依据是涂层性能及成本要求。涂层性能是由材料、形式及制备过程中的工艺参数决定的。热喷涂制备的涂层通常为片层结构，其中变形颗粒与基体的结合状态，或者变形颗粒之间的结合状态都会对涂层的许多性能产生直接影响，如热导率、弹性模量等。在平行于基体的方向上，涂层表面实际接触面积所占比例为 20%～60%。在颗粒不存在过热或未熔现象时，涂层接触面积比率会随着颗粒速度的提升而增大。这也就是不同工艺所得到的涂层致密度存在较大差异的原因，按照火焰喷涂技术、丝材电弧喷涂、等离子喷涂技术、氧/燃料超声速火焰喷涂技术（HVOF）或空气/燃料超声速火焰喷涂技术（HVAF）、爆炸喷涂技术、自熔合金火焰喷涂技术、喷涂重熔技术的顺序，得到的涂层致密度大体上是不断提升的。

另外，热喷涂涂层中还存在一系列缺陷，如涂层制备过程中形成的等轴状孔隙，对涂层影响最大的未熔融颗粒或部分熔融颗粒、飞溅的颗粒，以及在应力释放过程中产生的裂纹。热喷涂涂层中的裂纹分为两类，一类是变形颗粒内部的微裂纹；另一类是穿过变形颗粒直达界面，并且促进孔隙连通的大裂纹。还需要关注的是，由于热喷涂工艺在大气环境下实施，高温或熔融颗粒难免在飞行过程中发生氧化，以致涂层形成过程中不断有氧化物引入。综上所述，由于工艺技术与材料的特点，利用热喷涂工艺制备的涂层必然存在一定缺陷，在一些特定条件下使用时必须对其进行封孔处理。

本章主要内容如下：

（1）介绍以下主要热喷涂技术的原理与特点：火焰喷涂技术、氧/燃料超声速火焰喷涂技术（HVOF）、爆炸喷涂技术、等离子喷涂技术、丝材电弧喷涂技术、转移弧等离子喷涂技术。关注主要热喷涂技术现场实施的难度与可行性。介绍不同涂层结构条件下（片层结构或柱状结构），孔隙率、连通孔隙、网状裂纹等特征与耐腐蚀性能之间的关系。讨论不同封孔工艺的特点，以及如何根据涂层使用温度的不同加以筛选。

（2）简单介绍与腐蚀相关的主要磨损方式（磨料磨损、腐蚀磨损、黏着磨损）。

（3）用于大气环境或海洋环境的耐腐蚀涂层（牺牲阳极型涂层）。

（4）用于高温耐腐蚀的涂层：渗碳、渗氮、硫化、熔盐及熔融玻璃。

（5）用于高温抗氧化的涂层。

（6）用于不同温度下耐腐蚀磨损的涂层。

（7）列举工程应用案例，以体现各行业对热喷涂制备耐腐耐磨涂层的迫切需求。

1.2 热喷涂技术

本节只针对大气敞开环境下使用的热喷涂技术进行介绍。图 1.1 展示了 Fauchais 等人在 2012 年提出的热喷涂工艺基本概念。其中，形成涂层的原料以粉末、丝线或者棒杆形式输入高温气流中，产生大量高速飞行的高温颗粒。高温颗粒在撞击到基体表面后，迅速冷凝并铺展变形，最终堆垛形成完整覆盖喷涂表面的涂层。对于粉末原料来说，经过高温气流加热后会发生完全熔融或部分熔融；而对于丝线材料和棒杆材料来说，经过高温气流加热后形成的是完全熔融的液滴。由这些变形颗粒堆垛形成的涂层，其组织特征主要由以下影响因素决定：①颗粒撞击时的状态（颗粒温度、熔融状态、飞行速度、形状尺寸）；②基体状态（基体形状与尺寸、表面粗糙度、表面化学特征等）；③喷涂前、喷涂过程中及喷涂后，涂层与基体的温度控制；④喷涂模式。

在设计热喷涂工艺过程中需要关注的事项如下：

（1）不同材料的涂层需要在不同的工艺条件下制备。

（2）涂层特定性能（高致密度或定值孔隙率）需要颗粒的温度和速度达到特定值。

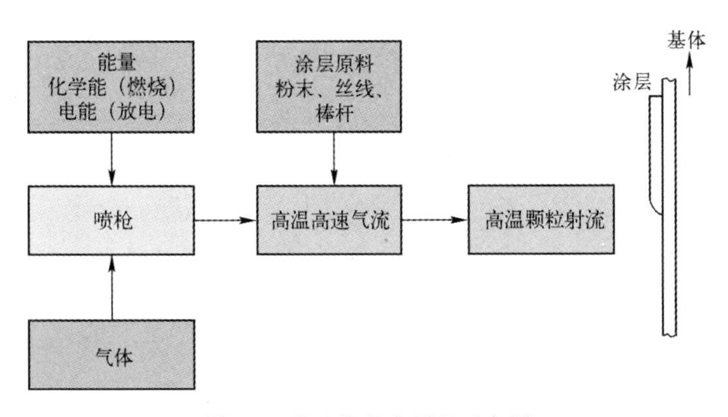

图 1.1　热喷涂基本原理示意图

（3）不同热喷涂技术引入基体中的热流是不同的，有些基体材料需要在热喷涂过程中尽量降低基体的温度。

（4）在热喷涂过程中的预热和温度控制对涂层性能有很大的影响，尤其是涂层残余应力。

（5）热喷涂工艺的设计需要常常考虑涂层质量与经济效益之间的平衡。

以粉末等离子喷涂技术为例，喷枪产生的气流场具有超高温高速特征，对基体的加热非常剧烈，甚至导致粉末材料由于过热而发生化学反应。例如，WC-Co 粉末等离子喷涂过程中，会发生 WC 的分解。

1.2.1　热喷涂工艺原理

1.2.1.1　以等离子体为热源的热喷涂技术

此类型热喷涂技术包含直流等离子喷涂技术、丝材电弧喷涂技术以及转移弧等离子（PTA）沉积技术。

1. 直流等离子喷涂技术

其喷枪组件包含阴极喷嘴和与之同轴的阳极喷嘴，在二者之间的间隙处激发产生电弧，电能转化成为热能后实现对连续流动气体的加热，最终形成等离子射流。60～80kW 的等离子喷枪，通常采用圆锥形柱状阴极；250kW 的等离子喷枪，其阴极常设计为纽扣形。等离子喷枪使用的气体包括 Ar、$Ar-H_2$、Ar-He、$Ar-He-H_2$、N_2、N_2-H_2 等。不同气体产生的等离子体温度和速度不尽相同，喷枪出口附近温度变化范围在 8000～14000K，气流速度变化范围在 500～2800m/s。大多数等离子喷枪使用的喷涂原料为固体粉末，但是目前已开发出使用液体原料的悬浊液等离子喷枪和溶液等离子喷枪。图 1.2 是 Gärtner 等人于

2006 年的研究成果，展示了不同喷涂技术实施过程中颗粒的温度和飞行速度。

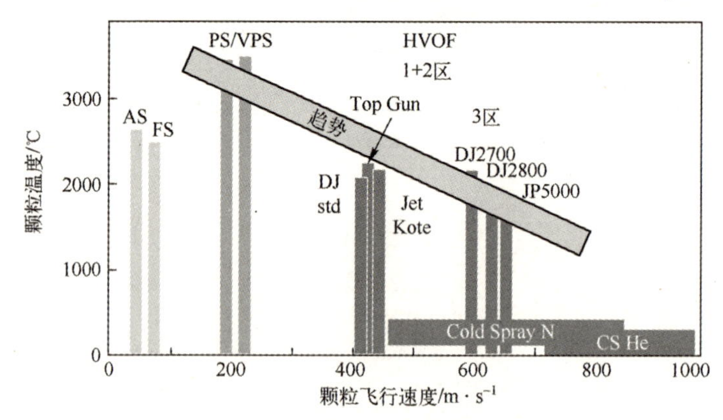

图 1.2　不同喷涂技术实施过程中颗粒的温度和飞行速度

AS—粉末火焰喷涂技术；FS—丝线材料喷涂技术；PS—等离子喷涂技术；
VPS—真空等离子喷涂技术；Cold Spray N—氮气冷喷涂技术；CS He—氦气冷喷涂技术

大多数等离子喷枪只带有一个阴极，电源功率范围在 30～90kW。对于功率范围在 40～50kW 内的等离子喷枪，其送粉率应控制在 3～6kg • h^{-1}，其沉积效率大约为 50%。对于高能等离子喷枪（250kW），其送粉率可达 15～20 kg • h^{-1}。目前，三阴极结构的等离子喷枪在市场上越来越多，其功率调节范围在 60～100kW。

在通常情况下，等离子喷涂（在大气敞开环境下）制备涂层孔隙率范围在 3%～8%，金属或合金涂层的氧化物含量可控制在 1%～5%，涂层结合强度高于 40～50MPa。基于高温气流的特点，等离子喷涂技术尤其适用于氧化物陶瓷涂层的制备。

2．丝材电弧喷涂技术

不同于固定电极设备，丝材电弧喷涂技术的电弧产生于两条连续进给并不断消耗的可导电丝材之间，其中一条丝连接阴极，另一条丝连接阳极。丝材端部发生熔融后，在雾化气流的作用下分散成几十微米的细小液滴。用于雾化的气体通常为压缩空气，但在一些特殊情况下可以使用 N_2 等非氧化性气体。液滴撞击形成涂层的瞬间，高温足以引发金属间的反应或局部扩散，这些反应、局部扩散可能发生在涂层内部及涂层与基体之间。丝材通常为延展性较好的材料，或者是以高延展性材料为管壳、内部卷覆延展性较差的材料颗粒或陶瓷颗粒等。这类管壳卷覆型的丝材成为粉芯丝。从丝材端部雾化产生的液滴在撞击时是完全熔融的，飞行速度可以达到 120m • s^{-1}。

不同丝材电弧喷涂设备的工作电流是不同的，其最大电流变化范围在 200～1500A。与其他喷涂工艺相比，丝材电弧喷涂技术具有更高的喷涂效率（5～30kg • h^{-1}），沉积效率可达 80%，是丝材喷涂技术中最经济的。丝材电弧喷涂技术制备涂层中的氧化物夹杂含量相对较高，且主要由丝材材料及雾化气体决定，如 Al 涂层中的氧化物夹杂含量可达 25%。采用 N_2 替代空气作为雾化气体，可以有效降低涂层中的氧化物夹杂含量，但是根据最大气流量（大约 1m^3 • min^{-1} 或更高）计算，其工艺成本也有所升高。涂层孔隙率一般高于 10%，结合强度在 40MPa 左右。丝材电弧喷涂技术的一大优势是对基体加热程度较低，而其主要缺点是液滴飞行轨迹太过发散。与其他热喷涂技术一样，丝材电弧喷涂会产生较大的噪声，并且伴有大量的飞尘。丝材电弧喷涂制备的涂层可以用于低载荷条件下的耐摩擦磨损情况，但更主要的是用于电气设备耐大气腐蚀及海水腐蚀。

3．转移弧等离子（PTA）沉积技术

转移弧等离子沉积技术与其他热喷涂技术有很大差异，为使产生的电弧能够对工作气体及涂层材料进行有效加热，该技术将基体作为电极来使用，而且通常是阳极。因此，转移弧等离子沉积技术所针对的基体必须是可导电的材料。在涂层沉积过程中，激发的转移弧会引起基体表面的局部熔融，而在等离子弧柱经过加热和加速的颗粒会黏附到熔池中，并且被转移弧加热至熔融态。该过程可以看作焊接工艺与热喷涂工艺的复合运用。转移弧等离子沉积技术的特点决定了所得到的涂层与基体之间具有很好的结合强度，且涂层自身致密度很高。涂层原料有两种，分别是 100μm 左右的粉末及丝线材料。可用于沉积的材料包括金属、合金、金属陶瓷等。转移弧等离子喷枪最大电流范围在 200～600A。在进行转移弧等离子沉积过程中，基体一般为水平放置或接近水平放置，涂层与基体之间的结合方式为冶金结合，涂层厚度大于其他热喷涂技术，最厚的能达到几厘米。涂层沉积效率高于 90%，且涂层中不会存在大量孔隙。转移弧等离子沉积技术送粉率高达 18kg • h^{-1}，若是高能转移弧设备，送粉率会更高。转移弧等离子沉积得到的涂层在耐磨和耐高温腐蚀方面展现出了优异的性能。

1.2.1.2　燃烧热源型热喷涂技术

此类热喷涂技术主要有火焰喷涂技术、氧/燃料超声速火焰喷涂技术（HVOF）及空气/燃料超声速火焰喷涂技术（HVAF）、爆炸喷涂技术（D-gun）及现场喷涂技术。

1．火焰喷涂技术

火焰喷涂技术在常压大气环境下使用，大多采用氧气-乙炔作为燃料和助燃剂，将二者混合后点燃，产生火焰温度最高可达3000K。火焰喷涂技术适用材料形制，包括粉末材料、丝材、棒材、线材等。如图1.2所示，火焰喷涂颗粒飞行速度约为 $50m \cdot s^{-1}$，在此条件下估算其喷枪出口处的燃流速度约为 $100m \cdot s^{-1}$。从材质上看，火焰喷涂适用于金属、聚合物等易喷涂的材料，这些材料在市场上已经是成熟产品。火焰喷涂得到涂层的孔隙率较高（大于10%）、结合强度较低（小于30MPa），氧化物含量在6%～12%范围内。喷涂过程中材料沉积效率约为50%，送粉率在 $3\sim7kg \cdot h^{-1}$ 范围内调节。由于加热剧烈，因此在火焰喷涂过程中必须对基体和涂层施加冷却措施。

自熔合金涂层是火焰喷涂适用的主要涂层之一，用其制备的涂层往往还需要进行重熔处理。自熔合金中大多含有Si和B元素（如典型的自熔合金CrBFeSiCNi），其主要作用是作为脱氧剂。另外，含有B和Si元素的自熔合金涂层可以获得比其他涂层更高的致密度，其原因是Si和B会发生式（1.1）中的反应，形成 $B_2O_x \cdot SiO_y$ 硼硅玻璃相，实现对涂层中孔隙等缺陷的封填。但是，这个反应的发生需要对涂层进行后期热处理。这个被称为“重熔”的处理工序需要将涂层再次加热至1040℃以上，同样适合采用氧气-乙炔喷枪实施。重熔过程中在涂层表面形成的氧化层一般采用机械方式去除（车削、铣削等）。重熔环节有利于显著提升涂层致密度和硬度。另外，自熔合金涂层还可以通过WC等陶瓷颗粒进一步强化。

$$(FeCr)_x O_{x+y} + 2B + 2Si \rightarrow x Fe + x CrB_2O_x \cdot SiO_y \tag{1.1}$$

引入重熔工艺，经过后处理的涂层几乎不存在孔隙等缺陷，而且涂层和基体存在扩散结合，结合强度大幅提升。由于自熔合金属于钎焊型材料，非常易于沉积，因此，除了火焰喷涂工艺，自熔合金属还可以通过等离子喷涂及HVOF工艺进行涂层制备。但是，在一些情况下重熔类涂层制备会受到基体材料的限制。一些材料会因为无法承受合金熔融时的温度而发生扭曲变形。这也就是为什么该工艺可以在钢材料表面制备涂层却不适用于铝合金基体。采用火焰喷涂制备的涂层主要用于耐摩擦磨损和耐腐蚀（在低温或高温环境下）。

当火焰喷涂材料形制为丝材（金属性和延展性很好的材料）、粉芯丝材（芯部为陶瓷合颗粒或脆性材料颗粒）、棒材或者线材时，需要引入压缩空气气流将熔融端部雾化成小的液滴，不过这会在喷涂过程中产生很大的噪声。总的来说，与粉末喷涂工艺相比，火焰喷涂使用的材料更加多样。采用火焰喷涂制备自熔合金丝材时，难免会引起涂层材料的氧化，但是其氧化程度低于粉末喷涂工艺，涂层中的含氧量为 4%～8%；丝材火焰喷涂沉积率约为 70%，高于粉末喷涂工艺。丝材火焰喷涂原料输送率为 5～15kg · h^{-1}，涂层的结合强度也略高于粉末喷涂工艺。丝材火焰喷涂涂层的孔隙率与粉末喷涂工艺相近。火焰喷涂陶瓷涂层的孔隙率虽然较高，但是展现出了较好的耐磨性。在通常情况下，火焰喷涂制备的涂层用于低载荷条件下的耐磨损或者大气环境下的耐腐蚀防护。

2．氧/燃料超声速火焰喷涂技术（HVOF）及空气/燃料超声速火焰喷涂技术（HVAF）

这些工艺的喷枪都具有拉瓦尔结构，产生的燃流压力远高于火焰喷涂工艺，其最大的特点是燃流速度达到超声速水平，以气态或液态的碳氢化合物（C_xH_y）作为燃料，使之与作为氧化剂的氧气或空气混合；燃烧室压力范围通常在 0.24～0.82MPa，高能喷枪的压力还会稍高一些。与燃烧室相连的是一个具有先收敛再发散结构的拉瓦尔喷嘴，使燃烧产生的燃流获得很高的速度，最高可达 2000m · s^{-1}。该技术的主要发展趋势是向燃烧室中加入 N_2（最高流量为 2000slm），在进一步提高气流速度的同时，降低内部的温度。大多数粉末材料都可以采用这些超声速火焰喷涂技术进行喷涂。将粉末引入高压超声速燃流的方式包括轴向送粉及径向送粉，具体采用哪种方式由所采用的喷枪结构决定。另外，该技术领域还开发出溶液超声速火焰喷涂技术，将喷涂原料以溶液与悬浊液的形式轴向注入高压高速的燃流中。该工艺目前不能用于丝材或粉芯丝材制备涂层。不同超声速火焰喷涂设备的燃流速度与颗粒速度是不同的，目前主要的超声速火焰喷涂设备包括 Top Gun、Jet Kote、DJ Standard、DJ 2700、DJ 2800、JP5000 等，这些喷枪的特点如图 1.2 所示。需要注意的是，在超声速火焰喷涂过程中，需要对基体和涂层进行强制冷却。

采用气体燃料的超声速火焰喷枪的功率在 100～120kW 范围内，而采用液体燃料的超声速火焰喷枪的功率可以达到 300kW。总的来说，超声速火焰喷涂工艺适合制备金属、合金等材质的涂层，最成功且最有特色的是金属陶瓷涂层的沉积。气态燃料超声速喷涂工艺送粉率最高可达 7.2kg · h^{-1}，液态燃料送粉率最高可达 12kg · h^{-1}，沉积效率约为 70%。所制备涂层孔隙率仅为百分之几，具有结合强度高（60～80MPa）、含氧量低（0.5%到百分之几）等优点。由于实施过程中会产生大量爆燃气体，因此该技术的主要缺点是噪声大、落尘多。与爆炸喷涂工艺（下文所示）相似，超声速火焰喷涂制备涂层主要用于低载荷条件下耐摩擦磨损及耐腐蚀防护。

3．爆炸喷涂技术

该工艺中，所谓的爆炸是由乙炔与氧气混合气或者氢气与氧气混合气（某些情况下通入 N_2 缓释爆炸过程）在一段封闭的管道中点燃后所引发的。燃料和氧化剂爆燃后产生的冲击波会引发压力波（大约 2MPa），在加热粉末颗粒的同时推动其不断加速，燃气速度能够达到 $2000m \cdot s^{-1}$ 以上。在普通火焰喷涂与超声速火焰喷涂过程中，燃料与粉末都是连续注入喷枪的，而爆炸喷涂的燃料与粉末材料是断续注入喷枪的，注入频率范围在 3～100Hz。

爆炸喷涂所得涂层具有高致密度、高结合强度的特点。涂层孔隙率低于 1%，含氧量范围在 0.1%～0.5%，粉末送粉率在 $1～2kg \cdot h^{-1}$，沉积效率可以达到 90%。在所有热喷涂技术中，爆炸喷涂是噪声最大的技术，高于 150dB（A）。爆炸喷涂工艺适用的材料为金属、合金及金属陶瓷。有些氧化物陶瓷粉末也能用爆炸喷涂，但是粉末粒度必须小于 20μm。在涂层制备过程中，涂层与基体必须进行强制冷却。爆炸喷涂工艺制备的涂层可用于低载荷条件下的耐摩擦磨损及耐腐蚀防护。

4．现场喷涂技术

许多零件，尤其是那些大尺寸超重零件，如桥梁等，需要在现场进行喷涂，可以选择的工艺包括丝材电弧喷涂、火焰喷涂及特定条件下的超声速火焰喷涂。

1.2.2 涂层形成机理

与其他材料成型工艺相比，热喷涂技术制备的涂层中含有很多类型的组织。①变形颗粒之间或者变形颗粒与基体之间相互接触的区域。在层状变形颗粒之间，或者变形颗粒与基体之间存在层状的孔隙；孔隙尺寸在几十微米到几百微米之间。在粉末颗粒未发生过熔或未熔时，随着飞行速度的不同，涂层中变形颗粒接触区域的占比在 20%～60%范围内变化。②熔融颗粒在撞击到基体表面并发生铺展变形过程中产生的飞溅现象会对涂层性能产生显著的影响。当后续颗粒再沉积到飞溅的材料上时，结合强度会大幅下降。该现象在喷涂金属涂层时尤为明显，因为飞溅出来的金属液滴尺寸很小，所以容易在飞行过程中发生氧化。③基体的形状会对射流撞击及飞溅产生影响。④圆形的孔洞往往因喷涂过程中的阴影效应而产生；狭窄的孔隙位于变形颗粒的凹陷区域，由于未能实现填充而形成；还有未熔颗粒、部分熔融颗粒及碎裂颗粒。这些圆形孔洞的分布还是较为均匀的，是否会引起涂层性能的退化则取决于孔洞的大小。因此，为了降低涂层中的孔隙率，应尽量避免加热不充分的未熔颗粒或部分熔融颗粒通过黏附进入涂层。可以通过对粉末粒度分布的精细控制与优化来实现对熔融状态的控制。但是有时情况会变得比较复杂，如提高粉末熔融程度时氧化程度也随之上升，而在控制氧化程度的同时，粉末熔融状态也会变差。⑤最后一个导致缺陷的因素是粉末颗粒撞击角度，当角度较差时会降低法向速度，并且使变形颗粒拉长。由于喷涂材料及基体材料不同，喷涂工艺最佳角度也各不相同，但是当喷涂角度超过适当范围后，即便将基体进行预热至变形温度以上，也仍然会导致粉末颗粒出现飞溅现象。在正常情况下，基体温度高于变形温度时，变形颗粒会在光滑平整表面变形成规则的蝶形；当基体温度低于变形温度时，变形颗粒为不规则形状。在典型状态下，由于喷涂工艺及材料不同，涂层中孔隙率在 0.5%～15%范围内变化。这只是强调孔隙等缺陷在涂层中是难以避免的，并不意味着这些缺陷在涂层中是相互连通的。

图 1.3 为热喷涂制备涂层结构示意图。图 1.4（a）展示了大气等离子喷涂工艺在低碳钢（1040）表面沉积的不锈钢涂层，图 1.4（b）为大气等离子喷涂工艺在高温合金表面沉积的 Y-PSZ（8wt%）涂层。图 1.4（a）和图 1.4（b）表明所有热喷涂涂层截面组织特征与图 1.3 基本相符合；因为涂层材料已经是氧化物陶瓷，所以图 1.4（b）中不存在所谓的氧化物夹杂且层状结构更加明显的情况。

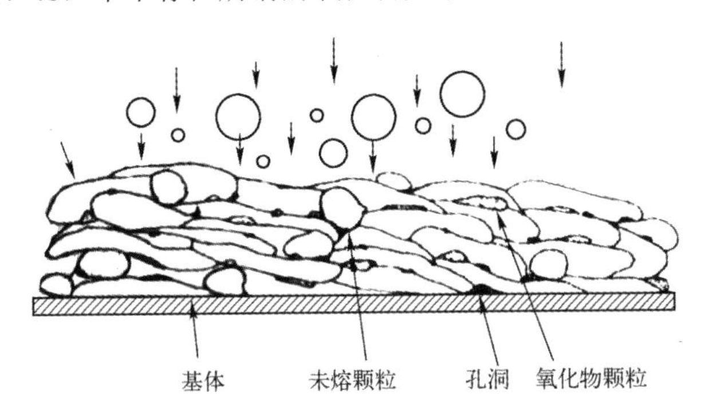

图 1.3　热喷涂制备涂层结构示意图

需要注意的是，在涂层制备过程中不可或缺的几个要求：微结构的均匀性、工艺可重复性及工艺精度等。近净成型与高精度控制是降低成本、提高效率的主要方法，尤其是对那些高硬度的、后期需要进行机加工和抛磨的涂层。对于三维外形复杂的零件，为了实现近净成形，并对涂层厚度、粗糙度、结合强度、孔隙率、热应力分布等特征进行精确控制，通过高精度机械机械手进行喷枪运动路径和速度的控制显得尤为关键。这就促进了热喷涂行业开发相应的软件，实现加工自动化、工艺模拟及喷枪运动（位置与方向）的精确控制。

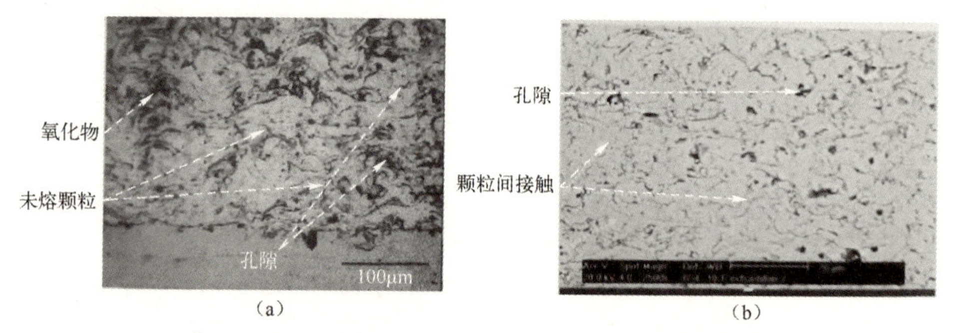

（a） （b）

图 1.4 （a）大气等离子喷涂工艺在低碳钢（1040）表面沉积的不锈钢（304）涂层；（b）大气等离子喷涂工艺在高温合金表面沉积的 Y-PSZ（8wt%）涂层

1.2.3 涂层封孔及后处理

当热喷涂所得涂层孔隙率过高时，尤其是孔隙发生连通后，是无法实现耐腐蚀防护的。但是通过对连通孔隙的封孔处理或者涂层高温后处理，该情况可以获得显著的改观。选择封孔处理或涂层高温后处理的主要依据是涂层材料和涂层使用条件，当然还包括用户是否能够接受其成本。在 Davis 的研究中曾经提到，对涂层进行封孔处理或者涂层高温后处理的主要优点包括：阻止液态或气态腐蚀介质向涂层内部渗透，避免涂层/基体界面受到破坏，减少磨削碎屑在涂层中的驻留，增强变形颗粒间的结合，赋予涂层表面特殊的性能（如不粘表面等），延长氧化铝或锌涂层的寿命，以有效防止钢基体腐蚀。总的来说，一定要注意的是，引入这些后处理工艺会或多或少地增加涂层制备的成本。

Knuuttila 等人于 1999 年详细介绍了不同封孔剂及浸渗工艺，并且给出了影响浸渗工艺的主要因素。浸渍方法主要分为四大类，分别是常压浸渗、低压浸渗、高压浸渗及将以上 3 种工艺组合在一起的复合浸渗工艺。工艺选择的依据包括零件大小、浸渗深度及封孔剂，除此之外还包括涂层材料及设备等。常用的有机封孔剂有环氧树脂、酚醛树脂、呋喃、聚甲基丙烯酸甲酯、硅酮、聚酯、聚氨酯、聚乙烯醇等，有些情况也会选用石蜡作为封孔剂，对有机封孔剂的选择主要依据其使用温度。例如，石蜡只能在低温下使用，而酚醛树脂的使用温度为 150～260℃，聚甲基丙烯酸甲酯最高只能到 150℃。无机封孔剂一般用于高温设备中，磷酸铝、硅酸钠和硅酸乙酯、不同类型的溶胶凝胶溶液及铬酸等都已用于封孔工艺。例如，磷酸盐可以作为难溶胶，填充在孔隙和裂纹中，同时将涂层中的拉应力转换为压应力。溶胶凝胶工艺是制备稳定的溶胶后通过水解得到凝胶，凝胶在煅烧过程中随着温度升高形成氧化物。除了陶瓷，熔融金属也可以用于涂层封孔和强化。对于熔融金属密封来说，金属与涂层之间的润湿性是很关键的因素，如氧化锆涂层与纯金属锰溶液是完全润湿的，此外，电镀与上釉技术也可以用于涂层封孔。提升涂层致密度的方法有很多，以下是两个方法。

一种方法是通过退火处理提升涂层的性能。退火工艺是热处理工艺的一种，可通过改变材料组织调控其力学性能，如硬度、强度及塑性等。热喷涂涂层的退火工艺虽然在高温下实施，但是低于材料的熔点（T_m）。退火工艺实施气氛包括大气气氛、控制气氛及真空环境，往往会引起涂层组织及热机械性能的变化。经过退火处理后，涂层中可以形成非晶相，可以释放热应力（处理温度必须高于回复温度，回复温度≈$0.4T_m$），可以引起基体与涂层之间的扩散以增强界面结合强度，也可以强化变形颗粒间的结合以实现涂层致密度的提升。涂层退火工艺也可以引发烧结，导致再结晶和晶粒长大。在氢气环境下进行退火可以降低涂层中的氧化物杂质含量，而在氧气中进行退火可以得到完全氧化的涂层。退火还可以促进 C 与合金中的 Co 形成碳化物，提升涂层的韧性。

另一种促进基体与涂层间元素扩散、封填界面孔隙的方法是等温淬火，也就是直接对零件进行盐浴淬火。例如，Lenling 等人在 1991 年发表文章，采用等离子喷涂在 AISI5159 钢基体上制备了 250μm 厚的 WC-Co/Ni 基合金复合涂层，并对其进行等温淬火处理。将涂层样品浸入 870℃的中性盐中保温 30min，然后在 315℃的中性盐中淬火 30min，最后在室温的水中进行冷却和清洗。经过等温淬火后，涂层中 WC 相的含量显著增加，消除了喷涂态涂层中所需碳化物相含量低的现象。涂层/基体间结合强度增加，可以使涂层硬度提升并且在涂层中形成压应力。

Davis 等人的文献中提到用于涂层处理的激光处理及玻璃化工艺，这两种工艺是将大量的热能加载到涂层表面进行处理，处理区域和过程可以实现良好的控制。在进行工艺设计时，涂层的半球反射系数 R 是必须要关注的参数，因为涂层吸收能量的比例为 $1-R$。处理过程中，能量密度调节范围越宽，越有利于在涂层表面温度不变的条件下调节处理层深度。以上处理工艺不仅可以对涂层进行热处理，也可以进行涂层重熔。需要注意的是，对于热导率较低的涂层（30～40W・m^{-1}・K^{-1}），在处理时会形成很大的温度梯度，并产生较大的热应力。热应力往往会导致涂层中产生大尺寸的正交裂纹。

1.3 涂层腐蚀方式与机理

腐蚀有许多类型，对于涂层来说主要可以分为以下几种：①一般腐蚀，即整个表面的平均腐蚀率是均匀的，在腐蚀引起的失效中，有30%是一般腐蚀引起的；②局部腐蚀，占据了腐蚀失效中剩余的70%。局部腐蚀又可以进一步详细划分，包括电偶腐蚀，不同的金属在导电溶液（电解液）中发生接触后，阳极金属会发生严重腐蚀，而阴极金属基本不受影响。在电偶腐蚀过程中电解液扮演了重要的角色。同时，两极金属的接触面积也是重要的影响因素，接触面积所占的比例越小，阳极金属的腐蚀越剧烈。以低碳铁零件大气腐蚀防护为例，防护涂层材料既可以是阳极金属（Ni），也可以是阴极金属（Al 或 Zn）。在第一种情况下，防护涂层必须完整覆盖，不允许任何的裸露或不连续状况出现；而对于阴极防护涂层来说，对涂层致密性、完整性的要求就没有那么高了（见图 1.5）。第二种局部腐蚀的类型是晶间腐蚀，主要是涂层或块体材料在制备过程中出现某些元素贫化引起的，如热处理过程等。第三种局部腐蚀的类型是点蚀，主要出现在表面深坑或凹陷变形的区域，如不锈钢在含氯溶液中就会发生点蚀。第四种局部腐蚀的类型是穿晶腐蚀，穿晶腐蚀的产生主要是因为零件处于腐蚀环境中，而且自身具有很大的静态拉应力。当裂纹产生后，零件可能发生晶间腐蚀，也可能发生穿晶腐蚀。在此类腐蚀条件下，涂层材料与微结构是影响防腐效果的主要因素。

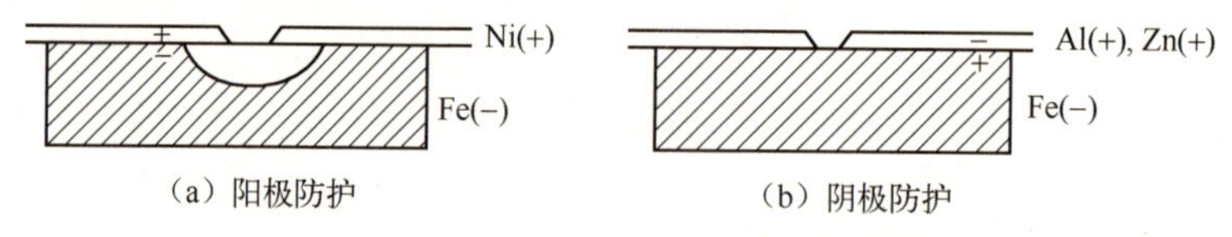

图 1.5 防护涂层示意图：（a）阳极防护涂层（不允许存在不连续现象）；（b）阴极防护涂层（可以存在不连续区域，不会引起铁基体腐蚀）

以下涂层可以用于耐腐蚀防护：①自牺牲防护层（在离子溶液中作为阴极存在，如钢材表面的 Zn 涂层和 Al 涂层等），这类涂层厚度越大则防护时间越长（涂层厚度范围一般在 50～500μm，大多在 230μm 左右）。②如果涂层在特定气氛或海洋环境下作为阳极存在，或者面临高温腐蚀（氧化、渗碳、渗氮、硫化、熔盐腐蚀、熔融玻璃腐蚀等），则需要涂层尽量致密，甚至需要进行封孔处理。

在腐蚀与摩擦同时存在的情况下将会产生腐蚀磨损，导致材料表面在更短时间内发生损伤失效。当表面发生腐蚀或氧化后，可能会导致材料表面力学性能下降，并且以更快的速率磨损掉。另外，包括氧化颗粒在内的腐蚀产物，从材料表面脱落后最终形成磨料颗粒。在应力和腐蚀的共同作用下，会导致应力腐蚀失效。材料在高温下与氧气、碳、氮气、硫或熔液发生反应后，在材料表面形成氧化物、碳化物、氮化物、硫化物及炉渣等物质。因此，在高温腐蚀过程中影响腐蚀速率及腐蚀程度的主要因素为温度和时间。

1.4　耐高温腐蚀涂层的应用

1.4.1　陆地与海洋环境下的应用

1.4.1.1　牺牲防护涂层

对于大型钢结构件（桥梁、管道、油罐、高塔、广播电视信号塔、过街天桥等）和冶金、化工、能源及其他行业中的重型设备来说，防腐是必须关注的关键问题。对于舰船、港口的近岸平台等暴露在潮湿气氛或海水中的设备来说，腐蚀防护的难度更大。在大多数情况下，需要防护的面积从几千平方米到几万平方米。这就需要涂层防护的成本比传统刷漆防护的成本更低，涂覆效率至少要达到 $10m^2 \cdot h^{-1}$；有可能的话，涂层的沉积应尽量在一次涂层过程中完成；现场喷涂需要喷涂设备易于转运且具有一定的独立性；最好能够进行手动操作，毕竟很多零件尺寸较大，导致喷枪与其他设备模块的距离很远，甚至达到 30m。在热喷涂技术中，火焰喷涂与丝材电弧喷涂能够较好地满足以上要求。由于这两种技术设备投资较低、涂层结合强度较高（大于 20MPa），对基体几乎没有热影响，因此在各个工业领域中有广泛的应用。虽然这两种热喷涂技术制得的涂层孔隙率较高（最高可达 20%），但是可以在喷涂后立即进行喷丸处理，以降低涂层中的孔隙率。例如，采用丝材电弧喷涂铝涂层后，由于工艺参数差异，涂层孔隙率范围在 4%～14%，粒径范围在 0.21～0.3mmSiC。在喷丸后，涂层孔隙率会下降到 0.16%～0.83%。

总之，主要作为牺牲防护层使用的热喷涂涂层厚度应该在 50～500μm。如第 1.3 节中提到的，这类涂层对被防护金属材料的离子呈现阴极特性，且能够为几乎所有钢材提供有效防护。如图 1.5（b）所示，阴极防护涂层即便存在孔隙，也能够保护层下金属基体不发生腐蚀。防护层材料多采用 Al、Zn 及 Zn-Al 合金。在碱性环境中，Zn 涂层的防护效果优于 Al 涂层，但是在酸性环境中，Al 涂层的防护效果更好。如果还要考虑涂层的耐磨性能，则可以向 Al 涂层中引入 Al_2O_3 硬质颗粒，如采用粉芯丝材制备涂层。对于钢筋混凝土中的金属构件来说，通常采用 Zn 涂层，有时也采用 Ti 涂层。在这种情况下，可直接将防护涂层喷涂到水泥基体表面。但是在丝材电弧喷涂 Ti 涂层时，必须用 N_2 对熔融雾化的丝材尖端进行防护，尽量避免喷涂过程中形成 γ-TiO_2。铝涂层在制备过程中需要注意的是防止发生铝热反应。铝热反应是铝颗粒与基体表面的铁锈相撞，形成可燃混合物，该混合物在高温高速铝颗粒的不断撞击下发生反应并燃烧而造成的，无论什么时候都要避免这种现象发生。此类涂层的另一个需要关注的特点是抗污染性能。海洋生物污染发生于浸入海水的构件表面，大量海洋生物附着堆积后形成的污染现象。当海洋生物污染发生在舰船船身时，会导致船体重量大幅增加，而且行进过程中阻力增大。Murakami 和 Shimada 等人在 2009 年针对不同火焰喷涂涂层的耐腐蚀、抗海洋生物污染性能进行了研究。他们采用的涂层原料包括 Al-Cu 合金粉末、Al-Cu 混合粉末、Al-Zn 混合粉末及纯 Zn 粉末。经过海洋浸没考核后可知，Al-Cu 涂层耐腐蚀、抗生物污染性能较差。而 Zn 含量较高的 Al-Zn 涂层及纯 Zn 涂层展现了优异的耐腐蚀、抗生物污染的能力。例如，法国圣丹尼斯运河的水闸门、渠道闸门在 20 世纪 30 年代制备了 Zn 防护涂层，经过几十年的使用后依然很好地发挥着防护作用，且仍无须进行维护或修补。根据 Davis 在 2004 年的研究结果，255μm 厚的 Zn 防护涂层或 Al-Zn 涂层能够为基体提供至少 25 年的有效防护，如果用乙烯基漆料进行封孔处理，涂层使用寿命还可以进一步增加 15 年。除了乙烯基漆料，还可以通过加入一些特殊的组元（如环氧树脂、硅树脂等）来制备性能更加优异的封孔剂。正是由于封孔剂的引入，涂层中的孔隙反而能够增进封孔剂与涂层的结合。图 1.6 是电弧喷涂 Zn 涂层且经过封孔处理的钢结构大桥照片。

封孔剂还能起到除垢的作用。Chun-long 等人在 2006 年的研究成果中提到，他们采用电弧喷涂在钢板表面制备了 Al 涂层，然后又采用纳米环氧树脂复合材料进行封孔处理，以进行表面除垢。这些测试板在中国东海进行了 3 年的考核。它们被放置在海洋气候环境下、海浪潮汐环境下及海水浸没环境下，分别进行海洋气候户外暴露考核、海水暴露腐蚀考核及涂层结合测试。结果显示，位于潮汐区的测试板及位于浸没区的测试板上除局部附着海洋生物外，其他区域完好，与原始状态基本一致；除涂层外观及结合强度无显著变化外，没有发生开裂、鼓包、生锈及剥落现象。

图 1.6　电弧喷涂 Zn 涂层且经过封孔处理的钢结构大桥照片

1.4.1.2　非牺牲型涂层

奥氏体不锈钢、Al/Cu 合金、镍基合金、高温合金 MCrAlY（M 可以是 Ni、Co 或 Ni、Co 等）、金属陶瓷（采用 WC、Cr_2C_3 等硬质陶瓷增强的金属基材料，金属基体中含有 Ni、Cr 或 Ni/Cr 合金等）等材料不仅具有耐腐蚀性能，通常也兼具耐磨性。但是这些涂层只能用于无电条件下的防护，如果涂层中存在孔隙或氧化物，将无法对基体提供防护。不过，大多数热喷涂涂层中都存在孔隙或氧化物。因此，为了向基体提供有效防护，需要涂层系统中包含一个防护性黏结层，或者涂层自身足够致密，或者采用封孔处理。当涂层使用温度达到几百摄氏度后，封孔工艺是无法满足要求的。以下是应用实例。根据 Moskowitz 的研究，在真空室中制备涂层或者进行涂层后处理可以消除大部分缺陷，但是这些工艺会提高涂层制备的成本，并且对零件尺寸有限制。于是，Moskowitz 改进了 HVOF 工艺，即在射流周围设置惰性气流罩，以实现高致密度、低氧含量金属基涂层的制备。用于石油工业易腐蚀部件防护的耐腐蚀合金，如 316L 不锈钢、C-276 哈氏合金等，展现了优异的防护效果。氧化物含量也是耐腐蚀防护的重要影响因素。例如，Zeng 等人在其 2008 年的报道中，采用 HVOF 和 HVAF 在碳钢表面制备了 316L 不锈钢涂层，对封孔处理前后的耐盐雾腐蚀性能进行了试验。对于封孔处理后的 HVAF 涂层，在盐雾条件下经过 500h 后，展现出比 HVOF 制备涂层更好的耐腐蚀性能。尽管此时在 HVAF 喷涂过程中采用的是工艺要求中粒径最大的粉末（意味着孔隙率最大），但是涂层几乎未发生腐蚀。总的来说，涂层中通孔的数量决定了喷涂态涂层的耐腐蚀性能，而氧化物含量（HVAF 工艺制备的涂层中较低）决定了封孔处理后涂层的耐腐蚀性能。

对于石油天然气工业设备中易磨损的零件来说，常常需要制备金属陶瓷防护涂层，但这些涂层在海洋钻探平台中使用时还存在一定的问题。根据 Meng 在 2010 年的报道，在大范围内筛选碳化物涂层中的金属粘结相绝非易事。一旦选择合适，涂层的耐腐蚀性能将会显著提高。例如，Souza 和 Neville 在 2003 年发现 WC-CrNi 展现了类似不锈钢的钝化效果，这两种材料可以分别作为涂层和基体材料，暴露在海洋环境中长时间使用，而 WC-CrC-CoCr 材料则不具备这种性能。另外，前文中提到过，为了获得良好的耐腐蚀性能，涂层孔隙率及氧化物含量应尽量低。HVOF 工艺被广泛用于金属陶瓷涂层的制备，因为该工艺能够使粉末获得更高的速度（有助于降低孔隙率），而且粉末温度相对较低（有利于抑制材料氧化）。Ishikawa 等人于 2005 年在商品化的 HVOF 喷枪前端安装了气体裹绕装置，改良成 GS-HVOF 工艺，并用于制备 WC-CrC-Ni 涂层。该涂层腐蚀性能实验结果表明，当粉末颗粒速度达到 $770m \cdot s^{-1}$ 时，WC 分解程度较低，而且穿透型孔隙被消除了；涂层硬度与耐磨性明显优于传统 HVOF 工艺。Fedrizzi 等人在 2007 年对浸泡在 NaCl 溶液中的 Cr_3C_2-NiCr 涂层进行了滑动摩擦磨损性能实验，结果表明，涂层具有很好的防护效果，基体未发生腐蚀。另外，当 WC-Co 体系中的金属材料里引入 Cr 后，可以提升涂层的耐摩擦、耐腐蚀性能，进一步降低了涂层的磨损腐蚀率。在液压缸的活塞杆和辊子表面采用等离子喷涂 Cr_2O_3-8wt%TiO_2 涂层后，腐蚀液很快穿过孔隙，破坏了黏结层，使得金属陶瓷层呈鳞片状脱落，最终导致基体迅速发生腐蚀损伤。在 Zhang 等人的试验研究中，采用环氧树脂和硅树脂对涂层进行了封孔处理。封孔剂封填了涂层中原本开放的孔隙与裂纹，有效地提升了涂层的耐腐蚀性能。其中，硅树脂对涂层耐腐蚀性能的提升更为显著，经过 1200h 的盐雾试验后，样品表面没有任何锈迹。

在石化工业中，对阀门组件基体材料及涂层的选择会直接影响石油天然气等产品的经济效益。在石油和天然气流动过程中，阀门表面不只面临颗粒侵蚀与表面磨损，还常常伴有 H_2S 腐蚀。针对以上防护需求，Scrivani 等人在 2001 年对大量 HVOF 工艺制备的金属陶瓷涂层性能进行了研究和总结，包括 NiAl 涂层及由 WC 和金属间化合物组成的复合材料涂层，金属间化合物中含有 Ni、Cr、Co、Mo 等元素。WC-CoCr 涂层由于具有更高的显微硬度，展现了更好的耐侵蚀能力。同样地，由于 WC/Mo 复合材料中碳化物含量的影响，使其在摩擦腐蚀环境中发挥很好的防护作用，显著优于 Inconel 625 涂层和 NiAl 涂层。

由于具有很高的比强度和比模量，铝合金材料在工业中的应用越来越广泛。除了耐磨性能较差，不同成分的铝合金材料可能在特定侵蚀环境（如海洋大气环境等）下发生局部腐蚀（如点蚀等）。为了避免发生以上现象，通常会制备防护涂层或进行表面处理。Barletta 等人在 2010 年对 AA6082T6 基体表面 HVOF 工艺制备的 WC-CoCr 涂层进行了研究。通过喷涂次数的控制，在 50～150μm 范围内对涂层厚度进行了控制。因为 HVOF 喷涂过程中存在喷丸强化效应，而且颗粒变形机制进一步优化，随着喷涂次数的增加，涂层厚度增大的同时致密度也随之上升。获益于组织的致密化，涂层硬度、耐磨性、抗冲击性及耐腐蚀性能也都随着喷涂次数的增加而提升。其中，当喷涂次数为 2～3 次时，涂层性能变化最为显著。与铝合金阳极氧化膜相比，尽管 HVOF 制备的涂层耐腐蚀性能较差，但是耐磨性和抗冲击性能却远远高于前者。

1.4.2　中低温涂层

1.4.2.1　聚合物涂层

以热喷涂制备聚合物涂层的研究成果为例，它是一种一次性成型工艺，不需要附加的固化过程，涂层主要作为黏结底层或封严层使用。热喷涂聚合物涂层技术最适合因尺寸过大而无法浸入聚合物溶液的零件基体。另外，热喷涂制备的功能聚乙烯聚合物涂层，如甲基丙烯酸乙烯共聚物（EMAA）和乙烯丙烯酸（EAA）等，也可以用于潮湿环境下的防护。当然，聚合物涂层的应用首要考虑其使用环境。尤其要注意的是，聚合物材料熔点差异很大，对于 EMAA 来说，其熔点在 40～60℃范围内变化；而聚酰亚胺的熔点可达 300℃。

与传统材料（金属、金属陶瓷及陶瓷）的热喷涂相比，聚合物材料首先要满足喷涂工艺要求，而且粉末颗粒的尺寸要保证其在喷涂过程中只发生局部熔融，而不是发生过热。这就需要先去除容易发生过热的小粒径粉末，同时也要去除因尺寸太大而无法充分熔融的大粒径颗粒。另外，聚合物颗粒在热流中驻留的时间必须控制在合适的范围内，以防止其发生过热。但是，聚合物的热喷涂仍然存在一些局限性，如较高的孔隙率、较低的界面结合强度等，这些不足甚至会影响涂层的质量。为此，需要在热喷涂聚合物涂层后，增加后处理工序。例如，Zhang 的课题小组与 Soveja 的研究团队，分别采用火焰喷涂制备了 PEEK 涂层和 PTFE 涂层，然后均采用激光（Nd：YAG 激光、CO_2 激光或者二极管激光）对涂层进行加热处理，研究了组织形貌（致密性）及力学性能（结合强度和耐磨性）的变化。无论激光的波长如何变化，经过激光热处理后，两种聚合物涂层的致密性及结合强度都得到了提升。

热喷涂聚合物涂层可以沉积到金属、陶瓷、金属陶瓷及复合材料基体表面。由于该涂层具有优异的耐化学腐蚀性能，而且在低温下具有一定的致密度和结合强度，因此在许多工业领域中都有应用，尤其在食品行业中。图 1.7 为火焰喷涂制备的聚酰亚胺涂层，厚度为 3mm，沉积在食品工业使用的筒子表面。

图 1.7　食品工业使用的筒子表面火焰喷涂涂层：3mm 厚的聚酰亚胺涂层

在食品工业中，由于热喷涂聚合物涂层对清洗用的化学清洗剂具有更好的耐腐蚀性能（大约可以使用 4 周），已经替代了传统刷漆工艺（使用寿命只有 1 周）。添加了 Al_2O_3 颗粒的聚合物涂层甚至可以沉积到地板上，当人们在上面行走时，Al_2O_3 颗粒会形成凸纹，起到防滑的作用。

在石油工业中，外部钢结构、管道、储罐等构件中，有一部分是通过电弧喷涂 Al、Zn 或 Zn-Al 涂层实现防护的，另一部分则是使用火焰、HVOF 或等离子喷涂聚合物涂层来实现防护的。

1.4.2.2　制浆造纸行业

用于造纸或制作硬纸板的设备包含许多大尺寸的零部件（如一些辊子的直径达到 1m，长度可达到 10m 以上），它们面临着磨损和腐蚀的问题。为此，多种辊子及筒件表面都制备了防护涂层，主要包括中心压榨辊、干燥筒、压延辊、牵引辊和 Yankee 滚筒。涂层材料分别是 Fe 基合金、Ni 基合金、Ni-Cr 自熔合金、碳化物陶瓷、氧化物陶瓷及根据不同设备设计的复合涂层。图 1.8 为附着了 NiCrBSi 自熔合金涂层的造纸机辊，图 1.9 为造纸机辊子表面采用 HVOF 制备 WC-Co（13～87wt%），辊子的大小可以通过与旁边人的身高对比展现出来。

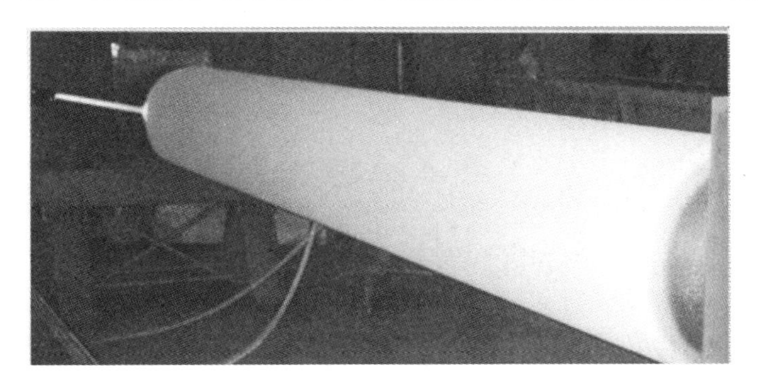

图 1.8　附着了 NiCrBSi 自熔合金涂层的造纸机辊

图 1.9　造纸机辊子表面采用 HVOF 制备 WC-Co（13～87wt%）

如果采用氧化物陶瓷涂层来防护这些辊子，则存在热膨胀系数差异的问题，如 Fe 与 ZrO_2 的热膨胀系数差值可达 5×10^{-6}～$6\times10^{-6}K^{-1}$。采用梯度功能涂层有助于提高陶瓷涂层与金属基体之间的相容性，涂层的热膨胀系数、弹性模量等基本性能会呈现梯度变化，进而降低涂层中的应力。此外，沉积含氟聚合物、封孔处理等涂层后处理工艺也会经常用到，以防止环境对涂层的侵蚀。以下是应用案例。

压榨辊的主要功能是采用机械力去除纸页中的水分。早期的压榨辊材质为花岗岩，转速较慢而且价格昂贵。现在，压榨辊是沉积了涂层的铸铁或钢材。不同设备压榨辊的涂层都是定制的，因为不同纸张生产过程中条件不同，特定涂层能够发挥最佳功效。在定制涂层时，主要考虑的因素包括耐磨性、耐腐蚀性及纸张生产过程中辊子表面的功能要求。在大多数情况下，压榨辊表面防护涂层主要是 Al_2O_3/TiO_2 涂层及 Cr_2O_3 涂层，其黏结底层采用 HVOF 工艺制备。依据零件基体尺寸不同，通常选择高能等离子喷涂工艺（250kW）进行面层的制备，代表设备为 Plazjet。

造纸机的干燥筒及宝绉纸造纸机的大型 Yankee 干燥筒都采用 HVOF 喷涂工艺制备金属陶瓷防护涂层，涂层材料中混有不同的碳化物陶瓷颗粒。由于质量及尺寸过大，为这些零件制备防护涂层通常都是现场实施的，所有的涂层制备环节（表面预处理、涂覆、表面抛光等）都在造纸厂的车间里进行。

用于造纸业的涂层表面一般还要沉积氟聚合物层，用以提高辊子表面的释放性能。除此之外，也可以采用 HVOF 制备高 Mo 含量的钢涂层，这类涂层具有更好的耐腐蚀性能及热导率。

碳纤维增强塑料辊（CFRP 辊）具有鲜明的特点，包括轻质、高刚度、低弯曲强度等，在制造业领域的应用越来越广泛。与传统金属材质的辊子相比，CFRP 辊更轻、刚度更好、惯性矩更低。但是，CFPR 辊表面制备的金属碳化物涂层由于抗热震性能较差，会过早地失效。于是 Nagai 等人在 2009 年开发了含有陶瓷颗粒的 Ni 基复合材料涂层，大幅提高了涂层的抗热震性能。共有 5 根制备了该涂层的辊子被加装到实际的造纸生产线上，使得生产效率提高了 10%，而且在 4 年内无须维护，一直保持高水平稳态运行状态。Yoshiya 等人也在 2009 年为 5.4m 长碳辊开发了热喷涂防护涂层，将其安装到切纸机/卷纸机后，可在 2300m/min 的超高速条件下稳定运行且不发生磨粒磨损。整个辊子分为 3 层，WC 金属陶瓷层附着在开槽金属套筒上，金属套筒套在 CFRP 辊外侧。在整个涂层制备流程中，热喷涂金属陶瓷涂层是最后一个环节，不需要进行抛光等处理。

1.4.2.3 印刷行业

Döering 等人在 2008 年对印刷行业热喷涂技术的状况进行了分析和总结，认为对印刷机来说，核心部件就是一个油墨输送装置、印模和一个印刷滚筒。用于印刷行业的涂层不仅需要满足功能要求，而且涂层制备后研磨与抛光的要求会更高，以下是相关案例。

胶印机的墨水传输系统是由几个不同的辊子构成的，能够为印模提供一个均匀的膜层。例如，导墨辊将墨水从墨水盒提升到墨水调节系统。其表面粗糙度 Rz 必须小于 2μm，误差范围控制在 2/1000mm。能够满足以上要求的涂层由富含 Cr 元素的金属黏结层（Ni、NiCr、NiAl）和陶瓷面层构成。

与普通的胶印墨水模块不同的是，网纹辊模块中只有一个激光雕刻的辊子，用于从腔室刮刀系统中提取墨汁。激光雕刻工序是在抛光过的辊子表面实施的。只有精确控制的等离子喷涂工艺及合适的粉末才能获得满足雕刻要求的 Cr_2O_3 涂层，具体细节见 Pawlowski 于 1996 年发表的文章。

印刷机中会用到许多等离子喷涂制备的氧化物涂层，如 Cr_2O_3、Al_2O_3/TiO_2（3wt%或 13wt%）。Lima 和 Marple 已经开始尝试采用 HVOF 制备的纳米 TiO_2 涂层替代传统的 Al_2O_3/TiO_2 涂层，该涂层具有近乎于无孔的致密度和均匀的微观组织，展现了优异的耐磨性能和耐腐蚀性能。

其他辊子，如橡皮布滚筒，需要采用等离子喷涂或 HVOF 制备哈氏合金涂层；牵引辊表面需要制备的涂层是 NiCr 合金层。

1.4.3　高温涂层

对于锅炉、内燃机、燃气轮机、流化床燃烧室、工业废物焚化炉这些在苛刻环境下使用的高温设备来说，金属与合金部件的热腐蚀是一个非常严重的问题。一旦高级燃料耗尽后，残留残料或燃油将会开始燃烧，引发热端部件的腐蚀与性能退化。残余燃料中含有 Na、V 及 S 等杂质，在燃烧过程中会形成低熔点的化合物，也就是通常所说的煤灰。这些煤灰很容易附着到材料表面，并促使氧化反应加速（热腐蚀）。对于氧化物陶瓷来说，在锅炉或燃气轮机运行过程中，这些煤灰会发生熔融并渗入陶瓷材料中。下面将介绍几个不同工业领域高温涂层的案例。但是，需要注意的是，有些涂层是可以通用的，在燃气轮机、内燃机、锅炉及工业废料焚烧炉中都可以起到防护作用。实现大温度范围内耐氧化腐蚀、高结合强度的方法是采用尖端材料，如 Inconel 625 Ni 基高温合金。将这些材料制备成涂层附着到传统材料表面，所耗费的成本远远低于直接将其加工成高温合金零件。Tuominen 等人研究发现，采用 HVOF 制备 Inconel 625 涂层的力学性能和耐腐蚀性能较锻造高温合金材料差一些，其原因是涂层中存在成分与组织不均匀。采用高能大光斑 Nd:YAG 连续激光对涂层进行重熔处理后，涂层组织与成分变得均匀，其结合强度、抗液体腐蚀性能及高温抗氧化性能获得显著提升。

1.4.3.1　金属加工业

金属加工业设备中的许多零件都面临严重的磨损与腐蚀问题，热喷涂工艺有助于这些零件的维护与修复。Davis 总结了能够采用热喷涂涂层防护的设备与装置：电弧加热炉（EAF）、碱性氧气炉（BOF）、模具、铸造模具、铸造修复、金属熔液盛放和传输设备、在湿磨和干磨环境下工作的钢轧辊、钢材生产线的进出辊、镀锌板和镀铝板生产线的辊子。

加热炉组件：电弧炉（EAF）和碱性氧气炉（BOF）中的许多零部件都会受到高温、颗粒和酸性气体的严重侵蚀。废气传输系统中的水冷部件，如承载盘、顶盖、箱体及面板等，均会受到高速燃气的冲蚀，燃气中含有化学腐蚀介质，这些介质会凝结在接触面上并对其进行腐蚀。所采用的防护涂层是高温耐磨及耐腐蚀涂层。

1．模具

在连续铸造过程中，位于下半部分的铸件会对磨具造成刮擦与磨损。模具中的 Cu 元素会向铸件表面扩散，形成星状裂纹。采用 Cr 基或 Ni 基涂层可以为铜模具提供耐磨防护，同时能够大幅降低铸件中 Cu 元素的含量，以抑制星状裂纹的出现。在模具中引入热障涂层的目的是控制系统中的热能传递、缓和激冷。对于腐蚀性更强的熔液来说，要用纯 Y_2O_3 涂层来代替 Y_2O_3 部分稳定的 ZrO_2 涂层。这些陶瓷涂层需要沉积在金属黏结层上，以实现模具基体与面层之间热膨胀系数的缓和过渡。Sanz 就模具表面防护涂层开展了大量的研究工作。而 Gibbons 和 Hansell 研究发现，采用 JP5000 型 HVOF 设备沉积 Cr_2C_3-25（Ni-20Cr）和 WC-10Co-4Cr 涂层可以在低成本条件下，将铝注射模具产量由小批量升级为大规模生产。铸件的修复也可以通过制备涂层来实现。在孔洞、孔隙以及磨损的区域，采用等离子喷涂或电弧喷涂制备涂层实施填充，然后进行机加工，以去除多余的涂层。

2．压铸

热浸渍辊：Mizuno 和 Kitamura 在 2007 年，针对 Al 压铸件及连续热浸镀 Zn、Al-Zn 生产线开发出一种新的金属陶瓷材料 MoB/CoCr，采用热喷涂制成涂层后能够耐受熔融合金的侵蚀。采用 Al-45wt%Zn 合金熔液进行考核后发现，该涂层具有良好的耐腐蚀性能，不会溶解在合金熔液中。引入过渡层是缓和 MoB/CoCr 面层与 AISI316L 不锈钢基体之间热膨胀系数的巨大差异，这种结构的涂层在热连续浸镀工业中有广泛的应用。Khan 等人在 2011 年将 MoB 金属陶瓷（MoB/NiCr 和 MoB/CoCr）粉末沉积到用于制备压铸模具的 SKD61（AISI H-13）金属材料表面。将圆柱形样品在 670℃的铝合金（ADC-12）熔液中浸没 25 小时，以考核以上涂层对焊接工艺的适应性。进行比较后发现，这两种 MoB 基金属陶瓷涂层均有良好的抗焊接性能，在熔液浸没试验中并未生成金属间化合物。Weiss 等人曾经采用电弧喷涂在模具表面制备钢涂层，以获得注塑模具中匹配较好的模具组。

3．钢材生产线中的出入辊

当 WC 金属陶瓷涂层制备到钢材生产线进料和出料口的张紧辊及蓄能辊便面后，消除了辊子表面损伤现象，并且提供了合适的摩擦力，防止在材料输送过程中打滑。涂层表面被加工出纹理，以确保钢带表面获得相应的特征或轮廓。多远白口铸铁是属于 Fe-C-Cr-W-Mo-V 体系的新型合金，在表面采用 HVOF 制备涂层后很适合用于制备辊子。

4．镀锌钢板和镀铝钢板

这些钢板对表面质量的要求很高，尤其是外侧面。在连续镀锌和镀铝过程中，钢板被浸没在熔液锅中，并且经过了一系列的辊子。这些辊子用以控制钢带速度与紧张程度，并且引导钢带穿过熔液锅。由于 Zn-Al 合金熔液具有强烈的腐蚀性，因此这些辊子需要频繁地更换或维修。Seonga 等人研究发现，WC-Co 涂层对于 Zn-Al 熔液的防护效果较差。在沉没辊和稳定辊表面制备 MoB、WC 及其他材料，有助于辊子表面保持光滑，提升钢带表面质量。

5．钣金成型模具

传统模具都是由金属块材机械加工得到的。采用电弧喷涂直接将金属堆积成 3D 图案，被认为是另一种用于注塑成型模具的制备方法。

1.4.3.2　化学工业

化学工业中的涂层主要用于由哈氏合金 B、哈氏合金 C 或 Inconel 600 制造的压力容器和存储容器。在热影响区，通常采用与燃气轮机一样的涂层。在一些用于强酸和有机物反应的容器中，其玻璃内衬可以采用等离子喷涂 Ta 涂层加以修复，玻璃表面预先涂覆 Cr_2O_3，有利于提高 Ta 和基体之间的结合强度。对于原油、天然气及石油化工设备来说，以下零件需要热喷涂制备防护涂层。例如，泥浆搅拌机转子、泵叶轮、柱塞、涡轮、离心压缩机/泵转轴、泵轴、锅炉管、混合螺杆、心轴、致动器轴和壳体、壳体和阀、阀门和阀座、大直径球阀、渐进腔泥浆马达转子、凿岩钻头、提升管张紧杆；叶轮/叶片钻井和生产立管、海底管道、井口接头、紧固件、压缩机杆、机械密封、泵叶轮、储罐衬里、外部管道涂层、结构钢涂层等。

1.4.3.3　电力系统

防腐蚀耐磨涂层（C-W）会用于流化床燃烧室（FBC）和传统燃煤锅炉零

部件的防护。

1．流化床燃烧室

零部件的腐蚀与磨损原因可以进一步细分为煤炭与石灰颗粒混合物的侵蚀，以及在高温下，由于煤炭中含硫量高或者煤炭不完全燃烧引起的蒸汽管道、锅炉内壁的腐蚀。因此，应针对不同的条件选择不同的防护涂层。

（1）由 Cr_2O_3 (20wt%)-Al_2O_3 和 NiCrAlY 黏结层组成的系统，可以通过多孔陶瓷实现腐蚀防护。在 Al_2O_3 陶瓷层中引入 20wt%的 Cr_2O_3，可以形成 α 相的（Al-Cr）$_2O_3$ 固溶体，其工作温度可以达到 1000℃，在大约 900℃开始发生 γ 相相变。

（2）HVOF 制备的 Cr_3C_2-NiCr 具有较高的致密度和细小的晶粒。硬质碳化物颗粒均匀分布在涂层中，用以提升耐磨性，而塑性基体材料用以提升耐腐蚀性。

2．燃煤锅炉

用于锅炉钢在燃煤锅炉环境中防腐耐磨的涂层为等离子喷涂制备的 Stellite-6 涂层。Sidhu 和 Prakash 发现采用激光重熔后，涂层中的孔隙大幅减少，防腐耐磨性能显著提升。Inconel 体系合金、高 Cr 含量合金及 Cr-Ni 合金涂层体现了良好的耐硫腐蚀性能，这些涂层可以采用多种工艺制备，包括等离子、电弧及 HVOF。Notomi 和 Sakakibara 通过向高 Cr 铸铁（C-Si-Mn-Cr-Mo-V-other-Fe）中引入 C 和硬质组分来提升材料耐磨性，并实现了等离子喷涂耐磨涂层低成本化。在生产粉末的过程中采用 N_2 雾化，可以有效地防止粉末颗粒氧化。这些涂层展示了与 Cr_3C_2-NiCr 金属陶瓷涂层相同甚至更优异的耐磨性，在更苛刻的环境中、更长的周期内具有更高的可靠性。

1.4.3.4 陶瓷与玻璃工业

为了生产各种各样的玻璃制品，在生产设备中会大量用到 Pt。这是由于 Pt 具有高熔点、高强度及耐腐蚀性能，对熔融玻璃具有优异的耐侵蚀能力。另外，Rh 经常会加入 Pt 中形成合金，进一步提高材料强度，延长使用寿命。鉴于这两种材料昂贵的价格，现在逐渐采用惰性气氛保护热喷涂制备的涂层代替传统的薄板或箔层，未形成涂层的金属粉末可以回收再利用。为了保护这些贵金属层，通常会在其表面涂覆一层可以根据磨损情况不断修复的陶瓷涂层。

为了提高均匀性、填充性及成型能力，采用电加热方式来熔化玻璃，加热单元采用 Mo 电极材料。这类生产设备中的搅拌器、混料桨及一些模具表面都采用等离子喷涂制备了 Mo 或 Mo 合金涂层。

生产玻璃制品的模具材料在高温、高压下需要有足够的强度、硬度、精确度（不会发生变形）。此外，这类材料还需要有良好的抗氧化性能、较低的热膨胀系数及高热导率。因此，模具材料的选择主要依据玻璃材料的转变温度。对转变温度较低的玻璃材料来说，采用钢制模具即可，其表面需要制备 Ni 基合金防护涂层，如火焰喷涂制备的 NiCrBSi 自熔合金涂层。对于转变温度较高的玻璃材料来说，防护涂层材料一般选择 NiCr-Cr_2C_3 或 TiC 金属陶瓷。

1.4.3.5　航空航天领域

如图 1.10 所示，航空发动机中有许多零件需要采用热喷涂技术制备涂层。早期，主要的喷涂工艺为 APS 和 VPS，现在 HVOF 已经获得认可，而且现在还开发出双弧喷涂技术。发动机里的涂层主要功能包括抗微动磨损、耐磨、降噪、间隙控制及高温热防护（热障涂层，TBC）。此外，还可以用于密封及代替起落架表面镀覆的硬铬层。

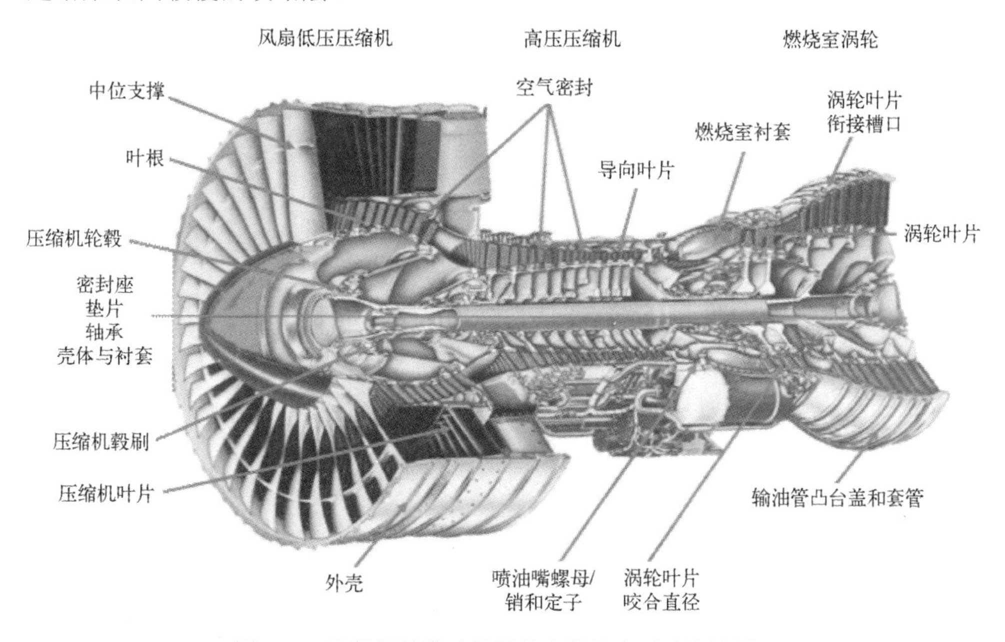

图 1.10　飞机涡轮发动机零件上的等离子喷涂涂层

在 20 世纪 70 年代中期，热障涂层（TBCs）首次用在一台研究用的涡轮发动机中，并且成功通过考核。到了 20 世纪 80 年代，热障涂层已经服务于航空发动机的风扇组件中，并且开始收获商业利润，而现在风扇及涡轮叶片表面都要沉积该涂层，用于金属材料的热防护。TBCs 产生的隔热效果及对基体材料蠕变、热机械疲劳寿命的影响，极大地推动了大推力涡轮发动机的研发。Pratt

和 Whiteny 发现，采用 EB-PVD（Electron Beam Physical Vapor Deposition）工艺制备的 TBCs 具有优异的耐热冲击性能，可以将叶片寿命延长 3 倍。TBCs 的寿命主要是由石油喷涂工艺和用于喷涂或沉积的粉末特性决定的，它们会影响涂层在使用过程中的烧结。此外，黏结层在使用过程中氧化并生成热生长氧化物，或者与 CMAS（钙镁铝硅酸盐）、V_2O_5 发生反应并被侵蚀。Feuerstein 等人发现，大多数用于航空发动机及发电机的热端部件（燃烧室、叶片、风扇灯）的先进热障涂层，都是由 EB-PVD 制备的 Y_2O_3 部分稳定 ZrO_2 涂层和 Pt-Al 涂层组成的。但是，热喷涂制备的陶瓷涂层及 MCrAlY 黏结层仍然在燃烧室、发动机叶片和风扇上有广泛的应用。Feuerstein 对比总结了热障涂层制备工艺特点，包括气氛控制等离子喷涂工艺和 HVOF 工艺制备等 MCrAlY 层、等离子喷涂制备的多孔 YSZ 层和高致密度、有柱状裂纹的锌酸盐层、Pt-Al 层、EB-PVD 制备的 TBCs，以及对比了工业中实际应用涂层的主要特点和成本。Vassen 和 Stuke 等人总结了各种技术的最新进展（如能够显著提升 TBCs 性能的方法）及 TBC 系统的主要发展方向，包括工艺发展趋势及材料升级方向。其中，有许多工作都是针对黏结层开展的，并且开发出许多提升其性能的方法，包括涂层处理工艺及选择新的喷涂工艺。对于 TBCs 的面层，一系列新的喷涂工艺如 TF-LPPS（Thin Film-Low Pressure Plasma Spraying）、液体（溶液或浆料）等离子喷涂或纳米团聚粉体等离子喷涂将会逐渐取代传统工艺，在未来成为主流的涂层技术。

在发动机中温度较低的热端部件中，通常采用碳化物金属陶瓷涂层来进行微动损伤防护。在低于 540℃温度下使用时，涂层材料为基体金属中添加了 Cr 元素的 Co 包覆 WC 粉末，Cr 元素含量为 4～12wt%，Co 元素含量为 6%～12wt%。当温度进一步升高后，主要采用 CrC-NiCr 金属陶瓷涂层。常用的涂层制备工艺为 HVOF，主要原因是该工艺可以有效抑制碳化物陶瓷的分解。

由于热学和力学作用，导致压缩机、涡轮及涡轮增压器中的转子和静子在使用过程中产生尺寸变化。这些尺寸变化会影响零件间的密封效果，因此，需要引入间隙控制系统。整个系统是由牺牲件和切削组件构成的。热喷涂制备的所谓封严涂层和蜂窝状密封件构成了有效的牺牲件。封严涂层需要在现场进行加工，对于使用温度较低的组件，封严涂层材料为由较柔软的金属和聚合物颗粒组成的复合材料；对于使用温度较高的组件，封严涂层则由 MCrAlY 金属和聚合物颗粒或 BN 颗粒组成。添加物提高了整个材料所必需的脆性，尤其是提高了干润滑特性。其他热喷涂工艺可以用于切削组件喷涂以实现间隙的控制，尤其是当切割部件材料硬度太低以至于无法进行切削时。

1.4.3.6 陆基燃气轮机

与航空发动机相比，陆基燃气轮机的使用条件存在较大的差异：外部环境温度范围从严寒（-40℃）到炎热（50～60℃），而且由于环境及油料，会存在严重的腐蚀和侵蚀现象。在陆基燃气轮机中，涂层常常沉积在轴承轴颈、轴承密封件、副轴颈、篦齿密封、叶片、叶尖封严、进气口和排气口，以及外壳等零件表面。关于不同陆基燃气轮机更为细致的讨论见 Lebedev 和 Kostennikov 于 2008 年发表的论文。Pomeroy 详细介绍了燃气轮机涂层的材料及长时间稳定性的问题。燃气轮机进气温度和循环效率越来越高，陶瓷隔热涂层可以用于温度最高的零件表面，并且可以使零件温度最多下降 170℃。涡轮机长时间暴露在潮湿及含氯化物的环境中，另外，存在两种腐蚀和氧化模式。

发生Ⅰ型热腐蚀的温度范围为 750～950℃，沉积在涂层表面的含硫化合物（通常是 Na_2SO_4）中的 S 会扩散穿过氧化物层，与金属材料发生反应生成非常稳定的硫化物。一旦易于产生稳定硫化物的元素（如 Cr 等）与穿过产物扩散而来的 S 反应耗尽后，基体金属就会与 S 发生反应，生成物在高温下会发生熔融，最终导致灾难性的后果。

Ⅱ型热腐蚀产生的温度范围在 500～800℃，其反应产物是基体金属（Ni 或 Co）的硫化物，并且需要一定的 SO_3 分压以确保上述硫化物稳定存在。

最终，当温度达到 1000℃以上后，氧化反应开始发生。

用于喷涂耐腐蚀、抗氧化涂层的材料主要是 Ni 基或 Co 基合金，如 NiCrMo（哈氏合金或 Nistelle 合金）、CoCrSiMo（Triballoy 合金）及 MCrAlY 合金。这些材料既可以采用等离子喷涂，也可以采用 HVOF 喷涂。空气入口、燃烧室衬里、喷射器、涡轮尖端、喷嘴和排气管上都会沉积抗氧化、耐腐蚀涂层。MCrAlY 涂层用作叶片和风扇涂层的黏结层，并且具有抗氧化、耐腐蚀的作用。

对于热障涂层，常用材料包括 ZrO_2-Y_2O_3（6～8wt%）、Ce_2O_3 或 Dy_2O_3 稳定的 ZrO_2 、Ce_2O_3 和 Y_2O_3 共同稳定的 ZrO_2，以及一些特征设备上专用的钽酸钙。值得注意的是，对于较低温度下使用的封严涂层或密封涂层，主要采用含有聚酯、聚酰亚胺或者 BN 的多孔铝基材料，或者是 Ni-石墨材料。对于较高的温度（高于 450℃），封严涂层为含有 BN 或聚酯的 MCrAlY。有些情况也会用到陶瓷基封严涂层，但是该材料与基体的热膨胀系数差异较大，以至于必须对高温合金基体施加冷却。

1.4.3.7 其他工业领域

前文中已经提到，采用热喷涂制备的涂层具有低孔隙率、高硬度、金属陶瓷涂层韧性良好、复合材料涂层灵活性高等特点，能够为基体材料提供优异的耐磨（磨损、侵蚀、微动等）和耐腐蚀防护。因此，热喷涂涂层还能够用在以下工业领域。

1．核工业

Co 基合金（司太立合金或金属陶瓷基材）是无法满足要求的，需要制备 Ni 基合金涂层（NiCr-WC 或 NiCr-CrC）用以耐磨、耐腐蚀。一种具有强中子吸收能力的含有 HfC 的金属陶瓷涂层也被开发出来了。但是，热喷涂制备的涂层主要还是用在泵、涡轮、热交换器、风扇等零件上。图 1.11 为 HVOF 在核工业领域球阀表面制备涂层。

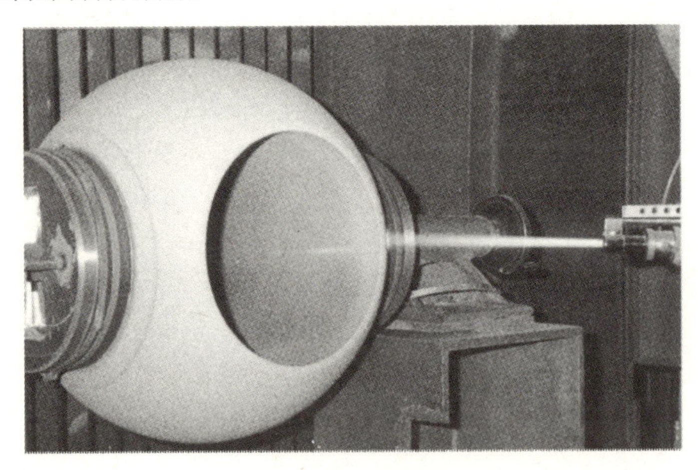

图 1.11　HVOF 在核工业领域球阀表面制备涂层

在法国原子能委员会核能部（CEA-DEN）研发的许多设备中，尤其是那些处理核废料的装置中，金属部件将在极端复杂苛刻的环境中使用。例如，在较为温和的环境中经历长时效（在 300℃下时效为几个月），在特定时间将拥有几百伏电压的电场、高辐射活性、多种酸性混合真气条件下经历热震（在几秒钟内，制备从低温到 850℃循环多次，少数几次温度会达到 1500℃）。研究人员已经对等离子喷涂的多种 Al_2O_3 涂层进行了研究，以提高金属基体在极端环境中的性能与寿命，包括不同粒度粉末制备的 Al_2O_3 涂层、Al_2O_3-TiO_2 梯度涂层、磷酸盐密封的 Al_2O_3 涂层；分析了粉末粒度、涂层梯度及磷酸盐密封剂对涂层介电强度、热冲击性能和热老化性能的影响。热老化性能在高温炉中进行，加热温度为 350℃，老化时间为 400h。热冲击试验采用氧-乙炔火焰对样品进行加热，然后采用压缩空气进行冷却。循环温度范围是 150～850℃。浸渗磷酸盐是一种有效的后处理工艺，可以填充 Al_2O_3 涂层中连通的孔隙或裂纹。采用 22～45μm 和 5～22μm 粉末制备的 Al_2O_3 涂层和其他粒度粉末制备的涂层、Al_2O_3-TiO_2 梯度涂层相比，具有更好的介电强度。

2．水泥工业

同样地，热喷涂涂层在水泥行业中的重要作用是为机械密封件、套筒、燃烧器摆动装置、锅炉管、热电偶套管、窑托辊、小齿轮轴等零部件提供耐磨防腐防护。水泥预热塔、推进叶片、压延辊、圆锥破碎机及液压油缸中的涂层主要为酸性环境下的防腐蚀涂层。

3．拉丝机

导辊和陶瓷碟片、棒料拉拔机、细丝拉拔机及其他一些附件中均需要制备防护涂层。

4．垃圾处理工业

钢管的氧化是城市生活垃圾焚烧炉（MSWI）中的一个重要问题，因为焚烧后的垃圾中含有高浓度的碱、硫、磷和氯。采用 HVOF 制备 Ni 基涂层可以有效为钢管提供抗氧化防护，避免了 Cl 对环境的污染。为了实现热腐蚀防护，Sidhu 等人于 2007 年研究了 HVOF 制备 WC-NiCrFeSiB 涂层的性能，在 800℃高温腐蚀性环境中，为 Ni 基高温合金和 Fe 基高温合金提供了抗氧化防护及抗热腐蚀防护。涂层中活性元素的氧化，会在富含 Ni 与 W 的变形颗粒界面处生成表面氧化产物。这些氧化产物能够阻碍腐蚀介质以扩散或渗透的方式穿过 WC-NiCrFeSiB 涂层，进而实现了对基体的有效防护。根据 Lee 等人的研究成果，美国有 88 家垃圾焚烧发电厂，而全球则有 600 多家。总的来说，它们燃烧了 1.43 亿吨城市固体废物，产生了约 450 亿千瓦时的电能和等量的热能用于地区供热和工业用电。由于各种杂质的存在，特别是燃烧气体中的 HCl 和氯化物盐类，导致锅炉管腐蚀率大大提高，同时也促进了金属与合金防护技术的发展，其中就包括超声速火焰喷涂涂层防护技术。在所有热喷涂工艺中，采用 HVOF 或等离子喷涂工艺将材料制备成防护涂层，展现出了兼具耐磨和防腐功能的优异性能。在实际应用中，HVOF 制备的 NiCrSiB 合金涂层和等离子喷涂制备的 Inconel 625 合金涂层已成功地应用于水冷壁管路上。采用 HVOF 在过热器管上制备的 TiO_2-Al_2O_3/625 涂层能够实现 3 年以上的有效防护。Shidu、Prakash 和

Agrawal 在高温合金表面喷涂 Cr_3C_2-NiCr 涂层进行了表征，并评估了循环使用条件下，在 900℃含有 Na_2SO_4-60%V_2O_5 盐混合物腐蚀环境中的防护性能。结果表明，该涂层在 900℃的熔盐环境中具有优异的耐热腐蚀性能，原因是 Ni 与 Cr 的氧化物及 Ni/Cr 尖晶石的形成。

5．煤气化工业

Shidu 等人采用 HVOF 工艺喷涂在 ASTM SA213-T11 钢基体上制备了 Cr_3C_2-NiCr、NiCr、WC-Co 和 Stellite-6 合金涂层，研究了循环条件下，在 900℃的熔盐里的耐腐蚀性能。液化石油气将被用作燃料气体。对未制备防护涂层的样品和 HVOF 喷涂样品进行了耐热腐蚀性能对比，结果表明，带有涂层的样品具有更好的耐热腐蚀性能。其中，NiCr 涂层的防护效果最好，其次是 Cr_3C_2-NiCr 涂层。WC-Co 涂层对基体的保护效果最差。研究表明，涂层中 Cr_2O_3、NiO、$NiCr_2O_4$ 和 CoO 的形成有助于提高涂层的热腐蚀性能。未制备防护涂层的钢基体发生了起皮、剥落等形式的严重腐蚀，可能是由于表层形成了不具备防护性能的氧化铁的原因。

1.4.4 腐蚀磨损防护涂层

当腐蚀和磨损共同作用时，就会产生腐蚀性磨损现象，导致材料表面性能快速下降。被腐蚀或氧化的表面力学性能将会削弱，进而出现高速率磨损的现象。此外，包括氧化物等的腐蚀产物从材料表面脱落后形成颗粒，随即成为摩擦磨损过程中的磨料颗粒。应力腐蚀失效是应力与腐蚀共同作用的结果。在高温条件下，基体与氧、碳、氮、硫或助焊剂发生反应，在表面形成氧化层、渗碳层、氮化层、硫化层或熔渣层。温度和时间是影响高温腐蚀速率和损伤程度的关键因素。

在石油和天然气生产行业存在一个严重的问题，在具有浮尘颗粒的恶劣性环境中，会导致基体材料表面的腐蚀、侵蚀及整体磨损。Al-Fadhli 等人在石油、天然气工业中使用 HVOF 在不锈钢零件上喷涂了 Inconel 625 涂层。在以下 3 种不同的金属表面涂覆涂层：①普通不锈钢（SS）；②点焊不锈钢（SW-SS）；③不锈钢和碳钢焊接在一起的复合表面（c-SS-CS）。这些涂层在喷射冲击试验台上进行试验，分别设置了两种流体条件：①未添加颗粒；②含 1%石英砂。结果表明，涂层对流体中是否存在砂粒敏感度很高。随着涂层在浆料中考核时间的延长，涂层的失重率会显著增加。失重率的大小取决于基底材料的类型。

HVOF 制备的 WC-Co-涂层耐腐蚀磨损性能比较差：HVOF 涂层中的 WC 发生了溶解，如同 CoCr 基体一样，会形成 Co 的溶解。WC 和 Co 在溶解前都会经历一个氧化过程，WC 氧化成 WO_3 并使得 pH 值下降，加速了钴的溶解和硬质相的腐蚀，最终导致其消失。因此，会对在腐蚀-侵蚀环境中使用涂层产生严重的影响。研究人员对 HVOF 制备的 WC-Co-Cr 涂层进行了测试与考核。结果表明，这些涂层的腐蚀机理非常复杂，腐蚀速率随温度的升高而增大。但是，铬的氧化会形成一层氧化物，起到防止成分溶解和延缓腐蚀的作用。Toma 等人也发现了类似的结果，其结论是，HVOF 喷涂的 Cr_3C_2-NiCr 涂层腐蚀速率较低，被认为是热喷涂 Cr_2O_3 涂层的一个很好的替代工艺。Espallargas 等人发现，从耐腐蚀-侵蚀的角度来看，WC-Ni 涂层和 Cr_3C_2-NiCr 涂层都有希望替代硬铬镀层。

等离子喷涂氧化铝和氧化铬涂层广泛应用于提高金属构件的耐磨性和耐腐蚀性。然而，它们的耐腐蚀性在很大程度上取决于它们的孔隙率，特别是开放型孔隙。Leivo 等人曾使用磷酸铝作为封孔剂，对 Al_2O_3 涂层和 Cr_2O_3 涂层进行封孔处理。封孔处理后的涂层在 pH 值为 0～10 的溶液中浸泡 30 天后，耐磨性并未减弱。但是该方法对于 Al_2O_3 涂层无效，经过封孔的涂层在 pH 值为 0 和 pH 为 14 的溶液中均会发生腐蚀。由于磷酸铝在强酸性溶液中未发现腐蚀，因此对于暴露在腐蚀性环境中的氧化物涂层来说，磷酸铝是一种很好的封孔材料，但是不包括 pH 值约为 14 的高碱性环境。

在柴油机中，燃油中的硫会引起严重的腐蚀。Uusitalo 等人采用 Sultzer Metco 的 Rota plasma 等离子喷涂设备在 Al-13Si 气缸壁上制备了新开发的铁基（Fe-C-Ni-Cr-Cu-V-B 合金）涂层，并进行了性能测试。与目前用于制备缸套的 Fe-C-Si-B 和 Fe-C-Si-Mo-B 合金基材相比，该涂层具有优异的耐腐蚀性和耐磨性。

Basak 等人在 Hank 溶液中测试了热喷涂纳米 FeCu/WC-Co 涂层的耐磨防腐性能，并与 AISI 304 不锈钢和纳米 WC-Co 涂层进行了对比。结果发现，FeCu/WC-Co 涂层的多相结构导致了复杂的腐蚀行为。在腐蚀磨损条件下，纳米 FeCu/WC-Co 涂层表现出与 AISI 304 不锈钢和纳米 WC-Co 涂层相似的去钝化/再钝化行为。

一般来说，热喷涂涂层性能会随着致密度的提高而提高。例如，Liu 等人采用 HVOF 制备了 Inconel 625 和 Inconel 625 基 WC 复合涂层，研究了激光表面处理对涂层腐蚀和磨损性能的影响。激光处理后，涂层腐蚀和耐磨性会显著提高，其原因是消除了离散的片层结构、微裂纹和气孔，同时也降低了 WC 与金属基体间的微电流驱动力。此外，WC 相形成的多面枝晶结构也有利于提高其耐磨性能。

1.5 结论

热喷涂工艺制备的厚涂层（50～3000μm），以及冷喷涂涂层在工业上的应用越来越广泛，其原因是：①它们赋予基材表面与其本身相差很大的性能；②它们可以在相当低或没有热量输入基底的情况下进行涂层制备（如可以将陶瓷喷涂到聚合物基体上）；③几乎所有高温下不分解、不挥发的材料都可以喷涂，包括金属陶瓷或者复杂的金属/陶瓷混合物，允许根据涂层性能要求进行设计；④喷涂的涂层允许剥落，损伤或剥落的涂层可以在不改变零件性能和尺寸的前提下重新进行喷涂；⑤一些喷涂工艺可以现场实施，用于大型零件涂层的快速制备，否则涂层制备的周期将大大延长且成本将大幅上升。

热喷涂涂层的主要缺点如下：①它们是一种视线约束技术，例如不可能在小直径大深度的内孔壁上喷涂涂层；②大多数涂层具有层状结构，不同条件下，片层之间的接触面积占片层整个表面的 15%～60%；③它们有气孔、裂缝等缺陷，这些缺陷间有可能连通，缺陷状态取决于喷涂工艺和喷涂条件，在某些应用过程中必须进行封孔处理。

大多数在腐蚀条件下使用的块体材料都可以喷涂涂层，但是变形颗粒之间的截面及裂纹（对陶瓷涂层来说）通常决定着涂层的耐腐蚀性能。牺牲涂层（离子迁移过程中的阴极，如钢中的锌或铝）广泛用于保护大型钢结构设施，如桥梁、管道、油罐、塔、广播电视桅杆、高架通道等；以及为暴露在潮湿大气和海水中的设施提供耐腐蚀防护，如船舶、海上平台和海港等。此类涂层中的孔隙率不影响阳极材料的保护效果，除非整个阴极涂层已经完全被腐蚀掉了。通常采用喷丸致密化、刷涂及封孔的方法来延长其使用寿命。许多行业广泛使用非牺牲类涂层进行耐腐蚀或耐腐蚀磨损防护，如航空航天、地面燃机、汽车、陶瓷和玻璃制造、印刷业、制浆造纸、金属加工业、化学工业、核工业、水泥、废物处理等。然而，几乎所有的涂层都必须进行后处理以消除其孔隙等缺陷。具体方法包括：采用自熔合金进行涂层制备，并在形成涂层后进行自熔处理；退火热处理；激光抛光；等温淬火；采用有机物、无机物及金属材料进行封孔处理；喷丸致密化；扩散处理；等等。这些后处理工艺必然会增加涂层的成本。

然而，在许多情况下，后处理涂层的成本比直接使用无涂层零件的成本要低，尤其是在零件修复时更是如此。

参 考 文 献

[1] Al-Fadhli H Y, Stokes J, Hashmi M, et al. The erosion-corrosion behaviour of high velocity oxy-fuel (HVOF) thermally sprayed inconel-625 coatings on different metallic surfaces[J]. Surface & Coatings Technology, 2006, 200(20-21):5782-5788.

[2] Barletta M, Bolelli G, Bonferroni B, et al. Wear and Corrosion Behavior of HVOF-Sprayed WC-CoCr Coatings on Al Alloys[J]. Journal of Thermal Spray Technology, 2010, 19(1):358-367.

[3] Basak A K, Matteazzi P, Vardavoulias M, et al. Corrosion-wear behaviour of thermal sprayed nanostructured FeCu/WC-Co coatings[J]. Wear, 2006, 261(9):1042-1050.

[4] Berard G, Brun P, Lacombe J, et al. Influence of a Sealing Treatment on the Behavior of Plasma-Sprayed Alumina Coatings Operating in Extreme Environments[J]. Journal of Thermal Spray Technology, 2008, 17(3):410-419.

[5] Bose S, Demasi-Marcin J. Thermal barrier coating experience in gas turbine engines at Pratt & Whitney[J]. Journal of Thermal Spray Technology, 1997, 6(1):99-104.

[6] Candel A, Gadow R. Optimized multiaxis robot kinematic for HVOF spray coatings on complex shaped substrates[J]. Surface & Coatings Technology, 2006, 201(5):2065-2071.

[7] Chattopadhyay R. Surface Wear: Analysis, Treatment, and Prevention[M]. USA: ASM International, 2001.

[8] Chen Z, Mabon J, Wen J G, et al. Degradation of plasma-sprayed yttria-stabilized zirconia coatings via ingress of vanadium oxide[J]. Journal of the European Ceramic Society, 2009, 29(9):1647-1656.

[9] Chen H, Zhao H, Qu J, et al. Erosion-corrosion of thermal-sprayed nylon coatings[J]. Wear, 1999, 233-235(none):431-435.

[10] Yi C L. Three Years Corrosion Tests of Nanocomposite Epoxy Sealer for Metalized Coatings on East China Sea[C]. Ohio: ASM International, 2009.

[11] Cipitria A, Golosnoy I O, Clyne T W. A sintering model for plasma-sprayed zirconia TBCs. Part I: Free-standing coatings[J]. Acta Materialia, 009, 57(4):980-992.

[12] Ctibor P, R Lechnerova, Benes V. Quantitative analysis of pores of two types in a plasma-sprayed coating[J]. Materials Characterization, 2006, 56(4-5):297-304.

[13] Curry N, Markocsan N, Li X H, et al. Next Generation Thermal Barrier Coatings for the Gas Turbine Industry[J]. Journal of Thermal Spray Technology, 2011, 20(1-2):108-115.

[14] Davis J R. Handbook of Thermal Spray Technology[M]. USA: ASM International, 2004.

[15] Dring J E, F Hoebener, Langer G, et al. Review of Applications of Thermal Spraying in the Printing Industry in Respect to OEMs[C]. Ohio: ASM International, 2008.

[16] Ducos M. Costs Evaluation in Thermal Spray, Continuing education course, ALIDERTE, Limoges, France.

[17] Espallargas A N, Berget J, Guilemany J M, et al. Cr3C2-NiCr and WC-Ni thermal spray coatings as alternatives to hard chromium for erosion-corrosion resistance[J]. Surface and Coatings Technology, 2008, 202(8):1405-1417.

[18] Evdokimenko Y I, Kisel V M, Kadyrov V K, et al. High-velocity flame spraying of powder aluminum protective coatings[J]. Powder Metallurgy and Metal Ceramics, 2001, 40(3):121-126.

[19] Fauchais P, Montavon G, Lima R S, et al. Engineering a new class of thermal spray nano-based microstructures from agglomerated nanostructured particles, suspensions and solutions: an invited review[J]. Journal of Physics D Applied Physics, 2011, 44(9):885-896.

[20] Fauchais P L. Thermal Spray Fundamentals[M]. Germany: Springer, 2012.

[21] Fedrizzi L, Valentinelli L, Rossi S, et al. Tribocorrosion behaviour of HVOF cermet coatings[J]. Corrosion Science, 2007, 49(7):2781-2799.

[22] Feuerstein A, Knapp J, Taylor T, et al. Technical and Economical Aspects of Current Thermal Barrier Coating Systems for Gas Turbine Engines by Thermal Spray and EBPVD: A Review[J]. Journal of Thermal Spray Technology, 2008, 17(2):199-213.

[23] Fukuda Y, Kawahara K, Hosoda T. Application of High Velocity Flame Sprayings for Superheater Tubes in Waste Incinerators [C]. Orlando: Corrosion 2000, 2000.

[24] Grtner F, Stoltenhoff T, Schmidt T, et al. The cold spray process and its potential for industrial applications[J]. Journal of Thermal Spray Technology, 2006, 15(2):223-232.

[25] Gawne D T, GrifÀths B J, Dong G. Splat Morphology and Adhesion of Thermally Sprayed Coatings[C]. Japan: High Temperature Society of Japan, 1995:779-784.

[26] Golosnoy I O, Cipitria A, Clyne T W. Heat Transfer Through Plasma-Sprayed Thermal Barrier Coatings in Gas Turbines: A Review of Recent Work[J]. Journal of Thermal Spray Technology, 2009, 18(5):809-821.

[27] Guilemany J M, Torrell M, Miguel J R. Properties of HVOF Coating of Ni Based Alloy for MSWI Boilers Protection[C]. Ohio: ASM International, 2007.

[28] Hannula S P, Turunen E, Koskinen J, et al. Processing hybrid materials for components with improved life-time[J]. Current Applied Physics, 2009, 9(3):160-166.

[29] Gibbons G J, Hansell R G. Down-selection and optimization of thermal-sprayed coatings for aluminum mould tool protection and upgrade[J]. Journal of Thermal Spray Technology, 2006, 15(3):340-347.

[30] Harsha S, Dwivedi D K, Agrawal A. Influence of WC addition in Co-Cr-W-Ni-C flame sprayed coatings on microstructure, microhardness and wear behavior, Surface & Coatings Technology, 2007, 201(12):5766-5775.

[31] Henne R H, Schitter C. Plasma spraying of high performance thermoplastics[C]. Ohio:ASM International, 1995.

[32] Hermanek F J. Thermal Spray Terminology and Company Origins[C]. Ohio: ASM International, 2001.

[33] Higuera V, Belzunce F J, Menéndez A, et al. A comparative study of high-temperature erosion wear of plasma-sprayed NiCrBSiFe and WC-NiCrBSiFe coatings under simulated coal-fired boiler conditions[J]. Tribology International, 2001, 34(3):161-169.

[34] Holcomb G R, Cramer S D, Bullard S J, et al. Characterization of thermal-sprayed titanium anodes for cathodic protection[M]. Berndt: ASM International, 1998:141-150.

[35] Hospach A, Mauer G, Vaßen R, et al. Columnar-Structured Thermal Barrier Coatings (TBCs) by Thin Film Low-Pressure Plasma Spraying (LPPS-TF)[J]. Journal of Thermal Spray Technology, 2011, 20(1):116-120.

[36] Ishikawa Y, Kawakita J, Kuroda S, et al. Evaluation of corrosion and wear resistance of hard cermet coatings sprayed by using an improved HVOF process[J]. Journal of Thermal Spray Technology, 2005, 14(3):384-390.

[37] Johnston R E. Mechanical characterisation of AlSi-hBN, NiCrAl-Bentonite, and NiCrAl-Bentonite-hBN freestanding abradable coatings[J]. Surface and Coatings Technology, 2011, 205(10):3268-3273.

[38] Kaushal G, Singh H, Prakash S. High-Temperature Erosion-Corrosion Performance of High-Velocity Oxy-Fuel Sprayed Ni-20 Cr Coating in Actual Boiler Environment[J]. Metallurgical & Materials Transactions A, 2011, 42(7):1836-1846.

[39] Khan F F, Bae G, Kang K, et al. Evaluation of Die-Soldering and Erosion Resistance of High Velocity Oxy-Fuel Sprayed MoB-Based Cermet Coatings[J]. Journal of Thermal Spray Technology, 2011, 20(5):1022-1034.

[40] Knuuttila J, Sorsa P, Mntyl T, et al. Sealing of thermal spray coatings by impregnation[J]. Journal of Thermal Spray Technology, 1999, 8(2):249-257.

[41] Lebedev A S, Kostennikov S V. Trends in increasing gas-turbine units efficiency[J]. Thermal Engineering, 2008, 55(6):461-468.

[42] Lee S H, Themelis N J, Castaldi M J. High-Temperature Corrosion in Waste-to-Energy Boilers[J]. Journal of Thermal Spray Technology, 2007, 16(1):104-110.

[43] Leivo E, Wilenius T, Kinos T, et al. Properties of thermally sprayed fluoropolymer PVDF, ECTFE, PFA and FEP coatings[J]. Progress in Organic Coatings, 2004, 49(1):69-73.

[44] Leivo E, Vippola M S, Sorsa P, et al. Wear and Corrosion Properties of Plasma Sprayed Al2O3 and Cr2O3 Coatings Sealed by Aluminium Phosphates[J]. Journal of Thermal Spray Technology, 1997, 6(2):205-210.

[45] Lenling W J, Smith M F, Henfling J A. Beneficial effects of austempering posttreatment on tungsten carbide based wear coatings[C]. Ohio: ASM International, 1991.

[46] Li L, Hitchman N, Knapp J. Failure of Thermal Barrier Coatings Subjected to CMAS Attack[J]. Journal of Thermal Spray Technology, 2010, 19(1-2):148-155.

[47] Lima R S, Marple B R. Thermal Spray Coatings Engineered from Nanostructured Ceramic Agglomerated Powders for Structural, Thermal Barrier and Biomedical Applications: A Review[J]. Journal of Thermal Spray Technology, 2007, 16(1):40-63.

[48] Lima R S, Marple B R. Superior performance of high-velocity oxyfuel-sprayed nanostructured TiO_2 in comparison to air plasma-sprayed conventional Al_2O_3-13TiO_2[J]. Journal of Thermal Spray Technology, 2005, 14(3):397-404.

[49] Lin L, Han K. Optimization of surface properties by flame spray coating and boriding[J]. Surface & Coatings Technology, 1998, 106(2):100-105.

[50] Liu Z, Cabrero J, Niang S, et al. Improving corrosion and wear performance of HVOF-sprayed Inconel 625 and WC-Inconel 625 coatings by high power diode laser treatments[J]. Surface and Coatings Technology, 2007, 201(16):7149-7158.

[51] Xiao M, Matthews A. Evaluation of abradable seal coating mechanical properties[J]. Wear, 2009, 267(9):1501-1510.

[52] Maranho O, Rodrigues D, Boccalini M, et al. Bond Strength of Multicomponent White Cast Iron Coatings Applied by HVOF Thermal Spray Process[J]. Journal of Thermal Spray Technology, 2009, 18(4):708-713.

[53] Markocsan N, P Nylén, Wigren J, et al. Effect of Thermal Aging on Microstructure and Functional Properties of Zirconia-Base Thermal Barrier Coatings[J]. Journal of Thermal Spray Technology, 2009, 18(2):201-208.

[54] Meng H. The performance of different WC-based cermet coatings in oil and gas applications-A comparison[C]. Germany: DVS Düsseldorf, 2010.

[55] Miller R A. Thermal barrier coatings for aircraft engines: History and directions[J]. Journal of Thermal Spray Technology, 1997, 6(1):35-42.

[56] Mizuno H, Kitamura J. MoB/CoCr Cermet Coatings by HVOF Spraying against Erosion by Molten Al-Zn Alloy[J]. Journal of Thermal Spray Technology, 2007, 16(3):404-413.

[57] Moskowitz L N. Application of HVOF thermal spraying to solve corrosion problems in the petroleum industry—an industrial note[J]. Journal of Thermal Spray Technology, 1993, 2(1):21-29.

[58] Murakami K, Shimada M. Development of Thermal Spray Coatings with Corrosion Protection and Antifouling Properties[C]. Ohio: ASM International, 2009.

[59] Nagai M, Shigemura S, Yoshiya A. Thermal-Sprayed CFRP Roll with Resistant to Thermal Shock and Wear - For Papermaking Machine[C]. Ohio: ASM International, 2009.

[60] Notomi A, Sakakibara N. Recent Application of Thermal Spray to Thermal Power Plants[C]. Ohio: ASM International, 2009.

[61] Pacheo da Silva C. et al. 2nd Plasma Technik Symposium 1, 1991，363-373 (Pub.) Plasma Technik Wohlen, CH.

[62] Pawlowski L. Technology of thermally sprayed anilox rolls: State of art, problems, and perspectives[J]. Journal of Thermal Spray Technology, 1996, 5(3):317-334.

[63] Petrovicova E, Schadler L S. Thermal Spraying of Polymers[J]. International Materials Reviews, 2002, 47(4):169-190.

[64] Pint B A, Haynes J A, Zhang Y. Effect of superalloy substrate and bond coating on TBC lifetime[J]. Surface & Coatings Technology, 2010, 205(5):1236-1240.

[65] Pomeroy M J. Coatings for gas turbine materials and long term stability issues[J]. Materials & design, 2005, 26(3):223-231.

[66] Racek O. The Effect of HVOF Particle-Substrate Interactions on Local Variations in the Coating Microstructure and the Corrosion Resistance[J]. Journal of Thermal Spray Technology, 2010, 19(5):841-851.

[67] Richer P, Yandouzi M, Beauvais L, et al. Oxidation behavior of CoNiCrAlY bond coats

produced by plasma, HVOF and cold gas dynamic spraying[J]. Surface & Coatings Technology, 2010, 204(24):3962-3974.

[68] Sanz A. Tribological behavior of coatings for continuous casting of steel[J]. Surface and Coatings Technology, 2001,146 -147(9):55-64.

[69] Schulz U, Bernardi O, Ebach-Stahl A, et al. Improvement of EB-PVD thermal barrier coatings by treatments of a vacuum plasma-sprayed bond coat[J]. Surface & Coatings Technology, 2008, 203(1):160-170.

[70] Scrivani A, Ianelli S, Rossi A, et al. A contribution to the surface analysis and characterisation of HVOF coatings for petrochemical application[J]. Wear, 2001, 250(1-12):107-113.

[71] Seong B G, Kim J H, Ahn J H, et al. A Case Study of Arc-spray Tooling Process for Production of Sheet Metal Forming Dies[C]. Ohio: ASM International, 2009.

[72] Seong B G, Hwang S Y, Kim M C, et al. Reaction of WC-Co coating with molten zinc in a zinc pot of a continuous galvanizing line[J]. Surface & Coatings Technology, 2001, 138(1):101-110.

[73] Sidhu H S, Sidhu B S, Prakash S. Hot Corrosion Behavior of HVOF Sprayed Coatings on ASTM SA213-T11 Steel[J]. Journal of Thermal Spray Technology, 2007, 16(3):349-354.

[74] Sidhu T S, Malik A, Prakash S, et al. Oxidation and Hot Corrosion Resistance of HVOF WC-NiCrFeSiB Coating on Ni- and Fe-based Superalloys at 800℃[J]. Journal of Thermal Spray Technology, 2007, 16(5-6):844-849.

[75] Sidhu B S, Prakash S. Erosion-corrosion of plasma as sprayed and laser remelted Stellite-6 coatings in a coal fired boiler[J]. Wear, 2006, 260(9):1035-1044.

[76] Sidhu H S, Sidhu B S, Prakash S. Comparative characteristic and erosion behavior of NiCr coatings deposited by various high-velocity oxyfuel spray processes[J]. Journal of Materials Engineering & Performance, 2006, 15(6):699-704.

[77] Sidhu T S, Prakash S, Agrawal R D. Characterizations and hot corrosion resistance of Cr3C2-NiCr coating on Ni-base superalloys in an aggressive environment[J]. Journal of Thermal Spray Technology, 2006, 15(4):811-816.

[78] Sidhu T S, Prakash S, Agrawal R D. Studies on the properties of high-velocity oxy-fuel thermal spray coatings for higher temperature applications[J]. Materials Science, 2005, 41(6):805-823.

[79] Souza V, Neville A. Mechanisms and kinetics of WC-CoCr high velocity oxy-fuel thermal spray coating degradation in corrosive environments[J]. Journal of Thermal Spray Technology,

2006, 15(1):106-117.

[80] Souza V, Neville A. Linking electrochemical corrosion behaviour and corrosion mechanisms of thermal spray cermet coatings (WC-CrNi and WC/CrC-CoCr)[J]. Materials Science and Engineering A, 2003, 352(1-2):202-211.

[81] Soveja A, Costil S, Liao H, et al. Remelting of Flame Spraying PEEK Coating Using Lasers[J]. Journal of Thermal Spray Technology, 2010, 19(1-2):439-447.

[82] Toma D, Brandl W, Marginean G. Wear and corrosion behaviour of thermally sprayed cermet coatings[J]. Surface & Coatings Technology, 2001, 138(2-3):149-158.

[83] Toscano J, R Vaßen, Gil A, et al. Parameters Affecting TGO Growth and Adherence on MCrAlY Bond Coats for TBC's[J]. Surface and Coatings Technology, 2006, 201(7):3906-3910.

[84] Tuominen J, Vuoristo P, Mntyl T, et al. Improving Corrosion Properties of High-Velocity Oxy-Fuel Sprayed Inconel 625 by Using a High-Power Continuous Wave Neodymium-Doped Yttrium Aluminum Garnet Laser[J]. Journal of Thermal Spray Technology, 2000, 9(4):513-519.

[85] Uozato S, Nakata K, Ushio M. Evaluation of ferrous powder thermal spray coatings on diesel engine cylinder bores[J]. Surface & Coatings Technology, 2005, 200(7):2580-2586.

[86] Uusitalo M A, Vuoristo P M J, Mantyla T A, et al. Elevated temperature erosion-corrosion of thermal sprayed coatings in chlorine containing environments[J]. Wear, 2002, 252(7-8):586-594.

[87] Vaßen R, Jarligo M O, Steinke T, et al. Overview on advanced thermal barrier coatings[J]. Surface & Coatings Technology, 2010, 205(4):938-942.

[88] Vaen R, Giesen S, Stver D. Lifetime of Plasma-Sprayed Thermal Barrier Coatings: Comparison of Numerical and Experimental Results[J]. Journal of Thermal Spray Technology, 2009, 18(5-6):835-845.

[89] Vassen R, Stuke A, Stöver D. Recent Developments in the Field of Thermal Barrier Coatings[J]. Journal of Thermal Spray Technology, 2009, 18(2):181-186.

[90] Vuoristo P, Nylen P. Industrial and Research Activities in Thermal Spray Technology in the Nordic Region of Europe[J]. Journal of Thermal Spray Technology, 2007,16(4):466-471.

[91] Wang B Q, Verstak A. Elevated temperature erosion of HVOF Cr_3C_2/TiC-NiCrMo cermet coating[J]. Wear, 1999, 233(4):342-351.

[92] Wang B. Erosion-corrosion of thermal sprayed coatings in FBC boilers[J]. Wear, 1996, 199(1):24-32.

[93] Weiss L E, Thuel D G, Schultz L, et al. Arc-sprayed steel-faced tooling[J]. Journal of Thermal Spray Technology, 1994, 3(3):275-281.

[94] Wilson S, Sporer D, Dorfman M R. Technology advances in compressor and turbine abradables[C]. Germany: DVS Düsseldorf, 2008.

[95] Yoshiya A, Shigemura S, Nagai M, et al. Advances of thermal sprayed carbon roller in paper industry[C]. Ohio: ASM International, 2009.

[96] Zhang C, Zhang G, Ji V, et al. Microstructure and mechanical properties of flame-sprayed PEEK coating remelted by laser process[J]. Progress in Organic Coatings, 2009, 66(3):248-253.

[97] Zhang J, Wang Z, Lin P, et al. Effect of Sealing Treatment on Corrosion Resistance of Plasma-Sprayed NiCrAl/Cr2O3 -8wt.%TiO2 Coating[J]. Journal of Thermal Spray Technology, 2011, 20(3):508-513.

[98] Zhang T, Gawne D T, Bao Y. The influence of process parameters on the degradation of thermally sprayed polymer coatings[J]. Surface & Coatings Technology, 1997, 96(2-3):337-344.

[99] Zeng Z, Sakoda N, Tajiri T, et al. Structure and corrosion behavior of 316L stainless steel coatings formed by HVAF spraying with and without sealing[J]. Surface & Coatings Technology, 2008, 203(3):284-290.

第 2 章　等离子喷涂 MCrAlY 涂层的静态氧化行为

Dowon Seo，Kazuhiro Ogawa

2.1　引言

热喷涂一般都是在大气环境或真空条件下进行涂层沉积的。尽管真空等离子喷涂（VPS）涂层是在真空条件下实施的，但如同超声速火焰喷涂（HVOF）喷涂一样，在喷涂过程中，会有氧气进入等离子射流中去。这种现象会导致喷涂材料直接暴露在氧化环境中。氧化反应一旦发生，便对喷涂层的物相组成、微观结构、质量和性能产生显著影响。金属氧化物主要出现在片层颗粒的界面处。由于氧化物脆性大且热膨胀系数与金属差异很大，因此可能致涂层发生剥落。另外，当 MCrAlYs（其中，M 为合金元素，通常是 Ni、Co 或这两种金属的合金）涂层中含有大量氧化物时，涂层在高温下对 S 和 V 的耐腐蚀性会大幅下降。钢涂层中的氧化物则会对其力学性能产生很大影响。不过，某些情况下金属氧化物的存在也可以改善喷涂层的一些性能。氧化物提高涂层耐磨性能就是其中一个典型的案例。有些情况下，引入氧化物还增可以加涂层的硬度。为此，了解热喷涂过程中材料的氧化行为具有重要的意义。

热喷涂涂层中的氧化物含量主要取决于喷涂工艺、喷涂参数和原料成分等因素。Espié等人研究发现，等离子喷涂低碳钢粉体颗粒中的氧含量会随着喷涂距离的增加而增加。Fukushima 和 Kuroda 在针对等离子喷涂制备 Ni-20Cr 涂层的研究工作中也获得了类似的结果，但进一步研究发现，热喷涂涂层中的氧含量还会随喷涂距离的减小而下降。对比不同的涂层制备工艺，可以总结出等离子喷涂涂层中氧含量高达 10wt%，其他工艺沉积涂层的含氧量为 3～6wt%。但是，对以上对比结果进行分析发现，喷涂粉末的粒度大小存在明显差异。因此，可以推测喷涂粉末粒度的差异也是导致涂层含氧量和氧化行为差异显著的原因之一。尽管真空喷涂工艺（VPS）比大气等离子喷涂（APS）或 HVOF 工艺更能抑制金属涂层的氧化，但其涂层性能同样会受到粉末粒度的影响。

金属的氧化取决于阴离子或阳离子迁移的速率，迁移方式包括穿过晶格或沿晶界迁移。在合金中，氧化产物的稳定性取决于该物质的分解压力，与合金中典型基本元素 Fe、Co 和 Ni 相比，Al 和 Cr 的氧化物分解压力较低。对于 Ni-Cr 合金来说，由于含有 10at%Cr 元素，在氧化过程中可以形成具有防护作用的、致密连续的 Cr_2O_3 层。由于 Cr 原子在 Co 材料中的扩散速率较慢，在较低的浓度下无法形成连续的 Cr_2O_3 层，因此 Co 基合金需要提高 Cr 元素的含量（25at%）来促进连续防护层的形成。Cr_2O_3 在温度超过 1123K 时会转化为挥发性的 CrO_3，导致防护层失去防护作用。为此，需要在关键部件材料中添加 Al 元素，以实现其在 1123K 或更高温度下的抗氧化防护，如燃气轮机中的热端部件等。Al_2O_3 的另一个优点是，在相同的温度下，其生成速率低于 Cr_2O_3。为了形成连续的 Al_2O_3 防护层，向 Ni 基材料中添加 Al 元素的量与形成 Cr_2O_3 防护层所需的 Cr 含量（10at%）相同。在 Al 含量较低的情况下，合金中的 Al、Cr 混合添加物同样可以形成 Al_2O_3 防护层，这是因为 Cr 大量吸附 O_2 后能够促使 Al 在活性较低的情况下发生氧化反应。

但是，当合金零部件处于热循环条件下时，表面的氧化产物层会由于热应力的作用而发生开裂或剥落。

本章主要介绍颗粒尺寸和考核时间对 VPS 沉积涂层的力学性能和氧化行为的影响；主要考察粉末颗粒与涂层的形貌、涂层中的氧含量、涂层孔隙率、表面粗糙度、热生长氧化物（TGO）厚度变化率、质量变化率及涂层氧化行为等。

2.2 材料与试验

采用 5 种商品化的 CoNi 粉和 CoCrAlY 粉作为涂层制备原料，粉末粒径从几微米到 45μm 以上。表 2.1 给出了 5 种粉末原料成分及各自涂层的厚度，粉末牌号分别为 AMDRY-9951、CO-210-1、UCT-195、CO-110 和 UCT-1348。所有粉末均采用气体雾化工艺制备。为了获得粉末尺寸与涂层氧含量之间的对应关系，通过扫描电子显微镜（SEM，Hitachi S4700，日本）对粉末进行了观察，并对粉体粒径进行了测量和统计。由于 Inconel 718 合金（日本三菱材料公司生产的 MA718 合金）广泛用于制造燃气轮机热端部件，因此采用该合金作为涂层的基体。Inconel 718 合金成分为 19Cr-19Fe-5.1Nb-3Mo- 0.9Ti-0.5Al-balance Ni。VPS 设备型号为 A- 2000v（Plasma Technik，德国），涂层沉积工艺参数包括：转移电弧预热处理温度 843K，沉积电压 56～57V，电流 580～590A，喷涂距离 310mm，氩气保护气氛压力 8kPa。样品基体尺寸为 80mm×70mm×5mm，对涂层沉积面进行吹砂处理，涂层平均厚度为 0.28mm。

表 **2.1**　粉末原料成分及各自涂层的厚度

材料种类	牌号	化学成分*/wt%		涂层厚度/μm
		主元	杂质	
CoNiCrAlY	AMDRY-9951	32Ni-21Cr-8Al-0.5Y-余量 Co	—	269.15
	CO-210-1	32Ni-21Cr-8Al-0.5Y-余量 Co	Fe, O, C, P, Se, N, H, S	247.85
	UCT-195	33Ni-21Cr-8Al-0.4Y-余量 Co	Si, Fe, C, P, S, O, N, H	308.54
CoCrAlY	CO-110	23Cr-13Al-0.7Y-余量 Co	P, C, S	266.23
	UCT-1348	23Cr-13Al-0.6Y-余量 Co	C, H, S, P	316.38

采用静态氧化的方式对涂层抗氧化性能进行考核，氧化温度为 1273K，保温时间最长达到 1000h。考核过程中设计了 8 个不同的保温时间，对于考核后的涂层样品，采用光学显微镜和扫描电镜（SEM 日本日立 S4700）观察微观结构。每次静态氧化考核都是在坎塔尔马弗炉中进行的，整个考核过程还包括高速升温过程（约 $32K \cdot min^{-1}$）和缓慢冷却至环境温度的过程，降温速率约为 $3K \cdot min^{-1}$。样品放置于 Al_2O_3 坩埚中，然后将坩埚连同样品一起放入坎塔尔马弗炉里。采用以上氧化考核方式，通过对比无涂层样品和等离子喷涂样品的差异进行氧化行为的研究。每次静态氧化考核结束后，采用精度为 0.1mg 的电子天平（Sartorius LA120S，德国）测量样品质量。在测量质量变化之前，需要除去样品表面的涂层，并用 0.5μm 的 Al_2O_3 磨料进行抛光处理，以排除表面粗糙度对检测结果的影响。另外，在称量时应将剥落的涂层也包含进去，以确定总氧化率，并且采用无水乙醇对样品表面的有机物沾污进行去除，然后利用光学显微镜、SEM 及 X 射线能谱分析（EDX，Oxford6841，美国）对样品表面进行观测。常用于化学分析的电子光谱法（ESCA，PHI Quantum 2000，美国）在静态氧化试验中可以用于获取涂层表面几个原子层深度内材料的成分信息，尤其检测区域内的氧元素偏聚状态。依照 ASTM B276 标准，采用图像分析软件（ImageJ，NIMH，美国）进行涂层中孔隙率的测算。软件分析所使用的涂层照片通过扫描电镜获取。完成涂层表面特征检测后，将涂层样品进行切割获得截面检测样品，检测时将样品固定在含有碳填料的导电酚醛树脂中。为了获得涂层截面真实而精细的特征，在进行检测前需要对样品观测面进行镜面抛光处理。涂层厚度是通过背散射电子图像（BSEI）来测算的，所用照片通过带有 Robinson 背散射探测器（RBSD）附件的 SEM 设备摄制。涂层的表面粗糙度通过非接触式测量设备（Mitaka NH-3T，日本）测量。

2.3 结果与讨论

2.3.1 涂层形貌及含氧量

图 2.1 为喷雾粉末的形貌，从图中可以发现所有的粉末均为球形。采用 SEM 图像对粉末粒径进行检测的结果分别如表 2.2 和图 2.2 所示。结果表明，通过图像测算得到的各种粉末平均粒径，均大于供应商通过筛分法标定的粉末粒径。其中，AMDRY-9951 和 CO-110 粉末的粒径分布范围最小。

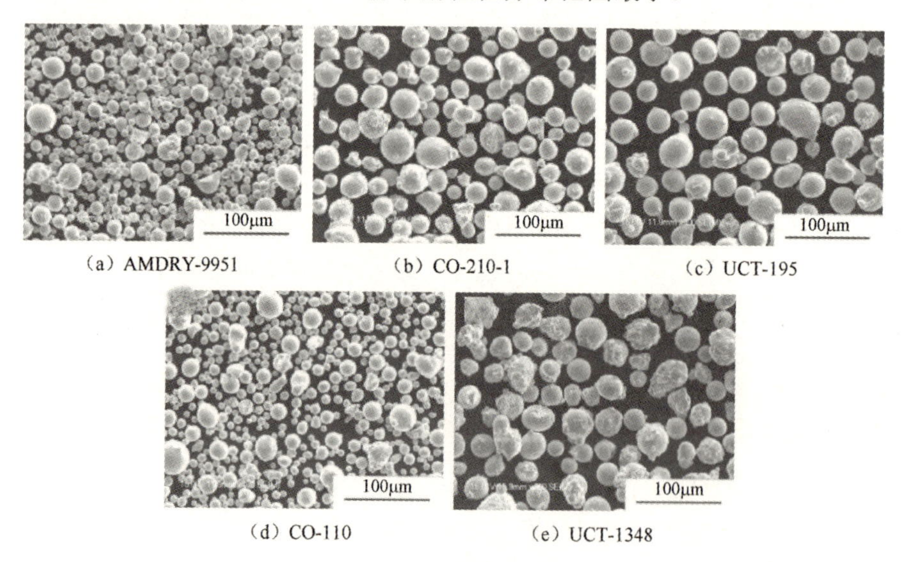

（a）AMDRY-9951　（b）CO-210-1　（c）UCT-195

（d）CO-110　（e）UCT-1348

图 2.1　喷雾粉末的形貌

表 2.2　粉末的粒径范围和描述统计数据（单位：μm）

牌号	筛分粒径	分析粒径	范围大小	平均粒径	中位数粒径	标准差	方差	误差
AMDRY-9951	−35 +5	−34.5 +2.5	32.06	9.40	8.375	4.22	17.80	0.16
CO-210-1	−45+10	−43.5 +3.6	39.86	20.51	20.35	8.36	69.95	0.75
UCT-195	−45+22	−40.3 +6.2	34.1	24.84	26.34	7.59	57.55	0.84
CO-110	−44 +5	−38.4 +2.0	36.39	10.08	8.58	4.79	22.99	0.22
UCT-1348	−45+15	−44.7 +12.6	32.06	25.71	25.04	6.51	42.33	0.72

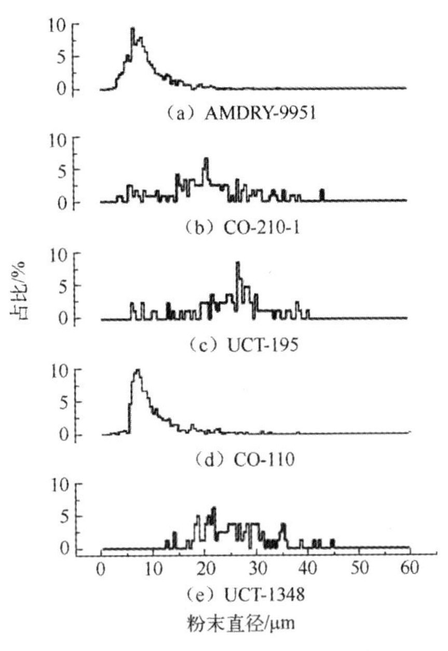

图 2.2　喷雾粉末的粒度分布

图 2.3 为 18μm 粒径粉末颗粒的截面 SEM 照片，以及分别在记号为 1、2、3 的 3 个典型位置进行 EDX 检测的结果。观察照片可以发现，该粉末颗粒表面覆盖着一层很薄的壳层。成分分析表明，该壳层是粉末颗粒在飞行过程中形成的氧化膜，见图 2.3（a）中的 3 号检测位置。此外，没有数据证明在粒子内部有氧元素存在，见图 2.3（b）中的 1 号检测位置。这一检测结果表明，氧化物表面覆盖层与颗粒的非氧化内核之间存在明确的界面。由此可以得出，尽管制备涂层采用了可以控制环境气氛的 VPS 工艺，但是粉末颗粒在飞行过程中仍然发生了从表面向内部的氧化行为。在另一项类似的研究中，Li 等人展示了一种经过 HVOF 喷涂粉末颗粒，并做了 EDX 检测分析。该研究结果同样表明，粉末颗粒在经过超声速燃流后，在表面形成了氧化膜。对于经过燃流加热的粉体颗粒，随着粒径尺寸的减小，粉末中氧含量逐渐升高。当粉末的平均粒径减小到约 30μm 时，飞行中的粉末氧含量迅速增加。由此可以推断，粉末颗粒的粒径尺寸对飞行过程中的氧化行为有很大影响，进而影响了粉末自身的氧含量。

在通常情况下，合金粉末颗粒在火焰中的氧化首先发生在颗粒表面。由于氧气以扩散的形式从表面进入粉末颗粒内部，粉末颗粒中的氧含量会随加热时间的延长而增加。Espie 等人研究了等离子喷涂过程中，喷涂距离与粉体颗粒氧含量之间的关系。结果发现，尽管如 Neiser 和 Espie 指出的那样，熔融的粉末在飞行过程中可能会发生熔液流动，进而使内部的金属暴露在火焰中而引发剧烈的氧化，但是粉末中的氧含量仍然呈现抛物线形增长。因此，在演化初始阶段，粉末颗粒中的氧含量会迅速增加。随着氧化过程的进行，氧含量的增加速度变得缓和。而当粉末颗粒飞离火焰的高温区域后，氧化速度将显著下降。由于火焰的能量很高，因此在喷涂距离内很难实施粉末颗粒收集工作。然而，涂层和粉末颗粒中的氧含量非常接近，证实了氧化行为主要发生在粉末飞过火焰的过程中。

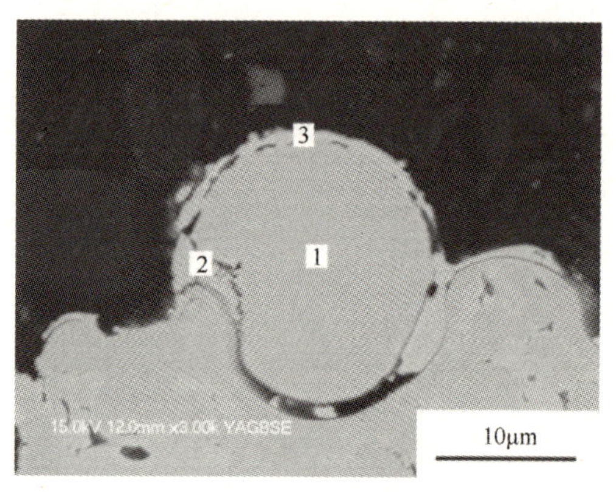

（a）CO-210-1粉体颗粒形貌

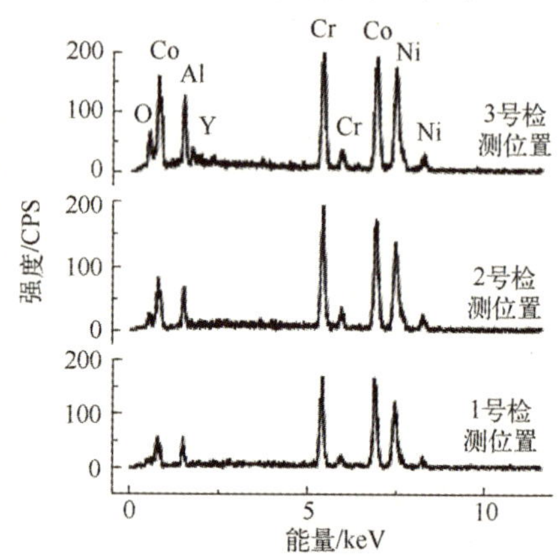

（b）粉末颗粒EDX光谱分析结果：1号检测位置为中心区域、2号检测位置为近外围区域和3号检测位置为熔融壳层区域

图 2.3　沉积粉末颗粒的截面形貌

图 2.4 为涂层中氧含量与粉末颗粒平均粒径之间的关系曲线。能够发现：①AMDRY-9951 和②CO-110 涂层中的氧含量高于其他涂层。表 2.3 给出了 3 种粉末原料和对应涂层中氧含量的检测结果。可以总结得出，随着平均粒径的减小，涂层中氧含量显著增加。对比粒径大于或等于 20μm 的粉末颗粒制备的涂层，当粉末颗粒平均粒径下降到 10μm 时，涂层中氧含量增加了半个数量级。这意味着，粉末颗粒平均粒径缩小一半将导致涂层氧含量增加半个数量级。很明显，粉末颗粒的粒径对沉积涂层中的氧含量有着实质性的影响。这一结果也能够解释为什么由同一类型材料沉积的涂层可能在氧含量上有显著差异。因此，在使用粒径小于 40μm 的粉末颗粒进行涂层制备并且涉及氧化性能时，应重点关注粉末颗粒平均粒径和粒径分布。

但在热考核之后，随着加热时间的延长，大尺寸粉末颗粒制备涂层和小尺寸粉末颗粒制备涂层的氧含量差异越来越小。通常，在静态氧化条件下，氧化物从涂层的裸露表面开始生长。由于氧气从表面向涂层内部扩散，暴露涂层中的氧含量会随着加热时间的增加而增加。因此，在初始阶段（1h），涂层中氧含量迅速增加。随着氧化过程的进行，氧含量的增加将变得不那么迅速。因此，颗粒尺寸对涂层中氧含量的影响也变小，如图 2.4 和表 2.3 所示。喷涂态涂层中的氧化物完全取决于粉末氧化的结果。

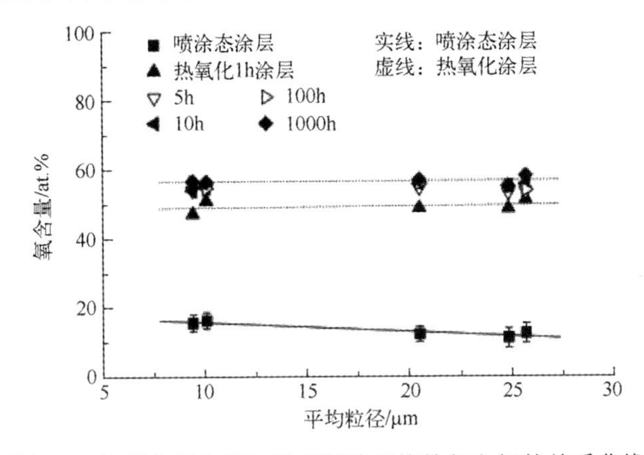

图 2.4　涂层中氧含量与粉末颗粒平均粒径之间的关系曲线

表 2.3　粉末原料和对应涂层中氧含量的检测结果

牌号	粉末颗粒*/wt%	涂层/at%						
		在微米级检测深度范围内**						纳米级检测深度范围内***
		喷涂态	1h	5h	10h	100h	1000h	喷涂态
AMDRY-9951	—	15.50	47.13	54.05	54.04	56.22	56.60	58.55
CO-210-1	0.028	12.18	48.70	54.58	55.89	55.90	56.97	59.93
UCT-195	0.040	11.12	48.52	53.16	55.04	54.86	55.16	59.14

注：*由供应商指定；**使用 EDX 测量；***使用 ESCA 测量。

2.3.2　粉末颗粒粒径尺寸分布对涂层孔隙率的影响

图 2.5 展示了距涂层表面约 100μm 位置处，涂层截面孔隙率与粉末颗粒粒径大小的关系曲线。通常情况下，涂层截面的孔隙率会随着粉末颗粒粒径的增加而增加。显然，这是由于大尺寸粒径的粉末粉末颗粒在等离子射流中熔融状态下降所致。小粒径尺寸粉末颗粒沉积的涂层中，变形颗粒间的结合状态较好，而随着粉末颗粒粒径尺寸的增大，变形颗粒间的孔隙逐步增多。对于粒径过于粗大的粉末颗粒，在涂层中甚至会出现结合很差的未熔颗粒。早期研究表明，随着颗粒尺寸的增大，变形颗粒的形态从完整的碟片状变为碎裂态。这些破碎的变形颗粒将导致变形颗粒间的接触状态变差，形成颗粒间的孔隙。需要注意

的是，喷涂用粉末颗粒粒径分布对涂层截面孔隙的影响要高于粉末颗粒的平均粒径尺寸。在某些情况下，未熔化的颗粒将会对周边变形颗粒产生压应力，使得原本结合状态较差的颗粒间实现紧密结合（见图 2.6）。图 2.5（b）中，CO-210-1 涂层截面的孔隙率最低，其原因是小、中、大尺寸粉末颗粒之间的匹配性良好。如表 2.2 所示，该粉末具有最大的范围和样本方差，有利于在涂层沉积过程中降低截面的孔隙率。

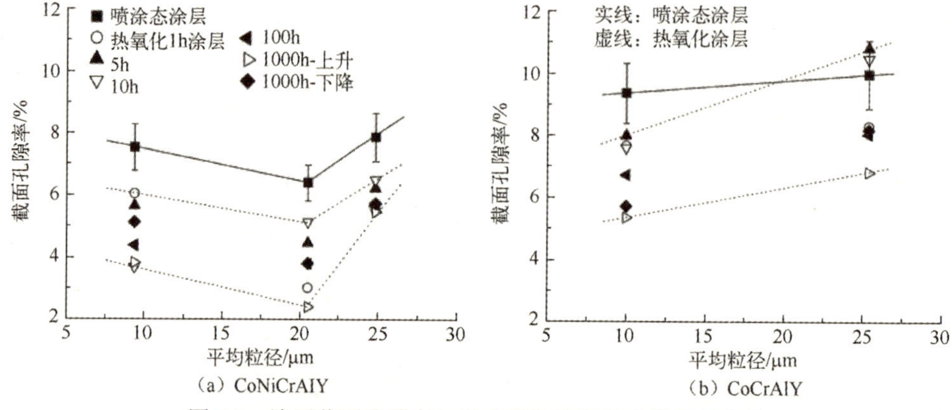

（a）CoNiCrAlY （b）CoCrAlY

图 2.5 涂层截面孔隙率与粉末颗粒粒径大小的关系曲线

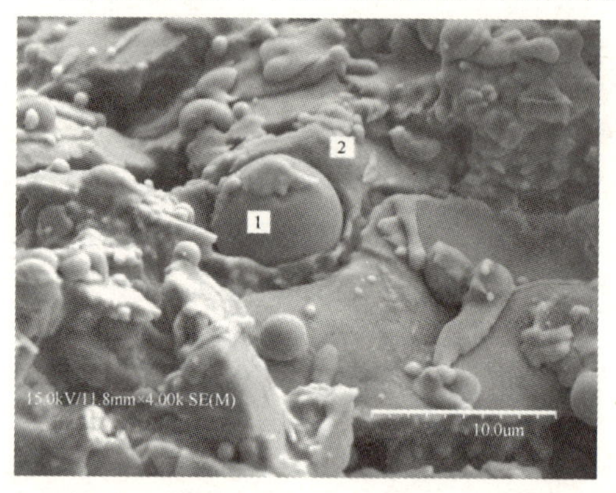

图 2.6 喷涂后的 CoNiCrAlY（UCT-195）涂层的压实现象

1—未熔化的粉末颗粒；2—被嵌压的变形颗粒片层

如图 2.5 所示，随着热氧化时间的延长，所有涂层样品的截面孔隙率逐渐降低。对 CoNiCrAlY 涂层的孔隙率变化过程进行详细划分可以得出，涂层截面孔隙率在第 I 阶段逐渐降低，AMDRY-9951 涂层为 1～10h，CO-210-1 涂层和 UCT-195 涂层为 0～1h；在第 II 阶段变为逐渐增加，AMDRY-9951 涂层为 10～100h，CO-210-1 涂层和 UCT-195 涂层为 1～10h；经过第 II 阶段之后涂层截面孔隙率再次下降。第

Ⅰ阶段涂层截面孔隙率下降的原因是涂层发生了烧结。Thompson 和 Clyne 等人也观察到，短时间烧结后涂层截面孔隙率发生了急剧变化。由此可以推断，经过短时间（第Ⅰ阶段）的高温烧结可以消弭涂层内部缺陷，并将碎散的部分烧结在一起，从而降低 MCrAlY 涂层截面的孔隙率。经过第Ⅱ阶段的加热后，孔隙等涂层缺陷将在涂层截面靠下的区域发生偏聚。

经过 1000h 的高温加热后，观察样品截面 MCrAlY 涂层和基体之间界面的形貌可以发现，在界面产物中可能存在晶粒间的孔隙。在空位无法有效去除的情况下，合金元素（如 Ni 或 Co）向外扩散所产生的空位会聚集，进而形成孔洞。提高合金及其涂层在 1223K 以上抗氧化性能的有效方法之一是通过选择性氧化在界面处形成连续的 α-Al_2O_3 氧化膜。随着高温氧化时间的延长，涂层样品首先经历快速氧化阶段，主要表现为保护性氧化铝膜的形成，当 Al 元素消耗殆尽后，Ni 或 Co 向外扩散，与已经生成的 Al_2O_3 发生固相反应形成尖晶石相，在氧化物-金属界面处形成 Cr_2O_3。这些过程在很大程度上取决于氧化温度和 VPS 制备 MCrAlY 涂层微观结构。

研究人员试图用双模型分布或三模型分布进行涂层孔隙率的预测，两类模型分别对应 2 种粒径的粉末或 3 种粒径的粉末（见表 2.4）。但是，实际测得的孔隙率数值往往低于计算得到的理论值。究其原因是，大多数粉末颗粒是圆形或者球形的，但小尺寸的粉末颗粒变成片层形状。一般来说，球形组元堆垛后的致密度会高于其他形状的组元。为了能够更准确地预测涂层孔隙率，需要引入更加实用的片层反射模型。金属粉末的表观密度受多种因素的影响，如粒度、形状、粒度分布、颗粒间摩擦、表面化学性质、团聚工艺和填料类型等。一般来说，随着粉末粒径尺寸的减小，粉末颗粒间的摩擦越大，松装密度越小；表面粗糙度越大或粉末形状越不规则，其松装密度越低。通过将粒径尺寸不同的粉末混合在一起，可以获得较高的松装密度。其原理是将小粒径的粉末颗粒填充到大粒径粉末间的空隙中。

图 2.7 显示了不同大小粉末混合后可能出现的 4 种情况，其中 L、M 和 S 分别代表大颗粒、中颗粒、小颗粒的直径。从这些模型中可以发现，使用三模型分布可以得到最高的松装密度，如图 2.7（b）所示；而使用双模型分布后，如一种小粒径尺寸粉末和一种中等粒径尺寸粉末混合在一起，将获得最低的松装密度，如图 2.7（a）所示。所有组合的定量分析结果如表 2.4 所示。譬如，在图 2.7（b）中，普通三模型分布的理想情况，小尺寸的圆盘刚好接触相邻的大圆盘。事实上，根据几何关系决定材料复合方式是不现实的。究其原因有二：

首先，现实中获得单一粒径的粉末材料是不可能的，在喷涂过程中，混合粉末通常由几种粉末组成；其次，喷涂时粉末的尺寸受许多因素限制，包括涂层厚度、流动性要求、沉积特性和成本等。

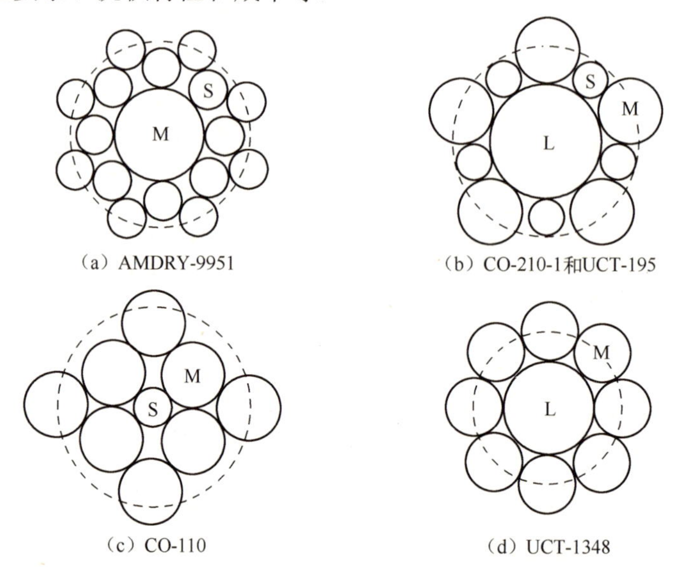

（a）AMDRY-9951　（b）CO-210-1和UCT-195

（c）CO-110　（d）UCT-1348

图 2.7　双层粉末沉积模型和三层粉末沉积模型

表 2.4　涂层孔隙率及颗粒分布定量分析结果

牌号	粉末分组*	频率计数率	平均粒径比例	平均粒径/μm	孔隙率（面积%）理论	孔隙率（面积%）测量
AMDRY-9951	S	14.69	1.00	8.60	22.92	6.87
	M	1.00	2.38	20.50		
CO-210-1	S	2.43	1.00	10.64	14.42	4.96
	M	5.36	2.08	22.15		
	L	1.00	3.36	35.71		
UCT-195	S	0.79	1.00	10.30	28.73	6.19
	M	4.07	2.44	25.14		
	L	1.00	3.40	35.02		
CO-110	S	1.00	1.00	5.62	30.44	7.47
	M	7.36	1.86	10.46		
UCT-1348	S	4.27	1.00	23.85	29.93	7.91
	M	1.00	1.51	36.03		

注：*S、M 和 L 分别代表小颗粒、中颗粒和大颗粒的组，其粒径范围为：S 组为(−16.3+2.0)μm、M 组为(−30.6+16.3)μm、L 组为(−45.0+30.6)μm。

2.3.3 热处理时间对涂层孔隙率的影响

图 2.8 为随着热处理时间的增加，涂层内部距离表面约 100μm 处的截面孔隙率分布曲线。涂层孔隙率随喷涂粉末粒径的增加而增加。当然，这也可能是由于等离子射流中较粗颗粒的熔化效率降低所致。细粉末制备的涂层，变形颗粒间结合较好，而中等粒径粉末制备涂层的变形颗粒间存在明显的孔隙。大尺寸粒径粉末制备的涂层中存在大量未熔颗粒或结合较差的颗粒。早期研究表明，随着颗粒尺寸的增加，变形颗粒形貌从完整的圆碟形变为碎片状。这些破碎的变形颗粒会导致颗粒间结合状态变差，并导致孔隙的形成。但是，对于孔隙率来说，粉末颗粒粒度分布状态的影响要大于粉末粒径尺寸的影响。在某些情况下，未熔化的颗粒会对变形颗粒起到压实作用，使得原本结合较差的颗粒间接触更加紧密。在几组涂层样品中，CO-210-1 涂层的孔隙率最低，其原因可能是小颗粒、中颗粒、大颗粒之间具有合适的配比。如表 2.2 所示，该粉末具有最大的粒度范围和样本方差，导致在沉积过程中涂层内部的孔隙率较低。

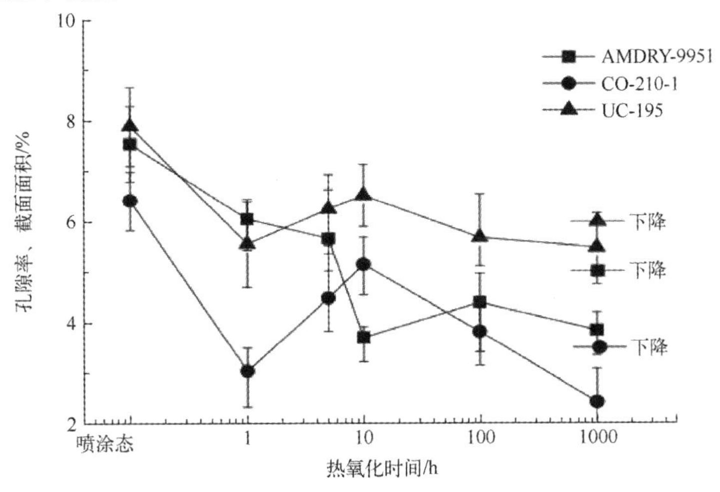

图 2.8　热氧化时间对 CoNiCrAlY 涂层孔隙率的影响

如图 2.8 所示，随着热氧化时间的延长，各种涂层的孔隙率均逐渐下降。经过细致分析可以发现，涂层孔隙率在 I_P 阶段逐渐降低，AMDRY-9951 涂层为 0～10h，CO-210-1 涂层和 UCT-195 涂层为 0～1h；在 II_P 阶段（10～100h）却有所增加，对于 AMDRY-9951 涂层为 1～10h，对于 CO-210-1 涂层和 UCT-195 涂层为 1～10h；最终在 II_P 阶段上再次下降。图 2.9 中 I_P 阶段曲线展示了烧结过程对孔隙率的影响。同样可以观察到经历较短时间的烧结后，涂层的孔隙率发生的急剧变化。可以推测，涂层短暂暴露于高温下（$\mathrm{I_P}$阶段）足以愈合裂纹并将变形颗粒紧密结合在一起，最终导致 CoNiCrAlY 涂层内部孔隙率显著降低。如图 2.10 所示，经过$\mathrm{II_P}$阶段加热后，涂层内部孔隙集中在较深的区域内（距涂层表面 100μm 以上）。热处理 1000h 后，对 CoNiCrAlY 涂层和基体之间的界面进行观察后发现，在晶粒间可能形成尺寸较大的孔洞，就如 Choi 在其研究成果中提到的。这是由于在没有有效空位填充机制的情况下，合金元素（如 Ni 或 Co）向外扩散而产生的空位最终汇聚形成的孔洞。在高于 1223K 的温度下，提高合金和涂层抗氧化性的最有效方法之一是通过选择性氧化形成连续的 $\alpha\text{-}Al_2O_3$ 膜层。随着热氧化时间的延长，首先经历过渡型氧化阶段，然后形成具有保护性的 Al_2O_3 膜层，当涂层中的 Al 元素耗尽后，Ni 或 Co 开始向外扩散并于前期生成的 Al_2O_3 发生固相反应形成尖晶石相，而 Cr_2O_3 在氧化物与金属的界面处形成，以上过程在很大程度上取决于氧化温度和 MCrAlY 涂层的微观结构。

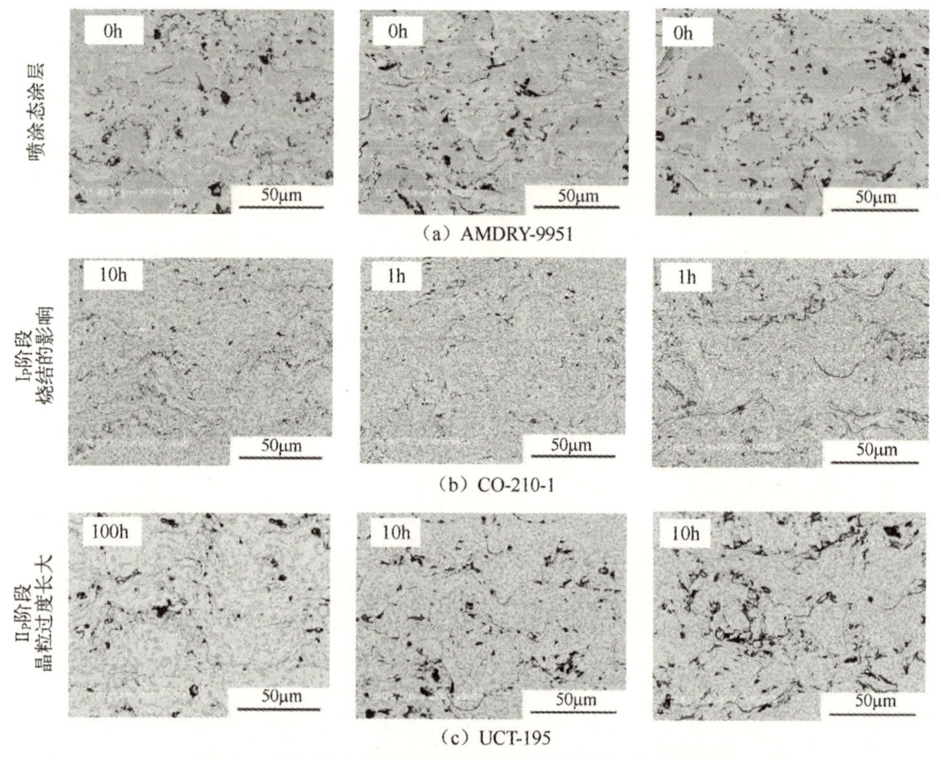

（a）AMDRY-9951

（b）CO-210-1

（c）UCT-195

图 2.9　不同涂层在不同热氧化时间下的内部缺陷变化

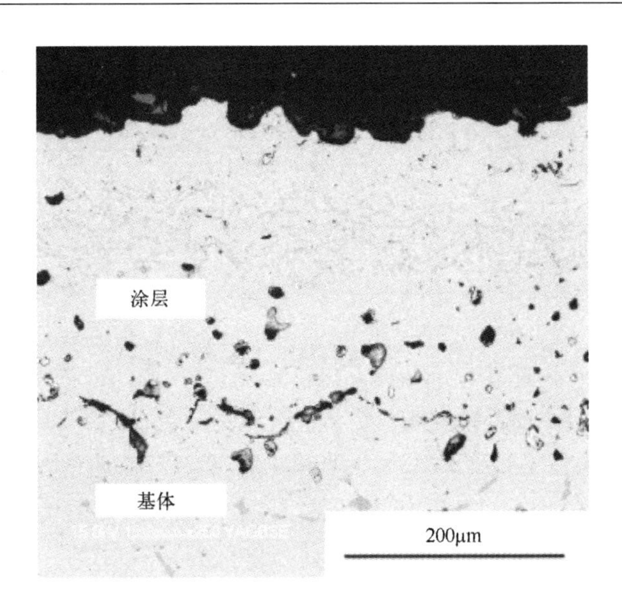

图 2.10　热氧化 1000h 后，CO-210-1 涂层的内部微观结构

结果表明，在经历 1000h 热氧化的试样中，基体与涂层界面存在大量孔隙（孔隙率为 3.5%～6%）等加工缺陷。此外，在等离子喷涂的 MCrAlY 涂层中也存在大量的缺陷。在热氧化的试样中，在涂层/基体界面处，以及 TGO 下方沿 TGO/MCrAlY 界面处均可以观察到一个贫铝区。早期科研人员研究 MCrAlY 涂层在空气中的氧化行为时也进行了类似的观察，观察到了 MCrAlY 涂层下方贫铝区的存在，以及氧化 500h 后的 TGO 以下的贫铝区的产生。发现在热氧化的 MCrAlY 涂层/基体界面存在孔隙和碳化物析出物，金属基体晶粒发生长大，晶粒内碳化物析出。在一些研究文献中提到，二次碳化物主要沿晶界析出，而初级碳化物则主要在晶粒中心析出。由于氧化产物在高温下具有很高的氧透过率，且在 TGO 和 MCrAlY 涂层中存在孔隙，所以 MCrAlY 涂层中的 Al 会扩散到 TGO/MCrAlY 涂层界面处发生氧化反应生成 Al_2O_3。因此，在这个界面下方，在 MCrAlY 涂层中会形成一个贫铝区。结果表明，涂层中的一部分铝也会扩散到基体中。因此，在 MCrAlY/基体界面和 MCrAlY 涂层之间也会出现贫铝区。科研人员在很早就在喷涂了 MCrAlY 涂层的基体中发现了类似的现象。

2.3.4　热氧化时间对涂层表面粗糙度和 TGO 的影响

图 2.11 为原始状态及不同热氧化时间下涂层表面粗糙度测量结果。所有涂

层表面粗糙度均会随着粉末颗粒尺寸的增加而增加。随着热氧化时间的延长，在 I_R 阶段内（对于 AMDRY-9951 涂层为热氧化 0～1h；对于 CO-210-1 和 UCT-195 涂层为热氧化 0～5h），涂层表面粗糙度会下降；但是，当加热氧化过程经过 I_R 阶段后，涂层的表面粗糙度数值相对固定或开始缓慢上升。分析其原因是在 I_R 阶段时，颗粒间局部烧结对颗粒间孔隙产生了显著的影响。另一种可能性是，由于 TGO 的存在，例如尖晶石型 Al_2O_3 在表面的生长对表面粗糙度产生了直接的影响（如图 2.12（a）所示）。位于涂层表面的开放式孔隙会被这些生成氧化物填充（如图 2.13 所示）。Tang 等人也发现，在 1273 K 下热氧化 1h 后，金属涂层上生成的氧化产物主要是尖晶石型氧化物。在 1273 K 下进一步长时间热氧化后，除了初期的尖晶石型氧化物，还发现了 α-Al_2O_3 和 Cr_2O_3（该部分将在 3.5 节详细讨论）。热氧化 1h 后，TGO 产物主要集中在涂层表面的低洼处，如图 2.13（点 1）所示。随着热氧化时间的延长，TGO 产物也开始在涂层表面凸起部位（山坡）生长，导致涂层表面粗糙度略有增加（见图 2.11）。随后，涂层表面粗糙度再次下降或保持相对固定的值。生成物的晶体尺寸相对于喷涂态涂层表面凹凸形貌的尺寸较小，热氧化涂层表面逐渐变得光滑且晶粒细化。

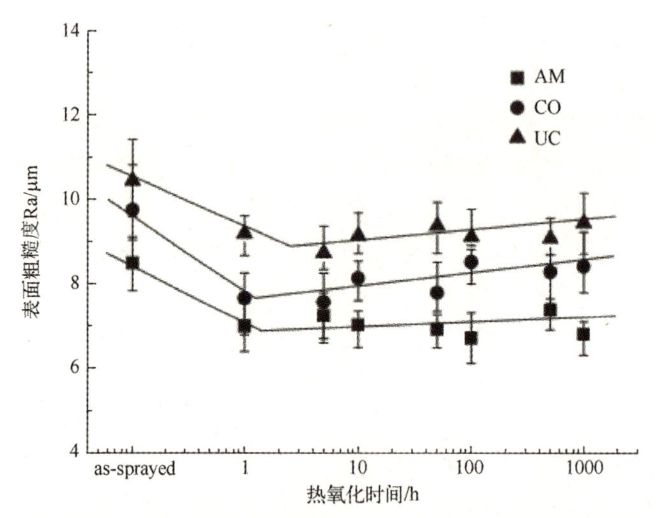

图 2.11　热氧化时间对 CoNiCrAlY 涂层表面粗糙度的影响

图 2.14（a）和图 2.14（b）分别显示了 3 种涂层及其基体在 1273 K 静态气氛中，TGO 厚度和质量变化曲线。TGO 厚度值的平方与热氧化时间的平方根成正比；而质量增加值的平方也与热氧化时间成正比。整个氧化过程可分为两个阶段。首先是初期具有高氧化速率的快速氧化阶段，其次是氧化速率较为缓

慢的稳态氧化阶段。初始快速氧化阶段向稳态氧化阶段的过渡时间，可以通过快速氧化外推曲线与稳态氧化外推曲线相交的状况来确定。所有涂层的氧化阶段过渡时间都在 23h 以下。与其他涂层相比，UCT-195 涂层的氧化速度更快，可能是由于涂层中颗粒尺寸更大、表面粗糙度更高所致（见图 2.11）。AMDRY-9951 涂层的 TGO 增厚和增重率最低，而 UCT-195 涂层的 TGO 增厚和增重率最高。

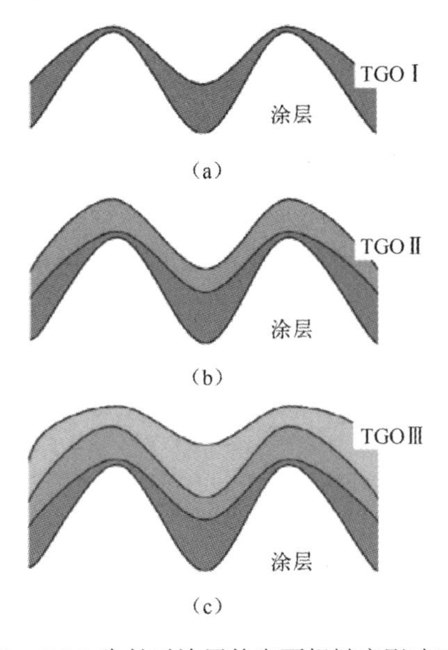

图 2.12　TGO 生长对涂层的表面粗糙度影响示意图

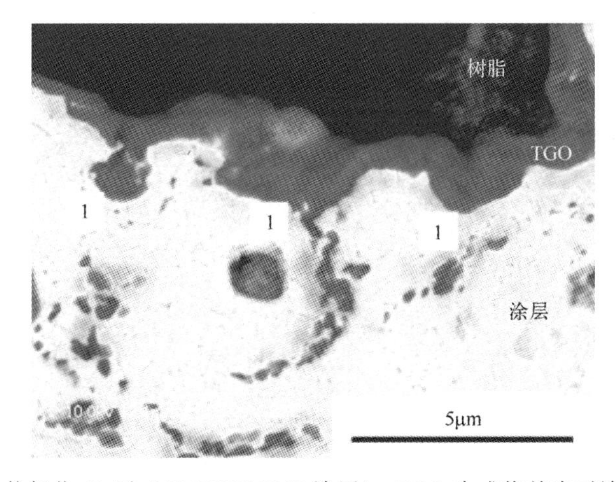

图 2.13　热氧化 1h 后（AMDRY-9951 涂层）；TGO 生成物首先对涂层表面的凹坑进行了填充（区域 1）；然后逐渐生长至凸起区域

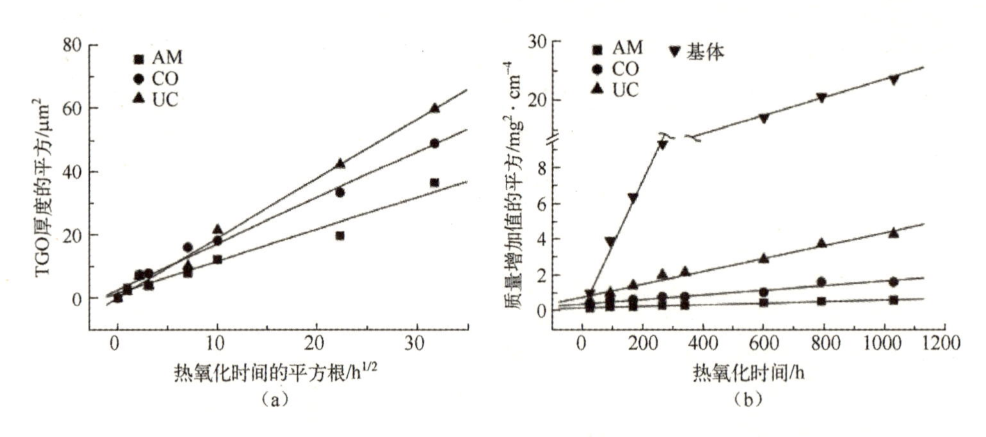

图 2.14　热氧化时间对（a）TGO 厚度和（b）增重的影响

所有涂层在经历了初期快速氧化阶段后，TGO 厚度变化率和质量增加率都趋于均匀，整体遵循抛物线型氧化速率规律。抛物线型氧化速率常数一般由式 $(\Delta W/A)^2=k_\mathrm{p}t$ 定义，其中ΔW为任意时刻的重量变化，A为表面积，t为时间，k_p为抛物线速率定律常数。对于 AMDRY-9951、CO-210-1 和 UCT-195 涂层，抛物线速率常数分别为 $4.65\times10^{-4}\mathrm{mg^2\cdot cm^{-4}\cdot h^{-1}}$、$1.3\times10^{-3}\mathrm{mg^2\cdot cm^{-4}\cdot h^{-1}}$ 和 $3.6\times10^{-3}\mathrm{mg^2\cdot cm^{-4}\cdot h^{-1}}$。因此，AMDRY-9951 涂层的氧化速率常数约为 UCT-195 涂层的氧化速率常数的 1/8。在 340h 时，AMDRY-9951 涂层的增重（$0.5\mathrm{mg\cdot cm^{-2}}$）也仅约为未喷涂涂层基体（$3.4\mathrm{mg\cdot cm^{-2}}$）的增重的 1/6。但是，Inconel 718 基体材料的氧化并未体现出抛物线型氧化速率定律。其原因是在 340h 以内，基体发生了非均匀局部氧化，并且氧化产物快速生长。Wagner 的模型无法很好地解释初期的快速氧化阶段。通过氧化曲线的斜率，可以计算出图 2.14（b）中快速氧化和稳态氧化阶段的抛物线速率常数 k_p 的近似值。快速氧化和稳态氧化阶段的 k_p 分别为 $3.32\times10^{-2}\mathrm{mg^2\cdot cm^{-4}\cdot h^{-1}}$ 和 $1.74\times10^{-2}\mathrm{mg^2\cdot cm^{-4}\cdot h^{-1}}$。氧化时间达到 340h 后，梯度降低。由于成分的差异，计算出的这些 k_p 值无法直接与涂层数据进行比较。但是，它们普遍高于涂层的氧化速率值。特别是在稳态氧化范围内，UCT-195 涂层的氧化速率常数仅为基材的氧化速率常数的 1/5。

TGO 的增重率和增厚率会随着喷涂粉末粒径的增加而增加。AMDRY-9951 涂层在等温氧化过程中，尽管氧化产物表面出现了微裂纹，但是氧化产物对表面覆盖完整，且结合状态良好（见图 2.15（a））。CoNiCrAlY 涂层氧化曲线中有两个重要的、固有的不连续阶段，是非均匀氧化物形成的阶段。其中一个非连续阶段是在等离子喷涂过程中，由熔融液滴中的易氧化元素（Al 或 Y）与从周围气氛中引入的氧气之间发生氧化形成的细晶氧化物。氧化产物的物相表明在等离子喷涂过程中已经预先消耗了涂层材料中的 Al 元素，而 Al 又是非常重要的氧化物形成元素，因而造成材料基体和细晶氧化物之间结合状态较差。另一个非连续阶段域，是由于粉末颗粒飞行过程中热量传输不足而形成部分熔融颗粒，这些颗粒在撞击过程中发生不充分的变形；另外，一些颗粒在撞击到粗糙表面的过程中形成飞溅，其变形状态同样较差。这些颗粒变形较差的区域有大量的开放型孔洞，为氧气的传输提供了通道，极易导致涂层内部氧化。以上两个非连续氧化阶段对涂层的瞬态氧化和稳态氧化都会产生影响。由于上述原因，AMDRY-9951 涂层的表面粗糙度最低（见图 2.15），其 TGO 厚度增长率和抛物线氧化速率常数均小于其他涂层。

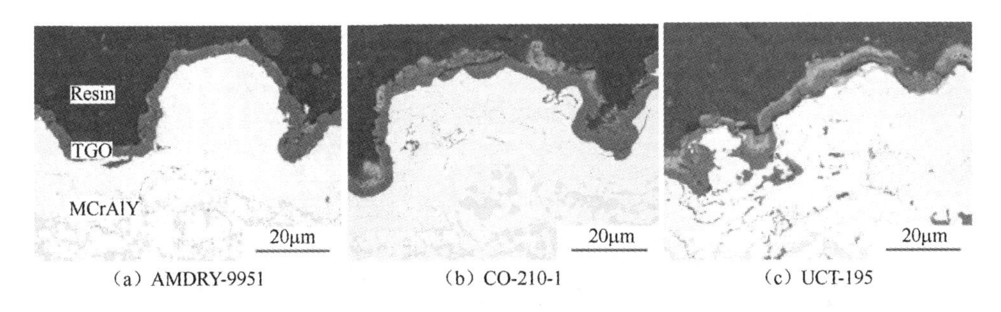

（a）AMDRY-9951　　（b）CO-210-1　　（c）UCT-195

图 2.15　暴露 100h 后，CoNiCrAlY 涂层表面上的 TGO 的形成

2.3.5　涂层成分对氧化行为的影响

图 2.16 为经过不同时间热氧化考核后 CoNiCrAlY 涂层的 EDX 检测结果。涂层中是以 Cr、Co、Ni 元素为主的金属相。尽管涂层表面存在氧化层，但由于氧化层的厚度相对较薄，所以未出现与氧化物对应的峰。在 1273 K 时，3 种涂层表现出相似的氧化行为，尤其是在初始氧化阶段。随着热氧化时间的延长，Cr、Co、Ni 等主要金属元素含量逐渐下降，而 Al、O 的含量逐渐增加。该现象也意味着 Al_2O_3 层不断增加。但是对于 Co-210-1 和 UCT-195 涂层来说，热氧化超过 100h 后，Cr、Co 和 Ni 等元素的相对含量比 Al 更为丰富。这些 Cr-Co-Ni-O 材料体系代表了热氧化后期，典型的混合氧化物的发展。在 AMDRY-9951 涂层中，这一现象从 1000h 开始，Cr、Co 和 Ni 的峰值相对较低。从以上内容可以推断，AMDRY-9951 涂层的颗粒范围相对较小，涂层表面的混合氧化物比其他涂层少。

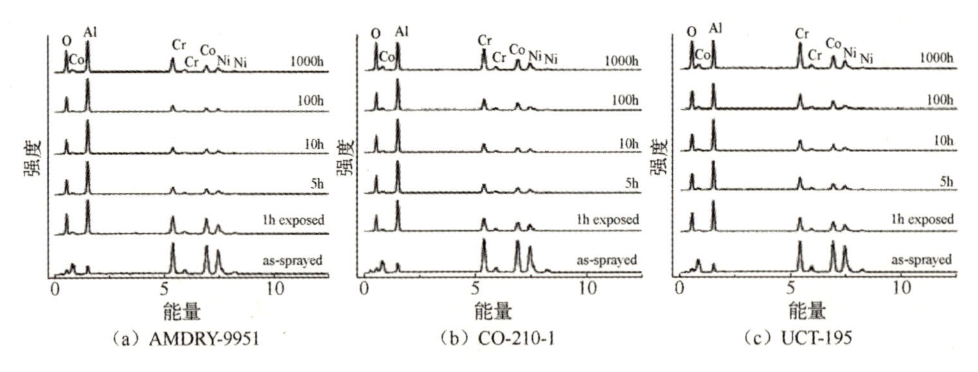

（a）AMDRY-9951　（b）CO-210-1　（c）UCT-195

图 2.16　不同热氧化时间下涂层的 EDX 分析结果

为了解耐腐蚀涂层技术的发展，有必要了解氧化和腐蚀发生的过程以及机理，也就是氧化、腐蚀等现象与环境及温度的关系。按照发生的温度不同，涂层共有 3 个加速氧化腐蚀的过程，按温度高低依次定义为：Ⅱ型热腐蚀、Ⅰ型热腐蚀和氧化（见图 2.17）。Ⅱ型热腐蚀发生在 600～800℃的温度范围内，伴随有涂层材料主要金属（镍或钴）硫酸盐的形成，而且这些硫酸盐需要在一定的三氧化硫分压下才能稳定存在。这些硫酸盐进一步与碱金属硫酸盐发生反应，形成低熔点化合物，阻止保护性氧化物的形成。事实上，条带状氧化物的生成表明，镍铬铝材料可以有效地防止这种形式的腐蚀。Ⅰ型热腐蚀的过程是硫从硫酸盐沉积物（通常为 Na_2SO_4）通过预氧化生成物扩散到金属材料中，并与金属反应生成稳定的硫化物。一旦易形成稳定硫化物的金属元素（如 Cr）与 S 反应消耗殆尽后，则主要金属元素开始发生硫化反应。由于主要金属的硫化物熔点低，在Ⅰ型热腐蚀的温度（800～950℃）下使用时会发生熔融，一旦进入主要金属元素的硫化反应阶段，将会带来灾难性的后果。因此，NiS_2（在 645℃时熔融）和 Co_xS_y（最低液相线约为 840℃）的形成会导致严重的成分消耗甚至足以引起主要成分的损失。用于抵抗Ⅰ型热腐蚀最合适的材料是 $PtAl_2$（Ni-Pt-Al）涂层和含有 25wt%Cr、6wt%Al 的 M-CrAlY 涂层。通过在合金和涂层中添加所谓的活性元素（Y，Hf，Ce），可以显著提高这种条件下的抗氧化性。对这种现象背后原因进行深入研究后发现，Y 和稀土金属在 Al_2O_3 内偏析到晶界，导致 Al 和 O 通过氧化物的扩散速率降低，从而降低了金属涂层氧化速率。此外，在金属材料或涂层中，活性元素与 S、P 等杂质元素结合在一起，结果使得这些杂质不能选择性地扩散到表面，并对氧化物-金属界面形成污染。这提供了极好的防结垢性能，并解释了为什么向抗氧化涂层或合金中添加少量 Y 或 Ce（<0.8%）会大大提高其抗氧化性。

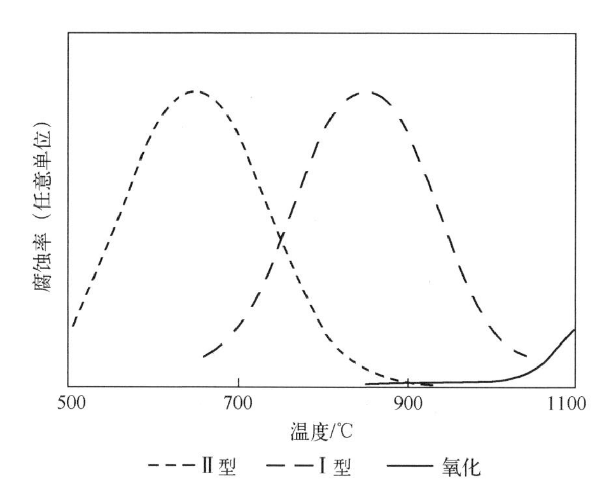

图 2.17 高温涂层系统的抗氧化性和耐腐蚀性

热腐蚀问题（I 型和 II 型热腐蚀，钒腐蚀）是盐类杂质（如 Na_2SO_4、NaCl 和 V_2O_5）附着于涂层上直接导致的后果，这些杂质结合在一起会产生低熔点的沉积物，将具有防护作用的表层氧化物溶解掉。不同的热腐蚀现象对应着非常复杂的腐蚀机理，按照机理的不同将热腐蚀分为以下几类：高温（I 型）热腐蚀、低温（II 型）热腐蚀和 V 腐蚀（535～950℃）。热腐蚀过程可以分为初始阶段和扩展阶段。在初始阶段为表层氧化物的破坏阶段，腐蚀速率相对较低。然而，一旦氧化物层发生破坏并且无法修复，扩散阶段就会接踵而至，导致合金基材的快速消耗。由于防护涂层具有对表层氧化物修复的功能，因此可以将热腐蚀初始阶段大大延长，对组件的设计寿命是非常有意义的。不过，一旦涂层出现了渗透现象，热氧化的扩散阶段就会快速到来，通常会导致腐蚀速率急剧加快。

作为防护涂层技术发展的支撑，人们针对大量用于高温氧化、I 型热腐蚀和 II 型热腐蚀条件下的扩散类涂层或覆盖类涂层，进行了广泛的对比与总结。Pt 改性的铝合金性能优于常规铝合金，在高温氧化条件下和 I 型热腐蚀条件下表现出色，但在 II 型热腐蚀条件下表现不佳。在其他扩散型涂层中，含 Si 扩散铝合金（如 Sermetel 1515）在 II 型热腐蚀条件下表现较好。镀 Cr 和 Cr-Al 涂层在 II 型热腐蚀条件下也能提供保护。因此，含 Si 或富 Cr 的扩散型涂层被用于较低温度下提升零部件的抗热腐蚀性能，常用于民用燃气轮机中。典型的覆盖型涂层中含有 18%～22%的 Cr 和 8%～12%的 Al，通常在较高的温度下表现出更好的抗热腐蚀性能，在使用过程中，由于 Y 等活性元素的存在，使得薄 Al_2O_3 层与基体之间有良好的附着力，而氧化是此类涂层主要的失效原因（900℃以上）。通常，在高温氧化条件下，NiCrAlY 系列涂层和 NiCoCrAlY 系列涂层的性能优于钴基体系。但是，在以Ⅱ型热腐蚀为主的较低温度下，NiCrAlY 和 NiCoCrAlY 覆盖型涂层的腐蚀速率可能相对较高。CoCrAlY 系列涂层通常优于基于 NiCrAlY 系列的涂层，其中高 Cr 含量的 CoCrAlY 显示出最佳抗热腐蚀性能。图 2.18 为 Novak 在论文中提到的各种防护层的适用范围。另外，还有人尝试了几种利用 Pt 底层和 Pt 覆盖层来改善传统 MCrAlY 涂层抗热腐蚀性能的方法；还研究了其他添加物，如 Ti、Zr、Hf、Si 和 Ta 等对防护层性能的影响。表面改性会导致形成双层涂层结构，有利于改善涂层的性能。例如，与等离子喷涂涂层相比，冲击镀 Al 的 CoNiCrAlY 涂层在 750℃和 850℃的温度下具有优越的耐腐蚀性能。另有一些覆盖型涂层是通过对等离子喷涂 MCrAlY 涂层进行气相扩散处理而进行改性的。此外，有人还提出了对 CoCrAlY 涂层表面进行 Si 改性，并有效地提高了其对低温热腐蚀的抵抗效果。

防护涂层形式分为两类：扩散型涂层和覆盖型涂层。其中覆盖型涂层涉及使用物理方法将涂层材料沉积到基材上。典型的沉积方法有：热喷涂、物理气相沉积（PVD）、电子束物理气相沉积（EBPVD）、离子镀/溅射和电镀。覆盖型涂层的物相通常以 γ 为基体，包含 $\beta+\gamma'$，其典型成分为（Ni, Co）-（15～28）wt% Cr、（4～18）wt% Al、（0.5～0.8）wt% Y。Ni 和 Co 的相对含量取决于：涂层延展性要求（>Ni）和耐腐蚀性要求（>Co）。抗热腐蚀涂层具有优异的抗氧化和耐腐蚀性能，是由于涂层表面形成了附着良好的氧化物层，而且氧化物层由于活性元素 Y 的影响而生长缓慢。此外，较高 Cr 含量使其成为有效的Ⅱ型热腐蚀防护涂层。这些覆盖型涂层主要采用热喷涂（Ar 气等离子体（APS）或低压等离子体（LPPS））技术或 EBPVD 进行沉积。EBPVD 技术通常是高质量涂层的首选，相较而言，热喷涂过程中会发生一定量的涂层颗粒氧化，从而在飞溅边界处产生纳米级氧化物颗粒。然而，热喷涂在生产实践中经常使用。

覆盖型涂层与合金基体之间存在相互扩散现象，Itoh 和 Tamura 发现元素相互扩散速率按照 NiCrAlY >CoCrAlY >NiCoCrAlY > CoNiCrAlY 顺序逐渐减小，其中 NiCo 代表合金中的 Ni 含量高于 Co，CoNi 则代表 Co 含量更高。以上结果均针对的是真空等离子喷涂所制备的涂层。覆盖性涂层技术下一步将会向着智能涂层的方向发展。这些涂层尝试解决与叶片表面局部温度差异引起的相关问题。叶片前缘和后缘表面最高温度为 1100℃，在叶片中心和根部附近的最高温度为 650℃。因此，如图 2.18 所示，环境侵蚀的特点从Ⅰ型热腐蚀转化到Ⅱ型热腐蚀。Viswanathan 在分析叶片失效时非常具体地描述了一个腐蚀类型随温度变化的案例。在使用碱金属硫酸盐模拟涂层使用气体环境的实验研究后，Nicholls 等人已经能够非常精细地确认 Cr 和 Al 的添加量，以提升涂层在上述温度范围内的抗氧化和耐腐蚀性能。可以预期，高 Cr 含量（>40wt%）和低 Al 含量（(6～8) wt%）最适合Ⅱ型热腐蚀防护。而对于Ⅰ型热腐蚀防护，大约等量的 Cr 和 Al 是最佳的成分配比。对于抗氧化防护涂层来说（1100℃），较好的成分设计为 25wt%Cr 和 14wt%Al。Nicholls 等人优化出的防护涂层，包含沉积在基体表面的传统合金涂层（Co-32Ni-21Cr8Al-0.5Y）；一层富含 Cr 的、成分可以从 Ni60Cr-20Al 到 Ni-35Cr-40Al 变化的涂层，以及一层 Ni-15Cr-32Al 面层。这些多层复合涂层在 700～800℃范围时已经展现出比传统 Pt 改性 Al 层和富 Al 基涂层更好的性能。虽然这项技术看起来已经取得了进展，但是涂层延展性以及引入 Co 元素对涂层耐腐蚀性能影响等问题，仍是需要面对和解决的问题。

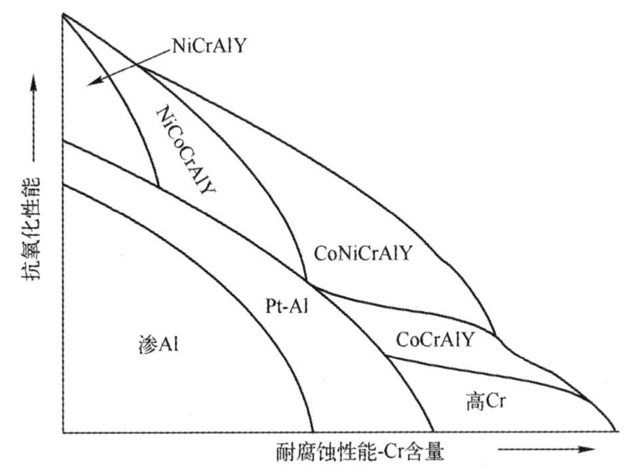

图 2.18　Ⅱ型热腐蚀、Ⅰ型热腐蚀和氧化（Al_2O_3 模型）的速率-温度曲线示意图

2.4　结论

本章研究了 CoNiCrAlY 涂层的热腐蚀行为。对 VPS 制备 MCrAlY 金属涂层的静态氧化行为进行了对比和研究。涂层在 1273 K 下，经过不同时间的静态氧化，形成不同特征的热生长氧化层。特别关注了粒度、化学成分和热氧化时间对涂层中氧含量、孔隙率、表面粗糙度和 TGO 的影响。

颗粒尺寸对飞行中颗粒的氧化程度有重要影响，进而影响喷涂层中的氧含量。但热氧化后，随着氧化时间的延长，大颗粒涂层与小颗粒涂层的氧含量差异减小。粉末粒度分布对孔隙率的影响高于粉末颗粒的尺寸。结果表明，将大、中、小粒径粉体采用三模态混合后所得涂层可以获得较高的致密度。在某些情况下，未熔化的颗粒会挤压变形颗粒，使得孔隙闭合，改善变形颗粒之间的接触状态。

涂层的静态热腐蚀受时间的影响较大。随着热腐蚀时间的增加，所有涂层的孔隙率逐渐降低，但细致区分后发现，涂层孔隙率在0～10h或0～1h时降低，在10～100h或1～10h时升高，在II_P时再次降低。这可能是由于I_P阶段涂层发生烧结，导致裂缝愈合和变形颗粒联结在一起。随着热腐蚀时间的增加，表面粗糙度直到I_R阶段一直在下降，但在I_R阶段之后，表面粗糙度保持在相对固定值或略有增加。随着热腐蚀时间的增加，涂层表面粗糙度对TGO厚度生长速率和抛物线型氧化的速率常数有显著的影响。

2.5 致谢

感谢日本Murata钻孔技术研究公司的S. Murata先生对这项工作所给予的经费支持，也感谢Mr. M. Tanno先生对涂层特性表征方面的帮助。

参考文献

[1] Birks N，Meier G H. Introduction to High Temperature Oxidation of Metals[M]. London (UK): [n.d.], 1983.

[2] Brandl W, Grabke H J, Toma D, et al. The oxidation behaviour of sprayed MCrAlY coatings[J]. Surface & Coatings Technology, 1996, 86-87(86):41-47.

[3] Choi H, Yoon B, Kim H, et al. Isothermal oxidation of air plasma spray NiCrAlY bond coatings[J]. Surface & Coatings Technology, 2002, 150(2-3):297-308.

[4] Dobler K, Kreye H, Schwetzke R. Oxidation of stainless steel in the high velocity oxy-fuel process[J]. Journal of Thermal Spray Technology, 2000, 9(3):407-413.

[5] Eliaz N, Shemesh G, Latanision R M. Hot corrosion in gas turbine components[J]. Engineering Failure Analysis, 2002, 9(1):31-43.

[6] Espie G, Fauchais P, Labbe J C, et al. Oxidation of iron particles during APS: Effect of the process on formed oxide[C]. Wetting of droplets on ceramics substrates. Ohio: ASM International, 2001.

[7] Fukushima T, Kuroda S. Oxidation of HVOF sprayed alloy coatings and its control by a gas shroud[C]. Ohio: ASM International, 2001:527-532.

[8] Goward G W. Progress in coatings for gas turbine airfoils[J]. Surface & Coatings Technology, 1998, s 108-109(1):73-79.

[9] Itoh Y, Tamura M. Reaction Diffusion Behaviors for Interface Between Ni-Based Super Alloys and Vacuum Plasma Sprayed MCrAlY Coatings[J]. Journal of Engineering for Gas Turbines & Power, 1999, 121(3):476-483.

[10] Khanna A S. Introduction to High Temperature Oxidation and Corrosion[M]. USA: ASM International, 2002:1-101.

[11] Kulkarni A, Vaidya A, Goland A, et al. Processing effects on porosity-property correlations in plasma sprayed yttria-stabilized zirconia coatings[J]. Materials Science & Engineering A, 2003, 359(1-2):100-111.

[12] Li C J, Li W Y. Effect of sprayed powder particle size on the oxidation behavior of MCrAlY materials during high velocity oxygen-fuel deposition[J]. Surface & Coatings Technology, 2003, 162(1):31-41.

[13] Luthra K L, Jr O. Low temperature hot corrosion of CoCrAl alloys-Science Direct[J]. Materials Science & Engineering, 1987, 87(87):329-335.

[14] Neiser R A, Smith M F, Dykhuizen R C. Oxidation in wire HVOF-sprayed steel[J]. Journal of Thermal Spray Technology, 1998, 7(4):537-545.

[15] Nicholls J R, Saunders S R J. High Temperature Materials for Power Engineering, Kluwer, ISBN 978-0792309277, Dordrecht, Netherlands.

[16] Nicho Presentation to the Committee on Coatings for High-Temperature J R. Designing oxidation-resistant coatings[J]. JOM, 2000, 52(1):28-35.

[17] Nicholls J R, Simms N J, Chan W Y, et al. Smart overlay coatings - Concept and practice[J]. Surface & Coatings Technology, 2002, 149(2-3):236-244.

[18] Strafford K N. Coatings and Surface Treatment for Corrosion and Wear Resistance[M]. Chichester (UK): Ellis Horwood, 1984.

[19] Novak R C. Coatings Development and Use: Case Studies, Presentation to the Committee on Coatings for High-Temperature Structural Materials, National Materials Advisory Board, National Research Council, Irvine, California, US ,1994.

[20] Pint B A. Experimental observations in support of the dynamic-segregation theory to explain the reactive-element effect[J]. Oxidation of Metals, 1996, 45(1):1-37.

[21] Pomeroy M J. Coatings for gas turbine materials and long term stability issues[J]. Materials & Design, 2005, 26(3):223-231.

[22] Ray A K, Roy N, Godiwalla K M. Crack propagation studies and bond coat properties in thermal barrier coatings under bending[J]. Bulletin of Materials Science, 2001, 24(2):203-209.

[23] Ray A K, Steinbrech R W. Crack propagation studies of thermal barrier coatings under bending[J]. Journal of the European Ceramic Society, 1999, 19(12):2097-2109.

[24] Saunders S, Nicholls J R. Hot salt corrosion test procedures and coating evaluation[J]. Thin Solid Films, 1984, 119(3):247-269.

[25] Sims C T, Stoloff N S, Hagel W C et al. Superalloys II[M]. New York: Wiley-Interscience, 1987:614.

[26] Stringer J. Role of coatings in energy-producing systems: An overview[J]. Materials Science & Engineering, 1987, 87(1-2):1-10.

[27] Feng T, Ajdelsztajn L, Kim G E, et al. Effects of surface oxidation during HVOF processing on the primary stage oxidation of a CoNiCrAlY coating[J]. Surface & Coatings Technology, 2004, 185(2-3):228-233.

[28] Thompson J A, Clyne T W. The effect of heat treatment on the stiffness of zirconia top coats in plasma-sprayed TBCs[J]. Acta Materialia, 2001, 49(9):1565-1575.

[29] Viswanathan R. An investigation of blade failures in combustion turbines[J]. Engineering Failure Analysis, 2001, 8(5):493-511.

[30] Volenik K, Novak V, Dubsky J, et al. Properties of alloy steel coatings oxidized during plasma spraying[J]. Materials Science & Engineering A, 1997, 234-236(30):493-496.

第 3 章　粉末参数对涂层性能的影响

Ricardo Cuenca-Alvarez, Carmen Monterrubio-Badillo,
Fernando Juarez-Lopez, Hélène Ageorges, Pierre Fauchais

3.1　引言

等离子喷涂制备涂层的物理性能尤其是力学性能会受到约 50 个参数的显著影响。针对该问题，前人已经开展了一些研究工作，以飞行中熔融颗粒撞击在表面基材上的状态作为工艺参数与涂层的微观结构之间联系的桥梁，进而有望实现对涂层力学性能乃至热学特性的调控。

与等离子喷涂过程中的工艺参数一样，粉末原料特性在涂层的形成过程中会产生重要的影响。对不同的工艺来说，粉末原料在形状、尺寸、比密度、纯度等方面也各不相同，最终形成的涂层性能也有显著的差异。因此，必须对粉末的特性有深入的了解，以便更好地控制飞行中粒子的行为，进而获得满足设计要求的涂层。

为了实现复合涂层的制备，通常使用复合粉末作为原料。然而，当今粉末生产过程中，不同粉末制备工艺获得的粉末体现出不同特性，即便在粉末化学成分相同的情况下也是这样。Kubel 对比了用不同技术制备的等离子喷涂粉末（雾化，喷雾干燥团聚、熔融/破碎，化学包覆，烧结），发现粉末特性各不相同，必须对等离子喷涂的操作参数进行调整，以便获得具有所需性能的涂层。为此，某种成分或材料的粉体材料只是采用以上方法中的几种来制备，或者只用一种来制备。

例如，当粉末形状不同时，会引起粉末流动性的变化。如果有更多的球形粉末，那么粉末整体流动性会更好。相应地，即使所用粉末的喷涂参数、粉末粒度和送粉量是相同的，采用这些粉末制备的涂层的性能也会有很大的不同。这是由于不同粉末在注入和飞行过程中状态差异很大。流动性较差的粉末会导致送粉管堵塞，使得沉积速率下降，然后会引起基体的过热及涂层脱落。同样地，在等离子射流中注入太细的颗粒也是非常困难的。

金属与陶瓷在物理/化学性质上的巨大差异，使得复合涂层的制备变得更为困难。例如，同时喷涂时，不同相在涂层微观结构中的沉积状态是不均匀的，最终形成的涂层并非设计所需。为此，颗粒的团聚工艺是实现金属、碳化物或陶瓷细颗粒沉积形成涂层的有效解决方法。可以采用喷雾干燥、造粒或压缩的方法将细小颗粒彼此连接起来，形成比表面积较高、密度值较低的大尺寸团聚粉体。在某种程度上，这些团聚粉体仍然保留了细颗粒的某些特性。其结果是形成低沉积率和多孔的微结构涂层，主要原因为团聚粉体在等离子射流中发生了局部熔融烧结。然而，颗粒团聚依然是制备金属-陶瓷复合粉末的有效方法，它可以形成陶瓷颗粒，增强金属基复合涂层。团聚粉体甚至可以煅烧或烧结以实现自身致密化，而后在喷涂前进行破碎处理。

为了避免涂层中不同相分布不均匀的现象，颗粒包覆被认为是一种制备陶瓷/金属复合涂层的有效方法。目前有多种制备包覆类粉末的工艺方法，主要划分为湿法工艺和干法工艺。湿法包覆工艺也称为化学包覆，液相是用来分散有机黏合剂的，实现两种或两种以上颗粒间的黏结，如 Ni 包覆 Al，或石墨包覆 TiC 等。由于工艺本身的特点，化学包覆工艺使用得越来越少，主要原因包括含有有机黏合剂的溶液会对环境造成污染、包覆层不均匀及成本较高等。喷涂过程中，粉末中材料种类的变化，以及喷涂过程中材料的损失都会导致涂层中物相分布不均匀、力学性能下降。

因此，迫切需要找到一种能生产复合粉末材料的新方法。该方法需要满足工业化生产复合涂层的要求，同时考虑再制造、环境污染、成本、性能等方面的问题。

在 20 世纪 80 年代中期，Yokoyama 开发了一种称为机械融合的工艺，用于生产氧化铝包覆的 PMMA 颗粒。后来，伊藤等人制备了 Ni 基于 Al 基粉末（1991 年）。该技术以干法生产复合粉末，无须添加黏合剂，也无须烧结，即可将包覆材料附着在基体颗粒表面上。机械融合工艺的另一个优点是可以获得球形度较好的包覆型复合粉末颗粒。

干法制备粉末颗粒的技术相对较新，目前仍处于研发阶段，但具有较高的工业价值。与其他方法相比，干法技术被认为是“清洁的”，不使用溶剂或有机黏合剂，甚至避免水的引入。因此，如果能够省去粉末颗粒干燥的环节，干法制粉工艺的生产成本和时间成本会大大降低。

由于会用到机械融合、等离子喷涂两个不同的工艺环节，本章旨在描述颗粒特征的重要性，分析粉末颗粒特征对机械融合生产的复合粉体及等离子喷涂涂层的影响。

3.2　粉末颗粒的制备

目前，制备复合涂层的粉末颗粒可以通过不同的方法获得；然而，如何进行制备工艺的选择将取决于等离子喷涂技术，其目的是使粉末颗粒在射流中获得适当的状态，然后沉积形成所需要的涂层。以下将针对复合涂层所需粉末颗粒的主要制备工艺进行简单介绍。

3.2.1　湿法包覆粉末颗粒

采用湿法进行包覆的颗粒通常用于保护碳化物基体粉末颗粒，这些碳化物粉末在喷涂过程中会迅速分解。碳化物的这种分解或者 C 元素的损失，将会导致残余元素的氧化或者生成中间相，降低涂层的性能，如抗氧化性、硬度或耐磨性等。因此，在碳化物颗粒表面制备包覆层可以起到一定的防护作用。例如在 WC 基粉末颗粒表面包覆 Co，Co 含量范围在（12～17）wt%。其他包覆型粉体还包括 C 或石墨包覆 TiC 和 Co 包覆 Cr_2O_3 等。溶胶-凝胶法是一种可以生产纳米级复合颗粒（如 Al_2O_3/SiC 体系粉末颗粒）的技术，该技术可将具有亚稳相的 Al_2O_3 颗粒相沉积到具有稳定相结构的 α-SiC 基体颗粒的表面上。

3.2.2　自蔓延高温合成 SHS

金属燃烧过程中会伴有化学反应，包括还原反应和氧化反应（O_2 是最常见的氧化剂），自蔓延高温合成（Self-propagation High-temperature Synthesis，SHS）工艺就是这类反应中的一种。该方法通过反应直接合成材料，自燃是建立在反应放热的基础上，并将反应物转化为仍为固体形式的产物。在 SHS 实施过程中，O_2 不是必不可少的反应物。SHS 用于生产包含碳化钛（TiC）的复合粉末，有望替代目前常用的 WC 基粉末颗粒，用在对耐磨性要求很高的环境中。所制备复合涂层由分散在 NiCr 合金中的 TiC 颗粒相组成。在其他应用中，由 SHS 制备的 $MoSi_2$ 化合物可用于制备耐高温腐蚀的保护层，例如玻璃行业中的浇铸喷嘴。

3.2.3　等离子体球化粉末颗粒

等离子体球化粉末颗粒主要是在等离子射流中对粉末颗粒进行加热并使之熔融。原料通常为流动性较差的破碎颗粒或烧结颗粒。熔融的液滴形成后会逐渐冷却凝固。硅灰石矿物（$CaSiO_3$）在水泥和陶瓷领域应用非常普遍，其中一种亚稳态相称为TC硅灰石（三斜结构），在医学上获得了广泛的应用。显然，对粉末颗粒化学成分和杂质的控制是非常关键的。然而，矿产粉末颗粒的形状很不规则，难以实现市场化。这就是需要对其进行球化的原因。目前，这方面的工作已经有了较好的进展：使用等离子喷涂将原料颗粒喷入水中，使其形状变为球形，改善了粉末颗粒流动特性和涂层的质量。根据同样的原理，除了可以改善初始不规则粉末颗粒的流动特性，还可以将球磨混合的NiCoCrAlY/ZrO_2-Y_2O_3复合粉体通过等离子喷涂喷入蒸馏水，可以实现球化与致密化。从产品化的角度来看，Tekna Plasma System Inc.已经利用感应等离子球化设备生产出各种各样的粉末颗粒，包括YSZ/ZrO_2、Al_2TiO_6、Cr/Fe/C、SiO_2、Re/Mo、Re、WC、CaF_2、TiN等。

3.2.4 雾化工艺

如前所述，Fe基、Co基、Ni基或Al基金属涂层制备常采用颗粒喷涂工艺。但是，涂层性能取决于颗粒制备过程中的雾化介质，不同雾化条件所得颗粒可能呈球形（气体雾化）或呈不规则形状（水雾化）。用这些粉末制备涂层的物相均匀性较好。这是由于颗粒在等离子体中具有较好的流动特性，而且该工艺所得颗粒中不会存在亚稳态相。

3.2.5 机械合金化

等离子喷涂机械合金化粉末的主要目的是使涂层获得均匀且细小的组织。由于机械合金化在高温下很难形成金属间相，因此等离子喷涂高能球磨法制备的粉末是形成这种复合相涂层的一个很好的选择。机械合金化适用于多种材料的制备，如Y_2O_3稳定ZrO_2增强的HA羟基磷灰石、Cu/Al_2O_3和Ti/Al/Si_3N_4等。对于易燃易爆的材料体系，如具有小粒径（$<3\mu m$）的Al粉，由于引入硬相（Al_2O_3或SiC）颗粒，或让Al_2O_3和SiC附着到Al粉表面，导致机械合金化在短时间内会降低这种粉末的反应活性。

3.2.6 反应等离子喷涂

为了降低成本，一些研究人员提出利用飞行中的粉末颗粒与环境气氛反应生成新的化合物这一现象，制备成分物相均匀的化合物涂层。这取决于工作气氛，所得涂层可以是氧化物、氮化物，还可以是碳化物。其中几个典型的例子包括：通过喷涂 $FeTiO_3$ 获得由 Fe/TiC-Ti_3O_5 组成的涂层；通过喷涂 Ti 获得沉积 TiN、Ti_2N、TiN_{1-x}、TiC 或 TiC_{1-x} 等涂层。

3.2.7 熔炼/烧结-破碎粉末

由于生产过程相对简单，熔炼/烧结-破碎制粉工艺应用非常广泛。两种工艺之间的主要区别是实施温度，不同工艺制备粉末性能也存在某些差异。以制备 WC/Co 粉末颗粒为例，烧结后的颗粒比熔融后的颗粒更为疏松，并且熔融粉末中间相（如 W_2C 和 Co_3W_3C 或仅 W）含量明显高于烧结粉末颗粒。对于颗粒形态来说，熔融粉末更加不规则，原因是裂纹沿着晶体平面和孪晶萌生扩展；而在烧结颗粒中，裂纹在缺陷和晶界之间扩展。显然，即使是粉末成分相同，最终得到的涂层性能差异也会很大，例如球磨-混合粉末制备涂层的断裂韧性和模量要高于烧结-粉碎的粉末所制备的涂层。粉末的熔化和球磨过程也可用于改变粉末系统的化学组成、粒度分布和均匀性。

3.2.8 团聚粉末

除了机械混合等传统的制粉技术，团聚粉体技术是制备等离子喷涂用复合粉末最常用的技术。喷雾干燥，也就是通常所说的团聚工艺可以形成球形度较好的粉体，然后在可控气氛中对团聚粉体进行烧结处理，以防止团聚粉体在注入等离子射流的过程中发生碎散。采用团聚粉体技术生产的粉体材料体系有 WC/Co、WC/CoCr、WC/NiMoCr、Ni/SiC 等。

3.2.9 其他技术

复合涂料开发的研究不仅与粉末制备工艺有关，而且与不同的喷涂方案有关。例如，热障涂层系统越来越多地采用多层结构，以减少由于失配引起的涂层开裂。该方案对于耐磨涂层或润滑涂层也是有效的。但是，如果涂层需要保持一定的物相分布均匀性，粉末材料存在显著的密度差异且没有进行预混、没有黏结相，则需要采用协同喷涂的方式进行涂层制备。开发复合涂层的另一种方法是针对常态下相互不混溶的材料，采用熔化和回火实现共沉积。

3.2.10 机械融合

该系统的发明者在 20 世纪 90 年代提出了使用机械融合粉末制备复合涂层的方法。此后，只有少数的文献中提到了该领域研究成果。H. Ito 等人首先提出了 Ni/Al 系统，获得了许多有趣的结果，并推动了该方法在工业领域的应用，成为一种制备等离子喷涂用复合粉末的新方法。与原料粉末相比，机械融合粉末具有球形轮廓，使其拥有更好的流动性，更加有利于喷涂。因此，采用此类粉体制备的涂层物相分布均匀，而且喷涂过程中会有金属间相的形成。研究人员针对不同粉末体系的等离子喷涂涂层开展了研究工作，包括 NiAl/TiC/ZrO_2、AlCuFe 和 AlCuCo、NiAl 或 NiCrAl-TiC-ZrO_2 和 316L 不锈钢-α-Al_2O_3 等。

3.2.11　应用实例

以下将介绍机械融合工艺的主要参数（以下称为 MF）的影响，首先是金属颗粒的变形，其次是涂层。所选材料体系是前文中常常提及的耐磨涂层材料。

1．粉末特征

不锈钢（SS）为粉末颗粒中的基体材料，而 Al_2O_3 颗粒则为增强相。增强相的引入将金属的韧性与陶瓷的硬度结合在一起，提高了复合材料的耐磨性。原料粉末的物理特性和 SEM 照片如表 3.1 所示。粉末颗粒制备涂层取决于基体颗粒和增强相颗粒的粒径分布（PSD），二者存在显著的差异，采用激光粒度测定法确定的结果表明，二者至少相差 2 个数量级。工业气体雾化的 316L 不锈钢粉末由 Sultzer Metco 公司提供，具有两种粒度分布；而细小的 Al_2O_3 粉末则来自法国的 Baikowzki 公司。

复合粉末的制备是 Sultzer Metco 公司通过使用自己开发的 MF 设备来完成的，该装置由一个垂直轴向上转速为 1400 转/min 的圆柱形滚筒组成，同心连接的压缩锤和刮板叶片保持静止。滚筒内壁与压缩锤的间隙需要进行校验。由于离心力和压缩间隙的存在，粉末被迫与内壁进行碰撞，并且通过间隙实现动态压缩。于是，粉末颗粒被彻底混合，并产生了特有的现象，如压缩、磨损、切向摩擦或轧制等。然后，输入的机械能，加上产生的热能会导致机械合金化，均匀混合，或金属颗粒变形。

当化学成分和粒度分布均相同的两种粉末颗粒进行 MF 处理时，细小的颗粒（引入相）在无须使用黏合剂的情况下，将会附着在较粗的颗粒表面（基体相）上。在 MF 设备工作工程中，有很多工艺参数会对处理效果产生直接的影响。但是，一旦明确了基体颗粒与增强相颗粒的特性，关键工艺参数就包括转速、由粉末输入速率所决定的处理时间、压缩间隙以及基体相遇增强相之间的比例。压缩率（τ）由在滚筒内壁上形成的粉末床厚度（EC）与压缩间隙（EF）尺寸之间的关系决定：

$$\tau = \frac{EC - EF}{EC} \tag{3.1}$$

如前所述，本小节首先分析了压缩率对不锈钢颗粒形状的影响，接着研究了不同粉末电荷和粉末率输入条件下，MF 工艺制备纯 Al_2O_3 包覆不锈钢粉体颗粒的可行性。具体工艺参数如表 3.2 所示。

表 3.1　原料粉末的物理特性和 SEM 照片

功能	特点	形态
基体粉末颗粒：SS	316L 不锈钢；平均粒径：142μm；比重 7960 kg・m^{-3}	50μm
引入粉末颗粒：Al	Al_2O_3（α-相）；平均粒径：1.5μm；比重 3900 kg・m^{-3}	500nm

表 3.2　MF 操作参数

参数项	参数值
不锈钢装料/g	150
压缩率（τ）	25, 15, 5
基体/包覆颗粒的质量比	15, 7.5, 3
处理时间/h	1, 2, 3, 4, 5

2．金属颗粒变形

粉末压缩率对其形状有显著的影响。当 $\tau=25$ 时，由于压缩锤和粉末之间的摩擦导致过热，金属颗粒被焊接到滚筒内壁上（见图 3.1（a））。然而，如图 3.1（b）所示，在较低的压缩率（$\tau=15$）条件下，摩擦效应迅速降低，在该处只是获得了变形后的颗粒。在 $\tau=5$ 的条件下，由于压缩间隙的间隔较宽，只能引起粒子的适度变形，并趋向于将其球化（见图 3.1（c））。

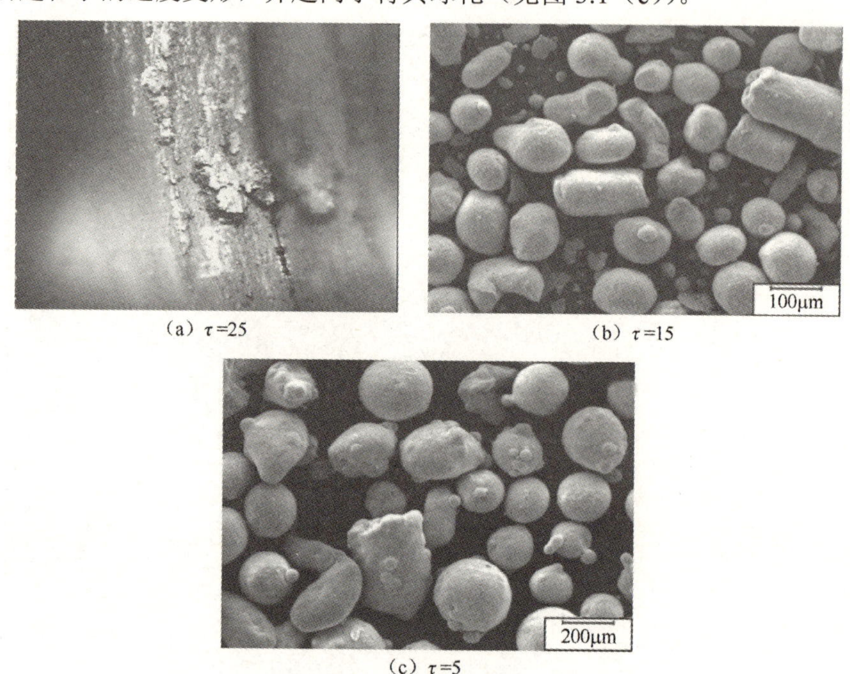

（a）$\tau=25$　（b）$\tau=15$

（c）$\tau=5$

图 3.1　机械融合颗粒在不同的 τ 下的外观

然而，由于刮削叶片几何形状的影响，会形成较宽的间隙，进而引发磨蚀效果，导致细小颗粒（最大粒径约为 1μm）的出现。为了降低这种影响，需要对刮削叶片的几何形状进行修改，以便恢复初始的磨削效果，更有效地从壁表面回收团聚粉末。

3．用 Al_2O_3 颗粒包覆不锈钢基体颗粒

通过使用 $\tau=5$ 的 MF 工艺，可以避免颗粒的摩擦过热，但是仍可保持粉末颗粒滚动效应，颗粒包覆效果主要受进入粉末床 Al_2O_3 颗粒行为的影响。当对经过处理的粉末颗粒（基体与引入粉末原料的质量比为 3 和 7.5）进行 Al_2O_3 颗粒含量评估时，发现 Al_2O_3 颗粒偏聚在滚筒内壁表面上，如图 3.2（a）所示。

这种现象只对那些表面包覆层均匀性要求不高的粉末才是允许的（见图 3.2（b））。但是，如果 MF 只针对少量包覆颗粒进行处理，则复合粉末的表面包覆层会更均匀。该现象适用于基体/包覆颗粒的质量比为 15.0 的条件，该现象产生的原因是 Al_2O_3 颗粒能够更好地分散在粉末床中，避免了偏聚。

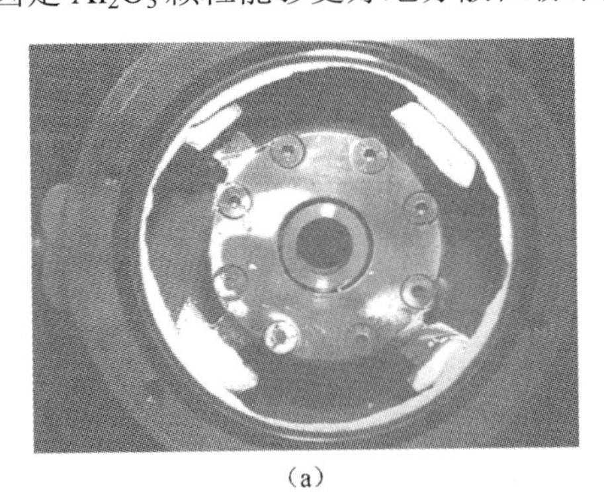

（a）

（b）

图 3.2　（a）Al_2O_3 颗粒在滚筒内壁表面上的团聚；
（b）在较高 Al_2O_3 含量下机械融合颗粒的 SEM 显微照片

根据最新研究进展，在 Al_2O_3 颗粒为 $0.05g \cdot min^{-1}$ 的条件下，分析了粉末处理时间与粉末输入速率的关系，以确保两相均能很好地分散到粉末床中。在 5h 的处理时间内，每隔 1h 取一次样品。比较不同阶段粉末颗粒的粒径分布（见图 3.3（a））发现，以 105μm 为中心的主峰存在细微差异。即使压缩间隙的间隔很宽，仍可能会产生很强的轧制效果，因此在 MF 处理的早期阶段会磨损较粗的金属颗粒，从而减小了金属颗粒的尺寸。但是，对于处理时间长达 4～5h 的样品，在 0.3～1μm 范围内观察到一个小的峰。该现象表明，早期附着在基体颗粒表面的 Al_2O_3 颗粒由于其连续通过整个压缩间隙而脱落。在图 3.3（b）中，随着更多 Al_2O_3 颗粒的引入，相应 XRD 图谱中 Al_2O_3-α 衍射峰强度会不断增加。但是，由于在上述加工的早期阶段发生了摩擦磨损，因此大多数情况下都在 47°（2θ）位置检测到不锈钢颗粒发生了轻微氧化。而后，金属颗粒表面未氧化的材料将会发生更新，但是由于氧化铝颗粒附着在金属表面上而阻止其磨损，因此氧化也不会继续进行。

上述的磨损和变形效应导致复合颗粒在处理 4h 后实现球化，从而使粉末颗粒形状因子达到 1.25（1.0 对应于理想球体）。观察所得复合颗粒的形貌和截面（见图 3.4）可以发现，在不锈钢颗粒表面上形成了均匀的 Al_2O_3 包覆层，厚度达到 5.4μm。

4．Al_2O_3 和 SiC 涂覆不锈钢粉体颗粒

采用表 3.2 中相同的工艺参数制备金属/氧化物/碳化物复合粉末，Al_2O_3 添

加量为 4wt%，SiC 添加量为 1.6wt%。经过 6h 的处理后，对所得颗粒进行筛分，将粒度控制在 40～200μm 范围内。

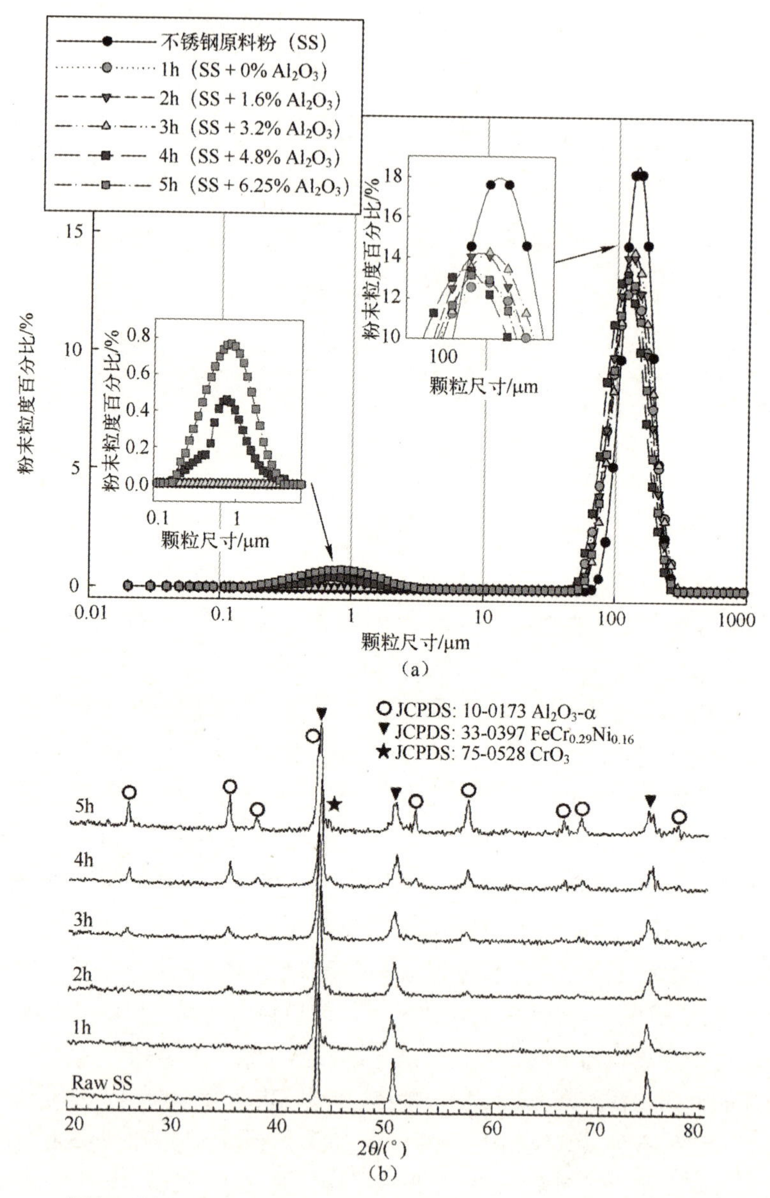

图 3.3 不锈钢颗粒包覆 Al_2O_3 经过不同处理时间（1h、2h、3h、4h 和 5h）后的（a）粒度分布和（b）XRD 图谱的演变

（a）

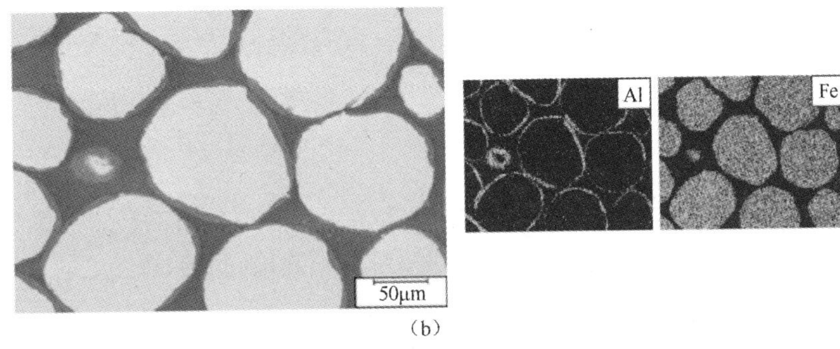

（b）

图 3.4　MF 制备 Al_2O_3 包覆不锈钢粉体过程中的
（a）PSD 和（b）XRD 图谱在不同的处理时间（1h、2h、3h、4h 和 5h）的演变

SS/Al/SiC 机械融合复合粉末样品同样包含一个不锈钢核芯颗粒，该核芯被陶瓷壳均匀覆盖，陶瓷壳由 Al_2O_3 和 SiC 的混合物组成。所得复合粉末颗粒的典型形态和横截面如图 3.5 所示。所有复合粉末均接近球形，平均形状系数为 1.05，陶瓷外壳厚度达到 3.6μm。XRD 分析证实机械融合处理后未发生相变或污染。

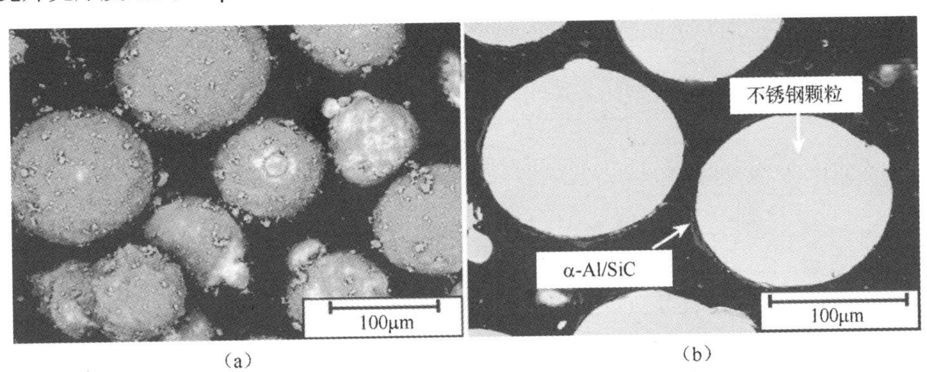

（a）　　（b）

图 3.5　不锈钢/Al_2O_3/SiC 机械融合复合粉末的
（a）典型形态和（b）横截面的 SEM 显微照片

3.3 等离子喷涂工艺参数

等离子喷涂制备的金属、陶瓷或复合材料涂层是由高速（100～350m/s）粉末颗粒撞击到基体表面后堆积形成的，并且由于粉末颗粒处于熔融态或塑性较好的状态，颗粒变形呈扁平状，最终覆盖在喷涂基体的表面。这些涂层的微观结构取决于颗粒在等离子体中飞行的状态，以及颗粒与经过一定工艺预处理基体表面的撞击过程。同时，以上状态主要受等离子喷涂条件和离子体气体的热物理性质控制。以下将针对上文中提到的机械融合制备的复合粉末，研究等离子喷涂工艺参数对涂层的影响。

3.3.1 等离子射流的产生

等离子/射流通过高电压（5～10kV）和高频（few MHz）产生，位于钨阴极（2wt% Thoria）的尖端和电解铜阳极喷嘴（与阴极同心）内壁之间。因此，等离子射流带着 100kW • h • m^{-3} 的高热焓，以高速（在 1000～2500m/s）、高温（8000～14000K）射流形式从喷嘴中喷出。喷嘴出口处的等离子气体密度低（冷气体密度的 1/30），但在 10000K 下的黏度能达到室温下相同混合物的 10 倍。对于这种情况，常规的直流等离子喷涂（APS）工艺参数见表 3.3。

表 3.3 常规的直流等离子（APS）喷涂工艺参数

工艺参数项	参数值
阳极喷嘴 i.d./mm	7
电弧电流/A	550
电压/V	57
氩气流量/slm	45
氢气流量/slm	15
喷枪热效率/%	56
喷油器外部位置/mm	$x = 7.5$，$z = 3.0$*
喷油嘴/mm	1.8
喷雾距离/mm	100

3.3.2 粒子内部对流运动

在等离子射流内部，由于流体和熔融颗粒之间的速度明显不同，在液-气界面处会引起强烈的运动，从而迫使液滴内的材料发生位移。通过等离子射流（雷诺数为 20～40）后，颗粒表面的起伏及其核芯氧化物结节的出现就可以证明这一点。图 3.6 显示了在喷嘴出口下游 100mm 处收集到的颗粒的形态。根据复合颗粒的加热状态，可以观察到 3 种类型的状体：第一种类型（见图 3.6（a）），对于刚好在熔点温度下的颗粒，由于不同材料之间的膨胀系数差异很大，导致 Al_2O_3 外壳破裂（对于不锈钢为 $17\times10^{-6}K^{-1}$，对于氧化铝为 $8\times10^{-6}K^{-1}$）。第二种类型（见图 3.6（b）），有些粉末颗粒比上一种类型吸热更多，但 Al_2O_3 壳层并没有被推移到飞行颗粒的尾部，而后 Al_2O_3 壳层已经凝固，但是主体颗粒却破裂成碎片。第三种类型（见图 3.6（c））对应于过热的颗粒，在此类颗粒中，熔融不锈钢内芯表面的轻质 Al_2O_3 壳被推移到不锈钢颗粒的前缘或后缘。

（a）半固态复合粉末颗粒

（b）保留了陶瓷壳层的复合粉末颗粒

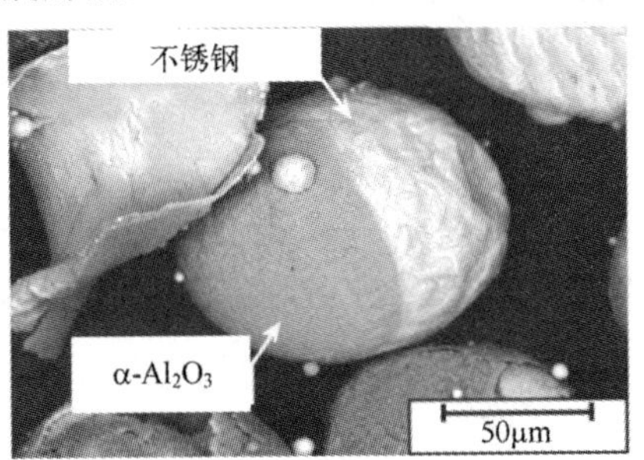

（c）完全熔融的复合粉末颗粒

图 3.6　等离子喷涂过程中收集到的不同类型的颗粒

3.3.3　飞行颗粒化学反应：氧化和/或分解

如果在大气环境中进行热喷涂，则等离子射流会夹带周围的环境气氛，形成不同物理/化学性质的气体，特别是密度提高 30～40 倍时，会导致涡流环的形成。这些涡旋的聚结预计会形成很大的波动幅度，因此难以与空气混合，如同“致密颗粒”一般，直到等离子体在热交换的过程中冷却下来。因此，等离子体的温度、速度和成分的分布变化导致粉末颗粒在飞行过程中受到的作用是非均匀的，特别是可能与夹带的 O_2 反应。反应速率主要取决于射流中 O_2 含量、金属颗粒在 O_2 中的暴露时间及颗粒温度。

氧化反应通过两种机制进行：

（1）O_2 通过表面扩散到粉末颗粒的内部（非常缓慢，对于纯 Fe 等金属来说，氧化层厚度在 100nm 到几微米之间），其质量氧化率为 1%～2%。

（2）O_2 通过对流从颗粒表面向内部深入。在连续循环中，金属会发生氧化，而且 O 元素会溶解到颗粒的内部，同时金属会向表面迁移。与通过氧扩散形成的氧化物相比，通过氧对流形成的氧化物量更大，占比更高。例如，铁为 12～14wt%。

显然，等离子体中的氧化现象对所得涂层的组成、微观结构、性质和性能有重大影响；通常这是形成变形颗粒间缺陷的主要原因。表面化学性质差异及热膨胀系数上的不同最终会引起涂层力学性能和高温性能的下降。防止或减慢以上现象发生的唯一方法是在真空条件或可控气氛条件下进行喷涂，但是这些方法面临的问题是成本急剧上升（增加 10%～25%）。

XRD 分析（见图 3.7）结果表明，喷涂 SS/Al_2O_3 复合粉末时，金属相的氧化速率较低。值得注意的是，当涂层受到压应力时，铬铁氧化物会趋向于断裂和开裂。

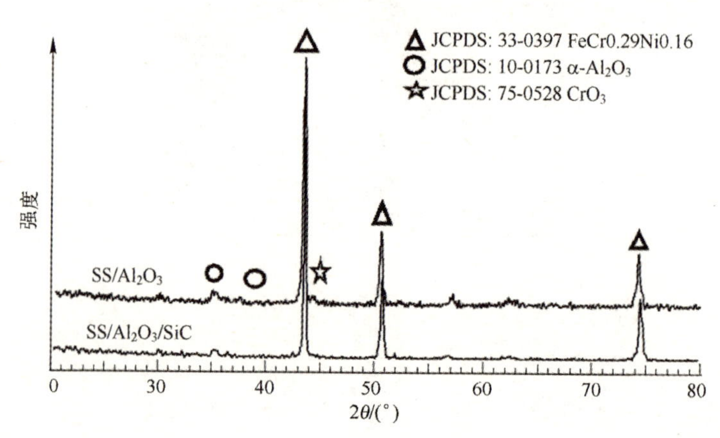

图 3.7　SS/Al_2O_3 和 $SS/Al_2O_3/SiC$ 的不同等离子喷涂涂层的 XRD 光谱

3.3.4 涂层结构

该涂层是通过大量熔融或者塑性较好的粉末颗粒沉积形成的。颗粒的堆积开始于基材表面，后续的粉末颗粒将沉积于已经沉积凝固的粉末颗粒上。因此，变形颗粒/基体与变形颗粒/变形颗粒之间的结合状态对于涂层的最终性能至关重要。另外，还必须考虑连续两次喷涂之间的时间间隔，对于小尺寸的零件来说，时间间隔为几秒钟，而对于较大的零件（长 15m）来说，该时间间隔甚至可以达到数十小时。

显然，涂层的最终性能直接受粉末颗粒（动力学、黏度、液滴的化学反应性、温度）和基体（化学成分、温度、粗糙度）等相关因素控制。国内外许多文献都对其进行了研究和报道。

1．基体温度

对比所有的工艺参数，基体温度似乎在颗粒变形过程中起着最重要的作用。对于光滑的基体（Ra<0.05μm），在较低的基体温度下，即所谓的“转变温度（TT）”时，熔融液滴会破碎成相互连接的碎片。基体的温度越低，变形颗粒飞溅后的形态越不规则。相反，当基体温度在 TT 温度以上时，变形颗粒的形态更趋向于规则的圆盘状，具有更大的接触面积及更高的结合力。应该注意的是，TT 的数值最终取决于喷涂材料和基体材料。例如，对于不锈钢 316L 上喷涂 ZrO_2 涂层或 Al_2O_3 涂层，TT 约为 200℃。

对于润湿性来说，TT 也取决于基体的氧化状态和飞行颗粒。如果衬底在过高的温度下加热过长时间，就会在表面形成氧化层，从而改变表面的原有特征，如本征属性、厚度、形貌和粗糙度等。一旦基体表面发生氧化，虽然衬底的温度大于 TT，但变形颗粒仍然会表现出较弱的附着力，甚至无法附着在基体表面。

在高于 TT 的温度下，在光滑基体表面上得到的最佳喷涂条件也适用于表面粗糙的基体（Ra> 1μm），并且涂层附着力大大提高（提高了 3～4 倍）。另外，变形颗粒的形态还控制着孔隙的尺寸和分布、残余应力和微观结构。

SS/Al_2O_3 变形颗粒的形态取决于基体表面温度。如图 3.8（a）所示，在低温基体（TS <100℃）上，Al_2O_3 形成手指状飞溅，散落在不锈钢颗粒的周围；而在预热至 300℃的基体上会获得接近圆盘状的变形颗粒。根据变形颗粒粒径可以推断 Al_2O_3 可能位于不锈钢颗粒的上方（见图 3.8（b）），也可能位于下方（见图 3.8（c））。该现象可以通过 Al_2O_3 壳层与不锈钢核芯相对位置关系加以解释：对于小于 100μm 的颗粒，在撞击到基体时，Al_2O_3 壳层在不锈钢液滴后端；

而对于大于 100μm 的颗粒，Al_2O_3 壳层则位于不锈钢液滴前端。

对于另一种类型的变形颗粒，对应于图 3.6（a）所示的粉末颗粒。Al_2O_3 在变形颗粒表面分散成小块（见图 3.8（d））。在飞行中，氧化铝块要么是固体的，要么是接近熔点的，属于高黏度状态。当不锈钢颗粒发生变形时，具有高动量的不锈钢会推开 Al_2O_3 碎片，或者可能将其压在下面，导致变形颗粒与基体的接触很差。因此，Al_2O_3 片层只是均匀地分布在变形颗粒的顶部，而且边缘更为规则。无论基体的预热温度如何，都会发生这种情况。

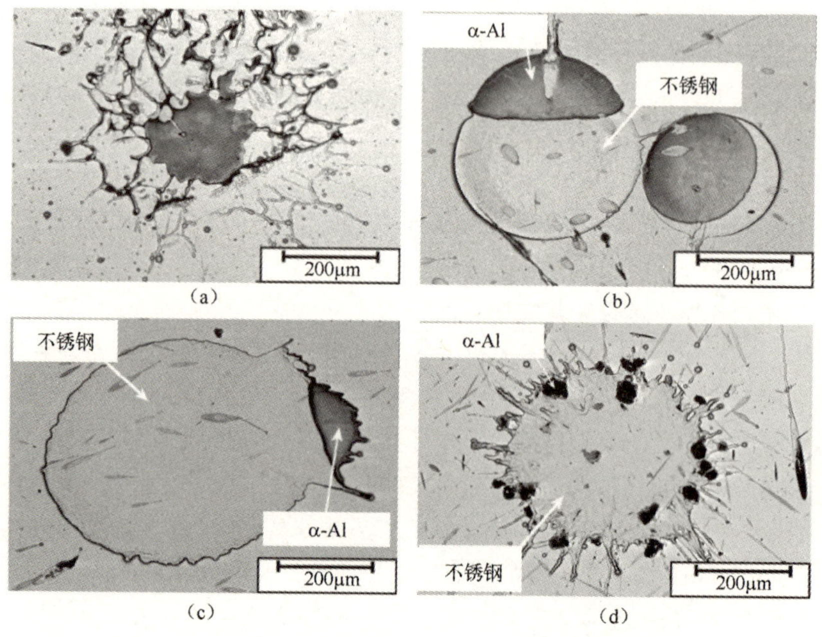

图 3.8　在（a）低温和（b）、（c）、（d）350℃预热基板基体上收集的不锈钢/Al_2O_3 变形颗粒

SS/Al_2O_3/SiC 粉末颗粒呈现出特殊的飞溅形态（见图 3.9）。通过网状 Al_2O_3 将细小的 SiC 颗粒连接在一起，并且覆盖在铺展变形的不锈钢颗粒表面，不锈钢颗粒通过 EDS 分析证实为白色。

2．物相分布及硬度特性

图 3.10 显示了所得的 SS/Al_2O_3 和 SS/Al_2O_3/SiC 机械融合粉末的等离子喷涂涂层的典型微观结构。两种涂层均显示出致密的层状结构，在不锈钢基体相中含有大量随机分布的硬质相。但是，由于较高的 Al_2O_3 含量，在喷涂 SS/Al_2O_3 粉末时涂层中 Al_2O_3 颗粒较为粗大。可以通过添加较低含量的硬质相或使用细

小的硬质相颗粒来实现陶瓷相在涂层中的均匀分布。

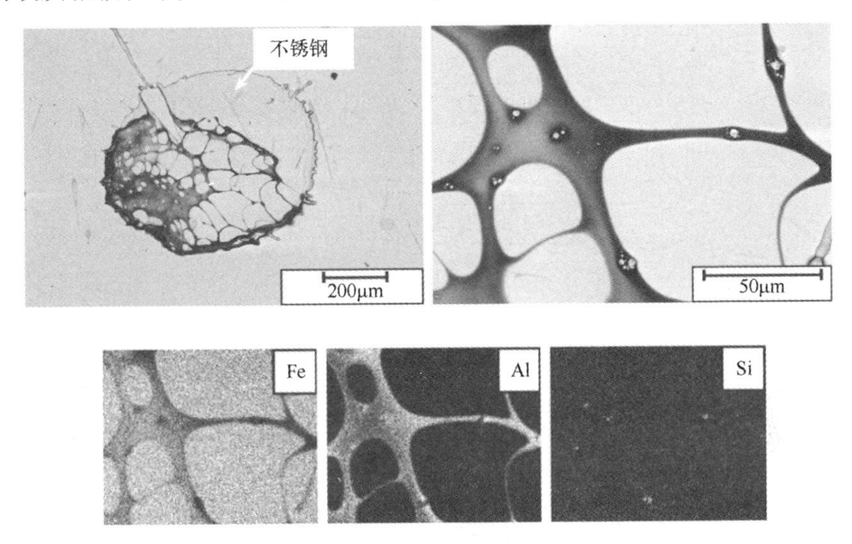

图 3.9　SS/Al_2O_3/SiC 变形颗粒呈现出的特殊的飞溅形态包含了不锈钢变形颗粒上的网状陶瓷

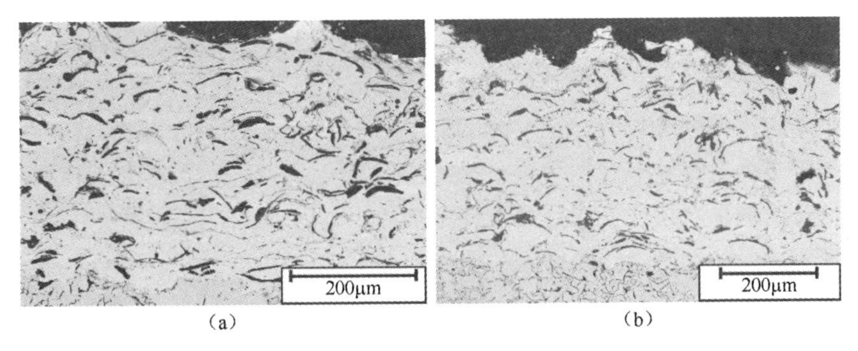

（a）　　（b）

图 3.10　（a）SS/Al_2O_3 和（b）SS/Al_2O_3/SiC 等离子喷涂涂层的典型微观结构

涂层微观结构特征会影响其硬度的大小。如图 3.11 所示，通过不同涂层之间的比较发现，两种 SS/Al_2O_3（HV5 843MPa±63MPa）均可获得较高的硬度，而 SS/Al_2O_3/SiC 的硬度则较低（HV5 756MPa±38MPa）。但是，所有复合涂层的硬度均高于纯不锈钢涂层的硬度（HV5 747MPa±44MPa）。产生这些现象的原因可能有两个：涂层中 Al_2O_3 的均匀分布以及铬铁氧化物的形成增加了其硬度。

与 SS/Al_2O_3 相比，SS/Al_2O_3/SiC 涂层的硬度较低，这是由于粉末颗粒的不完全熔化限制了氧化物的形成。可能是粗大的基体颗粒和 Al_2O_3 壳层的热障效应导致了这种状态。而且，SS/Al_2O_3/SiC 涂层的硬度达到了与纯不锈钢镀层相似的数值。另外，这种复合涂层的 XRD 分析结果中没有氧化物形成的证据。这表明涂层的强化主要受精细网状陶瓷的形成所控制（见图 3.9）。

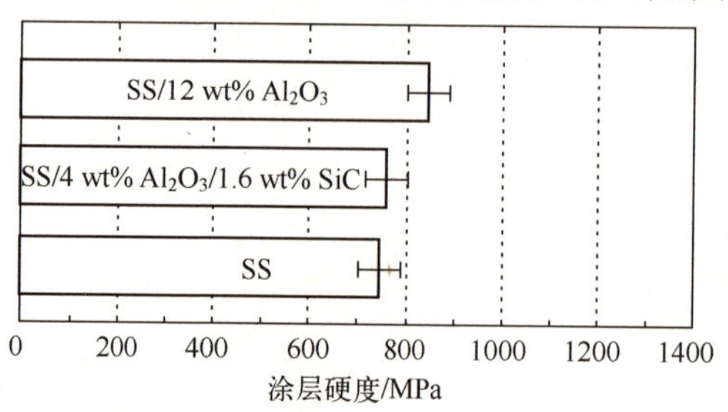

图 3.11　由纯不锈钢或复合粉末制成的不同等离子喷涂涂层之间的硬度比较

3.4　结论

机械融合工艺是制备热喷涂用复合粉末的有效方法，而且可以对等离子体喷涂涂层的微观结构产生影响。机械融合过程中输入的高能量会直接作用在细小颗粒的界面处，就如本书案例中的 Al_2O_3（0.6μm）和 SiC（3μm），并使之包覆在不锈钢颗粒（–90μm+45μm）上形成复合粉末颗粒。细小的 Al_2O_3 和 SiC 颗粒在不锈钢颗粒上的包覆是由粒径分布的巨大差异引起的。

当喷涂这些复合粉末时，发现 Al_2O_3 和 SiC 颗粒嵌入并均匀分布在致密的不锈钢钢基体中，从而提高了整个涂层的硬度。最终硬度取决于复合材料的种类，但从结构上可以认为导致涂层硬度增加的原因主要是陶瓷硬质相均匀分布在金属基体内。实际上，铁铬氧化物的形成不是增加涂层硬度的好方法，因为较粗的颗粒（100～140μm）在通过等离子流时并未完全熔化，因此氧化仍受扩散控制。

通过喷涂三元复合粉末（不锈钢/ Al_2O_3/SiC），涂层硬度略高于纯不锈钢。这些复合涂层表现出一种特殊的强化机制，该机制包括形成一个将细小的 SiC 颗粒连在一起的 Al_2O_3 网格，而且该网格位于不锈钢颗粒的表面。这样可以直接与金属基体结合，从而保留变形颗粒之间的硬质相。

最后，由于粗颗粒尺寸及熔融 Al_2O_3、SiC 层的影响，不锈钢颗粒的氧化受到了抑制或几乎停止了。

3.5　致谢

感谢墨西哥 CONACYT、法国 SFERE 和国家理工学院通过 CIITEC、EDI

和 COFAA 给予作者的经费支持。感谢 Teotihuacan Group 给予的大力帮助。

参 考 文 献

[1] Ageorges H, Fauchais P. Plasma spraying of stainless-steel particles coated with an alumina shell[J]. Thin Solid Films, 2000, 370(1-2): 213-222.

[2] Ananthapadmanabhan P V, Taylor P R. Titanium carbide-iron composite coatings by reactive plasma spraying of ilmenite[J]. Journal of Alloys and Compounds, 1999, 287(1-2): 121-125.

[3] Ananthapadmanabhan P V, Thiyagarajan T K, Sreekumar K P, et al. Co-spraying of alumina-titania: correlation of coating composition and properties with particle behaviour in the plasma jet[J]. Surface & Coatings Technology, 2003, 168(2-3): 231-240.

[4] Bach F, Duda T, Babiak Z, et al. Characterization of Al_2O_3 and SiC Particles, Reinforced Al Powders, and Plasma Sprayed Wear Resistance Coatings[C]. Ohio, USA: ASM International, 2000: 299-302.

[5] Bartuli C, Smith R W. Comparison between Ni-Cr-40vol% TiC wear-resistant plasma sprayed coatings produced from self-propagating high-temperature synthesis and plasma densified powders[J]. Journal of Thermal Spray Technology, 1996, 5(3): 335-342.

[6] Bartuli C, Smith R W, Shtessel E. SHS powders for thermal spray applications[J]. Ceramics International, 1997, 23(1): 61-68.

[7] Bernard D, Yokota O, Grimaud A, et al. Mechanofused metal-carbide-oxide cermet powders For thermal spraying[R]. Ohio, USA: ASM International, Materials Park, 1994: 171-178.

[8] Bianchi L. Arc plasma and inductive plasma spraying of ceramic coatings: Influence of mechanism formation of first layer on coating properties[D]. France: University of Limoges, 1995.

[9] Boulos M. Powder Densification and Spheroidization Using Induction Plasma Technology [EB/OL].[2011-8].http://www.tekna.com/index.php?module=CMS&id=1&newlang=eng.

[10] Branland N. Plasma spraying of Titanium Dioxide coatings: contribution to study their microstructures and electric properties[D]. France: University of Limoges, 2002.

[11] Colaizzi J, Kear B H, Mayo W E, et al. Micro-and Nano-Scaled Composites via Decomposition of Plasma Sprayed Ceramics[C]. Ohio, USA: ASM International, 2000: 813-820.

[12] Csanády Á, Csordás-Pintér A, Varga L, et al. Solid state reactions in Al based composites

made by mechanofusion[J]. Microchimica Acta, 1997, 125(1-4): 53-62.

[13] Cuenca-Alvarez R, Ageorges H, Fauchais P, et al. The effect of mechanofusion process and planetary-milling on composite powder preparation: agglomeration and fragmentation[C]. Zurich, Switzerland: Trans Tech Publications Ltd, 2003, 442: 67-72.

[14] Cuenca-Alvarez R, Ageorges H, Fauchais P. Plasma spraying of mechanofused carbide-oxide and carbide-metal powders: The influence of chemical composition of a protective shell[C]. Zurich, Switzerland: Trans Tech Publications Ltd, 2003, 442: 73-78.

[15] Cuenca-Alvarez R. Contribution to the elaboration of composite coatings by arc plasma spraying of powders prepared by mechanofusion[D]. France: University of Limoges, 2003.

[16] De Villiers Lovelock H L. Powder/processing/structure relationships in WC-Co thermal spray coatings: a review of the published literature[J]. Journal of Thermal Spray Technology, 1998, 7(3): 357-373.

[17] Denoirjean P, Syed A A, Cuenca-Alvarez R, et al. Comparison of stainless steel-alumina coatings plasma sprayed in air by two different techniques[J]. Physical & Chemical News, 2004 (20): 21-26.

[18] Espié G. Oxydation of iron particles into an air plasma jet: its influence on coating properties[D]. France: University of Limoges, 2000.

[19] Fauchais P, Vardelle A. Heat, mass and momentum transfer in coating formation by plasma spraying[J]. International Journal of Thermal Sciences, 2000, 39(9-11): 852-870.

[20] Fauchais P, Vardelle A, Vardelle M, et al. Knowledge concerning splat formation: an invited review[J]. Journal of Thermal Spray Technology, 2004, 13(3): 337-360.

[21] Fukumoto M, Okane I. Application of Mechanically Alloyed Composite Powders to Thermal Plasma Spraying[C]. Ohio, USA: ASM International, 1992: 595-600.

[22] Gadow R, Scherer D. Ceramic and Metallurgical Composite Coatings with Advanced Tribological Properties under Dry Sliding Conditions[C]. Ohio, USA: ASM International, 2001: 1069-1074.

[23] Gras C. Reactivity and thermodynamics of MASHS process applicated on Mo-Si et Fe-Si systems[D]. France: University of Bourgogne, 2000.

[24] Herman H, Chen Z J, Huang C C, et al. Vacuum Plasma Sprayed Mechanofused Ni-Al Composite Powders and Their Intermetallics[C]. Ohio, USA: ASM International, 1992: 355-361.

[25] Herman H, Chen Z J, Huang C C, et al. Mechanofused powders for thermal spray[J].

Journal of Thermal Spray Technology, 1992, 1(2): 129-135.

[26] Ito H, Umakoshi M, Nakamura R, et al. Characterization of Ni-Al Composite Powders Formed by the Mechanofusion Process and Their Sprayed Coatings[C]. Ohio, USA: ASM International, 1991: 405-410.

[27] Jacobs L, Hyland M M, De Bonte M. Comparative study of WC-cermet coatings sprayed via the HVOF and the HVAF process[J]. Journal of Thermal Spray Technology, 1998, 7(2): 213-218.

[28] Jiansirisomboon S, MacKenzie K J D, Roberts S G, et al. Low pressure plasma-sprayed Al_2O_3 and Al_2O_3/SiC nanocomposite coatings from different feedstock powders[J]. Journal of the European Ceramic Society, 2003, 23(6): 961-976.

[29] Kelly T F, Larson D J, Miller M K, et al. Three dimensional atom probe investigation of vanadium nitride precipitates and the role of oxygen and boron in rapidly solidified 316 stainless steel[J]. Materials Science & Engineering: A, 1999, 270(1): 19-26.

[30] Khan M S A, Clyne T W. Microstructure and abrasion resistance of plasma sprayed cermet coatings[C]. Ohio, USA: ASM International, 1996: 113-122.

[31] Khor K A, Dong Z L, Gu Y W. Influence of oxide mixtures on mechanical properties of plasma sprayed functionally graded coating[J]. Thin Solid Films, 2000, 368(1): 86-92.

[32] Khor K A, Fu L, Lim V J P, et al. The effects of ZrO_2 on the phase compositions of plasma sprayed HA/YSZ composite coatings[J]. Materials Science & Engineering: A, 2000, 276(1-2): 160-166.

[33] Kim M C, Kim S B, Hong J W. Effect of powder types on mechanical properties of D-gun coatings[C]. Ohio, USA: ASM International, 1997: 791-795.

[34] Krajnikov A V, Likutin V V, Thompson G E. Comparative study of morphology and surface composition of Al-Cr-Fe alloy powders produced by water and gas atomisation technologies[J]. Applied Surface Science, 2003, 210(3-4): 318-328.

[35] Kubel E J. Powders dictate thermal-spray-coating properties[J]. Advanced Materials & Processes, 1990, 138(6): 24-32.

[36] Léger A C, Vardelle M, Vardelle A, et al. Plasma Sprayed Zirconia: Relationships Between Particle Parameters, Splat Formation and Deposit Generation-Part I: Impact and Solidification[C]. Ohio, USA: ASM International, 1996: 623-628.

[37] Liu X, Ding C. Characterization of plasma sprayed wollastonite powder and coatings[J]. Surface & Coatings Technology, 2002, 153(2-3): 173-177.

[38] Liu X, Ding C. Plasma-sprayed wollastonite 2M/ZrO_2 composite coating[J]. Surface & Coatings Technology, 2003, 172(2-3): 270-278.

[39] Lugscheider E, Jungklaus H, Zhao L, et al. Reactive plasma spraying of coatings containing in situ synthesized titanium hard phases[J]. International Journal of Refractory Metals and Hard Materials, 1997, 15(5-6): 311-315.

[40] Lugscheider E F, Loch M, Suk H G. Powder Technology-State of the Art[C]. Ohio, USA: ASM International, 1992: 555-559.

[41] Moreau C, Dallaire S. Plasma Spraying of Carbon-Coated TiC Powders in Air and Inert Atmosphere[C]. Ohio, USA: ASM International, 1990: 747-752.

[42] Pech J. Pre-oxiydation generated by arc plasma spraying: Relations between surface, oxidation and coating adhesion[D]. France: University of Rouen, 1999.

[43] Ramaswamy P, Seetharamu S, Varma K B R, et al. Al_2O_3-ZrO_2 composite coatings for thermal-barrier applications[J]. Composites Science & Technology, 1997, 57(1): 81-89.

[44] Rautioaho R, Riipinen M M, Saven T, et al. Ni_3Al and Ni_3Si-based intermetallics produced by the Osprey process[J]. Intermetallics, 1996, 4(2): 99-109.

[45] Sampath S, Matejicek J, Berndt C C, et al. Plasma Sprayed Zirconia: Relationships among Particle Parameters, Splat Formation, and Deposit Generation-Part II: Microstructure and Properties[C]. Ohio, USA: ASM International, 1996: 629-636.

[46] Sordelet D J, Besser M F, Logsdon J L. Abrasive wear behavior of Al-Cu-Fe quasicrystalline composite coatings[J]. Materials Science & Engineering: A, 1998, 255(1-2): 54-65.

[47] Trice R W, Su Y J, Faber K T, et al. The role of NZP additions in plasma-sprayed YSZ: microstructure, thermal conductivity and phase stability effects[J]. Materials Science & Engineering: A, 1999, 272(2): 284-291.

[48] Vaidya A, Bancke G, Sampath S, et al. Influence of Process Variables on the Plasma-sprayed Coatings: An Integrated Study[C]. Ohio, USA: ASM International, 2001: 1345-1349.

[49] Valente T, Galliano F P. Corrosion resistance properties of reactive plasma-sprayed titanium composite coatings[J]. Surface & Coatings Technology, 2000, 127(1): 86-92.

[50] Vardelle A, Fauchais P, Themelis N J. Oxidation of metal droplets in plasma sprays[R]. Ohio, USA: ASM International, Materials Park, 1995: 175-180.

[51] Vinayo M E, Kassabji F, Guyonnet J, et al. Plasma sprayed WC-Co coatings: influence of spray conditions (atmospheric and low pressure plasma spraying) on the crystal structure, porosity, and hardness[J]. Journal of Vacuum Science & Technology A: Vacuum, Surfaces,

and Films, 1985, 3(6): 2483-2489.

[52] Volenik K, Novak V, Dubsky J, et al. Compressive Behaviour of Plasma Sprayed High-Alloy Steels[C]. Ohio, USA: ASM International, 1998: 671-675.

[53] Wang F, Yang B, Duan X J, et al. The microstructure and mechanical properties of spray-deposited hypereutectic Al-Si-Fe alloy[J]. Journal of Materials Processing Technology, 2003, 137(1-3): 191-194.

[54] Wielage B, Wilden J, Schnick T. Manufacture of SiC composite coatings by HVOF[C]. Ohio-USA: Thermal Spray 2001: New Surface for a New Millenium, 2001.

[55] Yokoyama T, Urayama K, Naito M, et al. The angmill mechanofusion system and its applications[J]. KONA Powder and Particle Journal, 1987, 5, 59-68.

[56] Zhao L, Lugscheider E. Influence of the spraying processes on the properties of 316L stainless steel coatings[J]. Surface & Coatings Technology, 2003, 162(1): 6-10.

[57] Zhao L, Maurer M, Lugscheider E. Thermal spraying of a nitrogen alloyed austenitic steel[J]. Thin Solid Films, 2003, 424(2): 213-218.

[58] Zimmermann S，Keller H，Schwier G. New Carbide Based Materials for HVOF Spraying[C]. Ohio, USA: ASM International, 2003: 227-232.

第 4 章　等离子喷涂涂层的实验结果的统计学

S.C. Mishra

4.1　引言

表面改性是一个经常会用到的专业词汇，涵盖了多种技术，可以有效地提高工业部件的可靠性和性能。整个制造业和工程领域一直坚持不懈地追求更高的效率和能力，因此对零部件的性能要求也越来越高。于是，一些关键零件会因无法承受苛刻的服役条件而迅速退化失效，造成严重的经济损失。在绝大多数情况下，部件加速退化并最终失效可追溯到恶劣环境引起的材料损伤，并且与配合面间相对运动、腐蚀性介质、极高的温度和循环应力相关。与此同时，针对新材料、新公司的研究工作所取得的效果正在降低，似乎只依靠开发新的合金材料是无法使零件性能及寿命出现显著改善的。

由于上述原因，将耐磨损、耐腐蚀和抗疲劳等性能综合在一起提出了“功能一体化”概念，用于提升零件的性能与寿命，而且正在被越来越多的人所接受。认识到绝大多数零部件发生灾难性的失效与零件表面问题相关，进一步推动了表面改性技术的发展，并且逐步向着跨领域的方向前进。在零件服役过程中，防护涂层作为阻隔材料将零件表面与苛刻环境隔离开来，目前被认为是大幅降低/抑制表面损伤的第一道防线。涂层一般是指一层自然形成或人工合成或人工沉积在基体表面的层状材料，用以获得所需的技术性能或装饰性能。

由于表面工程近年来的蓬勃发展，相关技术在工业领域的应用越来越多，在基础理论、工艺、控制、模型、应用程序开发等各个方面都取得了长足的进步，使其成为一种非常有效的技术，并且成为越来越多的零件在设计过程中必须考虑的环节。目前，表面改性被定义为“将基体和表面作为一个系统进行设计，以实现低成本、高效率的性能提升，而只针对一个对象进行处理是无法达到以上效果的”。将高强度金属/合金作为高性能涂层制备到零件基体表面，为零件既满足块体性能要求又满足表面性能要求提供了一种有效的方法。新的表面技术与传统的表面技术一样，常用于各种工程性能的改进。采用表面工程方法可以改善的表面性能包括侵蚀磨损、力学、热学、电化学、磁性/声学和生物相容性等。

表面工程的发展之所以是动态的，很大程度上是因为它既是一门科学也是一项技术，需要不断地依靠它来满足现代工业发展的要求：节省材料、提高效率、环境友好等。由于零件表面的改性涉及冶金、力学、化学或物理等方面，因此表面工程的应用领域在不断地扩大。同时，表面工程涉及的厚度范围可达 5 个数量级，而硬度变化可达 3 个数量级。

在技术需求和自身特点的驱动下，新的涂层制备方法层出不穷，近年来不仅促进了现有方法的改进，而且催生了大量的新设备。表面改性技术发展迅速，无论是在寻找更好的解决方案方面，还是在现有技术革新方面，都使得表面改性产品的质量和成本具有很大的调整空间。涂层工艺复杂性的增加也使得其工艺能力显著增加，能够在复杂零件的表面制备各种各样的涂层，确保所有可以想到的不同形状和大小的零件表面都可以有效地涂覆。

尽管有很多方法可以在基体表面沉积涂层，但是由于热喷涂工艺能在各种零件表面制备厚涂层，因此被广泛应用。热喷涂的类型主要取决于所采用热源的类型，主要包括火焰喷涂（FS）、超声速火焰喷涂（HVOF）、等离子喷涂（PS）等。等离子喷涂利用等离子体的特性，使得传统材料和新材料获得了新的功能，被认为是一种用途广泛、技术成熟的先进热喷涂技术，逐渐取代了那些高成本、低效率的喷涂技术。

等离子喷涂作为一种热喷涂工艺，因其具有适用材料范围广的特点而逐渐受到人们的重视，并得到了广泛的研究。这是一个非常庞大的行业，其产品可以应用于耐腐蚀、耐磨损和耐高温等领域。该工艺可以在金属、陶瓷和/或高分子等不同材料表面制备涂层，哪怕这些零件的形状复杂、尺寸多样。该工艺生产效率高，所制备涂层附着力强。由于该工艺的实施受材料影响较小，因此具有非常广泛的适用性，可以用来制备热障涂层、耐磨涂层等。其中，热障涂层用在内燃机、燃气轮机等设备中，用以在高温下保护零件基体。ZrO_2 是一种典型的热障涂层材料，喷涂在黏结层表明其作为面层使用。顾名思义，耐磨涂层是用来进行磨损防护的，特别是对气缸套、活塞、阀门、主轴、纺织厂轧辊等，Al_2O_3、TiO_2 和 ZrO_2 是常用的耐磨涂层材料。

等离子喷涂是一种包含了颗粒熔融、快速凝固和表面堆垛等环节的表面技术。由于陶瓷具有较高的比强度和优异的耐磨性，因此在大多数耐磨领域中通常首选陶瓷材料。而等离子射流具有较高的热焓值，可以实现陶瓷材料沉积形成涂层。金属基体上陶瓷涂层的适用性取决于涂层-基体界面的结合强度和制备过程中的稳定性。

许多高科技产品的关键部件都是在高温、高速气流冲刷、高热流和强腐蚀性等极端恶劣的条件下工作的，严重缩短了它们的服役寿命。该问题可以通过复合材料来有效地解决，即由核心材料来承受载荷，使用合适的表面涂层来提高构件在工作环境下的使用寿命。等离子喷涂技术可以在大多数材料表面制备涂层，以实现零件寿命的延长。

Al_2O_3/TiO_2 涂层是一种被大规模生产和应用的材料，同样可以采用大气等离子喷涂（APS）工艺制备成涂层。这种材料以其耐磨性、耐腐蚀性和耐侵蚀性而著称。这些类型的涂层可以通过将基体粉末与增强相颗粒混合在一起，采用等离子喷涂来制备。形成涂层的过程是建立在等离子射流熔化原料粉末的基础上的。粉末颗粒在载气的作用下注入等离子射流中；通过与等离子射流的相互作用获得动能和热量。在基体表面，颗粒迅速铺展变形并凝固，形成片层结构。

该复合材料涂层相对于纯 Al_2O_3 涂层来说具有一定的优势。TiO_2 是一种常用的等离子喷涂用 Al_2O_3 粉末材料的增强相。TiO_2 的熔点相对较低，能有效地与氧化铝颗粒结合，使涂层具有更高的密度和耐磨性。然而，Al_2O_3/TiO_2 涂层的性能还要取决于等离子射流的调控，确保其可以有效地熔化粉末。所带来的结合强度是耐磨性的保障。TiO_2 质量分数较低的 Al_2O_3/TiO_2 涂层具有较高的电阻率，尤其适用于需要高强度和绝缘性的情况。当涂层中 TiO_2 质量含量较高时，所制备涂层的导电性能会大幅提升。

利用统计学对磨损实验结果进行定性分析。分析的目的是明确影响 Al_2O_3/TiO_2 涂层侵蚀率的主要变量/因素。本章提出了一种针对主要影响因素的人工神经网络预测模型。等离子体喷涂是一种复杂的工艺，拥有很多变量和耦合因素，因此非常适宜采用神经网络计算进行预测和优化。该技术包括构建数据库、培训和验证，然后针对不同的工艺参数得出一系列与涂层黏附强度和侵蚀率相关的预测结果。

在等离子喷涂过程中，各种操作参数的确定大多基于以往的经验。因此，难以为特定的目标提供最佳的参数组合。为了获得不同涂层质量控制的最佳结果，准确识别重要的控制参数是至关重要的。固体颗粒磨损被认为是一个非线性的过程，其主要变量包括材料和工况。为了获得性能最好的防护涂层，需要知道所关注的主要性能及正确的参数组合。这些组合通常因其对侵蚀率的影响不同而产生不同的涂层质量损失。为了控制这一过程中的质量损失，其中的一个难点就是要明确参数之间的相互依赖性、相互关系以及各组对涂层侵蚀磨损的影响。本章对不同工况下，低碳钢和铜基体表面 Al_2O_3/TiO_2 涂层的侵蚀磨损行为进行了试验研究。采用统计学方法，即 Taguchi 进行试验设计。根据对涂层磨损速率的影响确定了影响因素，并对其重要性进行评价，得到一种针对重要因素的人工神经网络预测模型。在此基础上，结合培训和测试结果进行分析，预测不同功率等级在不同基材上制备涂层结合强度的变化规律。

4.2　Taguchi 试验设计

Taguchi 试验设计方法是一种简单、有效且系统性很好的方法，可以针对性能和成本效益进行优化设计。在本章的研究工作中，该方法将应用于等离子喷涂过程中，以识别影响涂层侵蚀率的重要过程变量/因素，还可以找到这些因素的变化范围，以便在测试范围内优化过程变量。

本章还针对 4 种参数进行了试验设计，各个参数的代码和选定的水平如表 4.1 所示。由表 4.1 可知，试验方案共有两组参数。按照标准的 Taguchi 进行试验方案设计，标号为 L16（215），设计结果如表 4.2 所示。该方法将试验结果转化为信噪比（signal-noise ratio，S/N）。它使用信噪比作为质量特性偏离或接近期望值的度量。在信噪比的分析中，质量特性分为 3 类，即越低越好、越高越好、越接近指标越好。为了获得最佳喷涂参数，采用“侵蚀率越低越好”作为优化目标。

表 4.1　设计参数和选定的水平

参数	代码	水平 1	水平 2
侵蚀角度/（°）	A	30	90
侵蚀速度/m • s^{-1}	B	32	58
侵蚀距离/mm	C	100	150
颗粒尺寸/μm	D	200	400

表 4.2　试验设计结果和计算得出的涂层侵蚀率的信噪比（S/N）

编号	A	B	C	D	涂层侵蚀率	S/N
1	1	1	1	1	10.00	−20.0000
2	1	1	1	2	11.00	−20.8279
3	1	1	2	1	11.5	−21.2140

续表

编号	A	B	C	D	涂层侵蚀率	S/N
4	1	1	2	2	12.20	−21.7272
5	1	2	1	1	14.40	. −23.1672
6	1	2	1	2	12.50	−21.9382
7	1	2	2	1	18.10	−25.1536
8	1	2	2	2	19.80	−25.9333
9	2	1	1	1	0.6	4.4370
10	2	1	1	2	0.8	1.9382
11	2	1	2	1	2.10	−6.4444
12	2	1	2	2	2.41	−7.6403
13	2	2	1	1	6.10	−15.7066
14	2	2	1	2	8.00	−18.0618
15	2	2	2	1	17.10	−24.6599
16	2	2	2	2	17.74	−24.9791

表 4.2 给出了 18kW 功率下涂层侵蚀率的试验设计结果和 S/N 计算结果。利用 MINITAB 软件包和信噪比（S/N）响应表分析了各控制因素对涂层效率的影响。测试所得响应数据如表 4.3 所示。涂层侵蚀率的 S/N 响应结果如图 4.1 所示。在表 4.3 中还分析了参数之间的相互影响。参数的重要程度由极差结果决定：极差越大，参数的重要性越高，或者说二者的相互作用越强烈。试验设计结果表明，侵蚀角度（A）对涂层侵蚀率的影响最大，其次是侵蚀速度（B）和侵蚀距离（C），最后是颗粒尺寸（D）。

表 4.3　涂层侵蚀率的 S/N 响应数据

水平	A	B	C	D
1	−11.39	−11.43	−14.17	−16.49
2	−22.50	−22.45	−19.72	−17.40
极差	11.11	11.02	5.5	0.91
排序	1	2	3	4

值得注意的是，尽管侵蚀距离以及侵蚀颗粒尺寸等其他因素也会对涂层的侵蚀率产生影响，但是 Taguchi 试验设计方法明确了侵蚀角度和侵蚀速度是影响 Al_2O_3/TiO_2 涂层侵蚀率的重要因素。因此，本章中将侵蚀角度设定为重要的工艺变量，并且深入研究了其对涂层磨损的特征和机理。

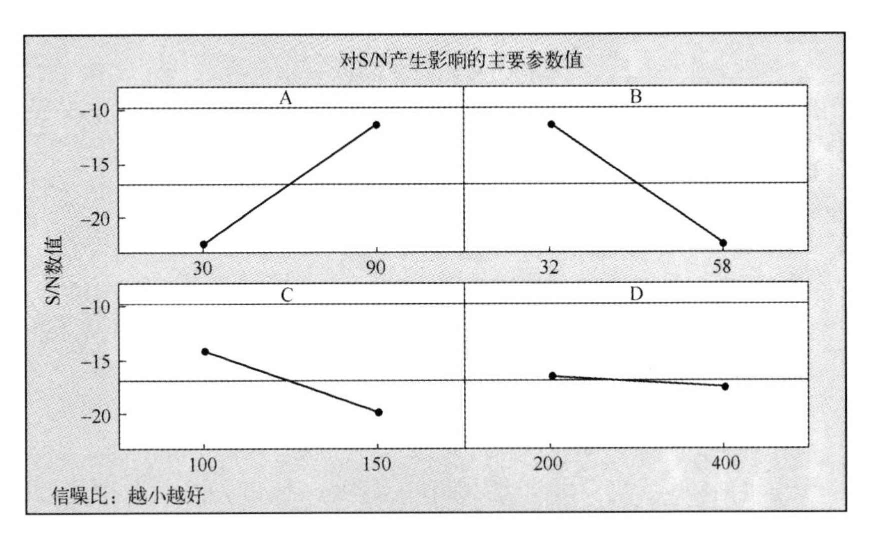

图 4.1　涂层侵蚀率的 S/N 响应结果

4.3　人工神经网络分析

就影响因素（材料或工艺参数）而言，等离子喷涂工艺被视为具有非线性特征。为了获得具有设定功能的涂层，必须对所有工艺参数进行组合式设计。这些组合参数随着涂层性能和特征的不同而变化。为了实现等离子喷涂过程的有效控制，主要的难点之一是厘清参数之间的相互依赖性、相互关系以及各自对涂层特性的影响。因此，非常需要一种有效的方法来解决以上问题。在本项研究工作中，针对前文提到的主要问题，设计采用一种统计学方法处理参数与涂层特性之间相关性的问题。该方法基于人工神经网络（Artificial Neural Network，ANN），涉及数据库训练以预测属性参数的演变。本节介绍了数据库构造、实施方案以及与涂层侵蚀磨损有关的一系列预测结果。对于具有许多变量和复杂交互作用的复杂过程，人工神经网络是一种非常出色的数学工具。进行结果分析时要考虑到模型训练和测试程序，以预测侵蚀磨损行为对侵蚀角度和侵蚀速度的依赖性，以及涂层结合强度对不同基材、不同喷涂功率的依赖性。该方法有助于节省试验时间和资源。Rajasekaran 和 Pai 针对该方法进行了详细的描述。

4.3.1　神经网络模型的开发与实现（涂层侵蚀率）

神经网络是模拟生物神经系统微观结构（神经元）的计算方法。神经网络最基本的组成部分是模仿人类大脑的结构。受这些生物神经元的启发，ANN 由可以并行操作的简单单元组成。它是原始人工神经元的简单团簇。这种团簇通过创建层来实现，层与层之间相互连接。在材料科学的大部分研究工作中都使用了多层神经网络，Zhang 和 Friedrich 对其进行了总结。采用 Rao 开发的神经计算软件包 NEURALNET，使用反向传播算法进行涂层在不同侵蚀角度和侵蚀速度下的侵蚀率预测。

数据库的建立考虑了各参数在有限范围内的实验结果。实验结果集用于训练神经网络，以明确输入-输出之间的相关性。数据库中的数据主要分为 3 类：验证数据类别，主要用于定义 ANN 体系结构并调整每层的神经元数量；专门用于调整网络权重的训练类数据和对应于验证训练结果集合的测试类数据。将输入变量标准化，使其位于相同的范围内（0～1）。为了训练神经网络，需要针对不同侵蚀角度和不同侵蚀速度采集大约 25 组数据。需要确保采集的这些数据集代表实验域中所有可能的输入变化，以保证用这些数据训练的神经网络能够模拟等离子喷涂过程。对隐含层中神经元数目不同的神经网络结构（I-H-O）分别进行恒定周期、学习速率、容错、动量参数、噪声因子和斜率参数的测试。根据最小误差准则，选择表 4.4 所示的输入参数进行训练。在输入参数的训练过程中，学习参数的变化范围为 0.001～0.100。网络优化过程（训练和测试）进行了 1000000 个循环，最终获得稳定的误差。这里隐含层数为 1，隐含层神经元数是变量，在优化的网络结构中，隐含层神经元数为 6。因为在训练中选择的周期数足够高，所以可以对 ANN 模型进行有效而严格的训练。

表 4.4　选择用于训练的输入参数（涂层侵蚀磨损）

训练输入参数项	参数值
容错能力	0.002
学习参数（β）	0.001
动量参数（α）	0.001
噪声系数（NF）	0.002
模拟的最大周期	1000000
斜率参数（£）	0.6
隐含层神经元数（H）	6
输入层神经元数（I）	2
输出层神经元数（O）	1

侵蚀角度和侵蚀速度已经被确定为影响涂层侵蚀率的重要参数。每个参数

都由一个神经元来表征，因此神经网络结构的输入层有两个神经元，而神经网络结构的输出层有一个神经元。优化后的三层神经网络中，输入层（I）为两个输入节点，隐含层（H）为 6 个神经元，输出层（O）为一个输出节点，其结构如图 4.2 所示。

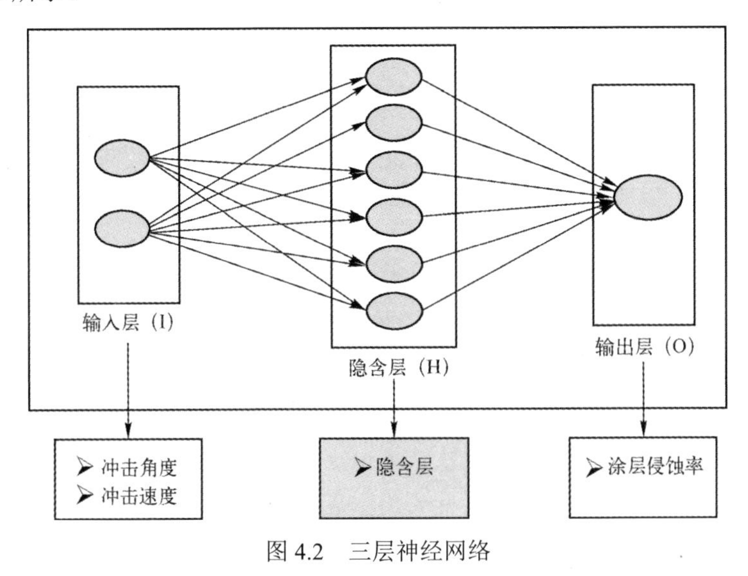

图 4.2　三层神经网络

4.3.2　ANN 对涂层侵蚀率的预测

利用 4 组原始过程数据对预测神经网络模型进行测试。每个数据集包含输入参数（如侵蚀角度和侵蚀速度）和一个输出值，即由神经网络给出侵蚀率。为了进一步证明模型的有效性，在预测网络中使用一组任意的输入，将结果与在训练或测试过程中的结果进行对比，该参照结果可以是已经使用的结果，也可以是未涉及的结果。图 4.3 为不同侵蚀角度下的侵蚀率预测值与试验值的对比结果。侵蚀速度分别为 $32m\cdot s^{-1}$、$45m\cdot s^{-1}$ 和 $58m\cdot s^{-1}$。

除了比较腐蚀侵蚀率的预测值和试验值，图 4.3 还显示了侵蚀角（α）对涂层的侵蚀率的影响。采用 400μm 的侵蚀颗粒，分别在 30°、45°、60°、75° 和 90° 的侵蚀角下，在 150mm 侵蚀距离上，分别以 $32m\cdot s^{-1}$、$45m\cdot s^{-1}$ 和 $58m\cdot s^{-1}$ 的速度对 18kW 等离子制备的涂层进行侵蚀考核。图中展示的涂层质量损失和侵蚀率（每单位重量的侵蚀颗粒（gm）与涂层质量损失（gm）的比值）在冲蚀试验进行 6min 后进行测算。从图 4.3 中可以看出，侵蚀率与进料无关，侵蚀角越大涂层的侵蚀率越高，最大侵蚀率发生在 α= 90° 处，这种趋势通常在脆性材料中也可以观察到。

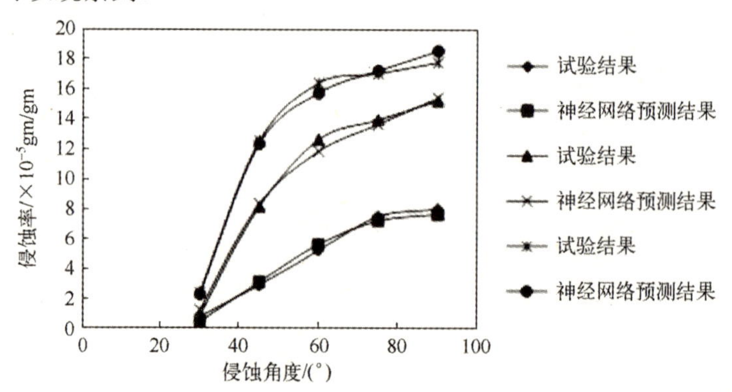

图 4.3　在侵蚀速度为 32m • s^{-1}、45m • s^{-1} 和 58m • s^{-1} 神经网络预测结果与试验结果对比图（测试时间 6min，侵蚀距离 150mm，以 18kW 功率制备涂层，侵蚀颗粒尺寸为 400μm）

值得注意的是，采用神经网络结构进行训练和推演后，预测结果与试验结果吻合良好。优化后的神经网络结构可进一步将选定侵蚀角的影响进行定量化。所选参数的取值范围可以超出实际的试验范围，从而为大参数空间中利用神经网络的泛化特性提供了可能。在目前的研究中，对速度为 32m • s^{-1}、45m • s^{-1}、58m • s^{-1}，侵蚀角度范围在 10°～90° 的可行性进行了探索，并对一系列侵蚀率结果实现了预测。图 4.4 为侵蚀速度为 32m • s^{-1}、45m • s^{-1}、58m • s^{-1} 时，低碳钢基体上 Al_2O_3/TiO_2 涂层的侵蚀率演化预测。从图 4.4 的预测图中可以看出，对于不同的侵蚀角度，侵蚀速度越大的，侵蚀速率也越大，侵蚀最严重的，侵蚀速度为 58m/s。

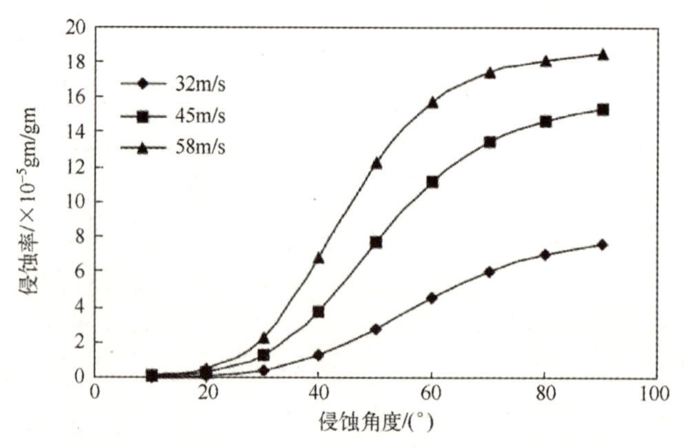

图 4.4　对于不同的侵蚀速度（侵蚀时间 6min；侵蚀距离 150mm；侵蚀颗粒的大小为 400μm；18kW 功率等离子喷涂制备涂层）涂层腐蚀侵蚀率的预测值随侵蚀角度变化的曲线

在本研究中，选择侵蚀角为 30°、60°和 90°，侵蚀速度范围在 20～70m/s，推导出一系列侵蚀率预测公式。图 4.5 展示了低碳钢基体上 Al_2O_3/TiO_2 涂层的侵蚀率随侵蚀速度变化的预测结果。

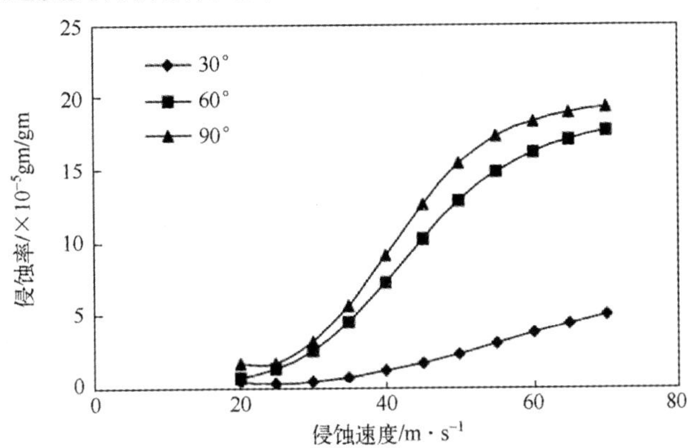

图 4.5　在侵蚀角度一定的情况下（侵蚀时间为 6min，侵蚀距离为 150mm，侵蚀颗粒尺寸为 400μm，以 18kW 功率制备涂层样品）侵蚀率预测结果随侵蚀速度变化的曲线

从图 4.5 的预测图中可以看出，在侵蚀角度相同的情况下，随着侵蚀速度的增加，涂层侵蚀速率也有所增加。分析其原因是随着侵蚀颗粒速度的增加，颗粒在撞击时动能增大，在撞击时动能发生转化，从而使更多的材料从撞击表面上被移除，结果显示在 90°角处侵蚀颗粒动能最大。另外，在低侵蚀速度、小侵蚀角度时可能是另一种侵蚀机制，使曲线斜率变化不大；而在高侵蚀速度、大侵蚀角度时存在两种侵蚀机制，可能是引起斜率变化大的主要原因。

4.3.3　神经网络模型的开发与实现（针对涂层结合强度）

由 Rao 使用反向传播算法开发的神经计算软件包 NEURALNET 用于预测不同基材、不同喷涂功率条件下涂层的结合强度。为了训练用于这项工作的神经网络，需要针对不同基材、不同喷涂功率收集至少 8 组数据。根据最小误差准则，选择表 4.5 中所示的输入参数进行输入–输出训练。

表 4.5　选择用于训练的输入参数（针对涂层结合强度）

训练输入参数项	参数值
容错能力	0.001
学习参数（β）	0.002

续表

训练输入参数项	参数值
动量参数（α）	0.002
噪声系数（NF）	0.001
模拟的最大周期	1000000
斜率参数（£）	0.6
隐含层神经元数（H）	6
输入层神经元数（I）	2
输出层神经元数（O）	1

影响涂层结合强度的每个参数都由一个神经元来代表，因此神经网络结构的输入层有两个神经元，而神经网络结构的输出层有一个神经元。优化后的三层神经网络中，输入层（I）为两个输入节点，隐含层（H）为 6 个神经元，输出层（O）为一个输出节点，与图 4.2 显示的结构类似。

4.3.4 ANN 预测涂层的黏附强度

使用试验中所得的 3 个系列数据的测试神经网络预测效果。每个数据集都包含输入参数（如喷枪输入功率、基材材料等）及预测结果输出，即涂层由神经网络计算返回的结合强度。作为模型有效性的进一步证据，在预测网络中使用了任意输入集。将结果与训练或测试程序中采纳或未采纳的试验集进行比较。图 4.6 给出了涂层结合强度的预测值与实际试验中，不同基材、不同功率涂层结合强度的对比结果。

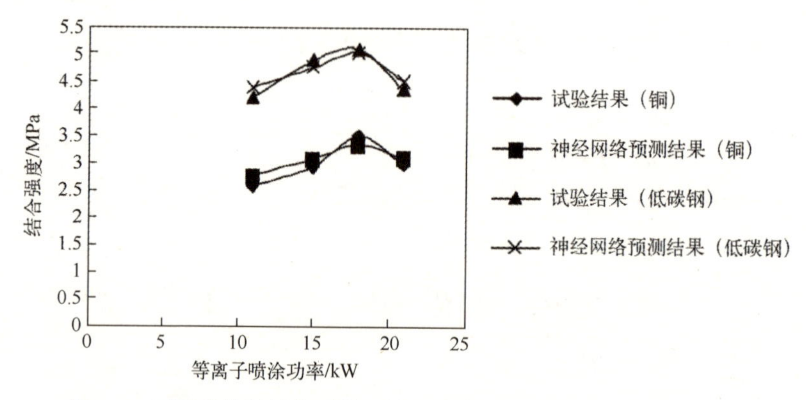

图 4.6　不同基体材料表面涂层结合强度随等离子喷涂功率变化的预测结果与试验结果对比

值得注意的是，这些试验结果与对 ANN 预测的结果显示出良好的一致性。优化的人工神经网络结构还可以定量研究输入功率的影响。所选参数的范围可以大于实际实验极限，因此提供了在较大的参数空间中使用 ANN 的可能性。在本研究中，通过在 7～25kW 选择等离子喷涂功率来验证其可能性，并开发出一系列针对涂层结合强度的预测模型。图 4.7 展示了在等离子喷涂功率变化情况下，铜基体和低碳钢基体表面 Al_2O_3/TiO_2 涂层结合强度的变化。

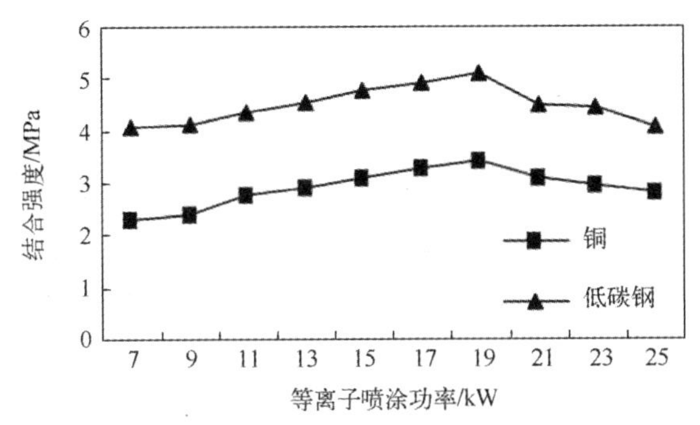

图 4.7　在不同的等离子喷涂功率下，铜基体和低碳钢基体表面 Al_2O_3/TiO_2 涂层结合强度的预测结果

从图 4.7 中可以看出，在一定范围内涂层结合强度随等离子喷涂功率的增加而增加，然后呈现下降的趋势，而与基底材料无关。这可能基于以下原因：当等离子喷涂功率增加时，大部分颗粒达到熔融状态，并且颗粒的速度也增加，因此在基材表面有更好的铺展变形和熔融颗粒机械互锁，从而提高了黏合强度。但是，在更高的等离子喷涂功率水平下，颗粒的破碎和汽化量增加，在等离子飞行过程中，产生大量的细小颗粒，从而导致涂层的附着力差。与铜基体相比，低碳钢基体表面涂层结合度更高，这可能是熔融颗粒的导热系数的影响、金属界面处的热耗散及陶瓷金属界面处的热膨胀系数不匹配所致。

4.4　讨论

功能涂层必须满足各种各样的要求。等离子喷涂制备防护涂层是降低基体侵蚀率的主要方法之一。固体颗粒侵蚀被认为是一个非线性的过程，其影响因素包括材料和工况。为了准确、可重复地获得准确的侵蚀率值，必须对过程影响参数进行相应的控制。由于等离子喷涂中这类参数的数量过多，且参数-性质之间的相关性并非全部一致，因此可以使用统计学方法来精确识别重要的控制参数并加以优化。神经网络计算可以用于处理喷涂过程的庞大数据（如涂层侵蚀率和涂层结合强度等），并可以预测任何所需的涂层特性，因此可以将模拟预测扩展到大于实验范围的参数空间。

4.5 结论

从以上研究工作中得出的结论如下：

（1）可以使用等离子喷涂技术将粒度范围在 40～100μm 的商用 Al_2O_3/TiO_2 混合粉末涂在金属基体上。用 Al_2O_3/TiO_2 制备的涂层具有良好的性能，与使用其他等离子喷涂技术制备的常规陶瓷涂层相当。

（2）涂层的黏合强度会随着等离子喷涂的功率的变化而变化。在 18kW 时测得低碳钢基材上的最大黏合强度为 5.1MPa，在铜基材上的最大黏合强度为 3.5MPa。应当指出，在所有情况下，涂层的黏合强度总是先随着等离子喷涂功率增加到一定值后，才开始逐渐下降的；低碳钢基体表面涂层的黏合强度普遍高于铜基体。

（3）等离子喷涂功率大小在很大程度上影响涂层的结合强度、沉积效率、涂层厚度和涂层硬度；涂层的形貌在很大程度上也会受到等离子喷涂功率的影响。

（4）结果表明，侵蚀率与侵蚀颗粒数量、侵蚀角度、侵蚀速度、侵蚀距离和侵蚀颗粒大小有关；涂层累积质量损失随侵蚀时间的变化而变化。最大侵蚀量/侵蚀速率发生在侵蚀角 90°时；涂层的侵蚀趋势与脆性材料的侵蚀一致。在 18kW 功率制备涂层的侵蚀率高于在 11kW 功率制备涂层的侵蚀率。

（5）对侵蚀磨损防护是等离子喷涂技术涂层的主要需求之一。为了准确、可重复地实现侵蚀率的控制，需要相应地控制工艺参数的影响。涂层在固体颗粒的撞击作用下受到了严重侵蚀，因此认为 Al_2O_3/TiO_2 是一种有效的涂层材料，适合在各种摩擦环境下应用。

（6）侵蚀速度、侵蚀角度、侵蚀距离和涂层尺寸对涂层的侵蚀率有显著影响。通过统计学方法，如 Taguchi 试验设计，可以确定这些因素及其对涂层侵蚀率的影响；人工神经网络可以在比实验域更大的空间内有效地模拟参数间的相互关系；利用神经网络计算可以有效地分析、优化和预测涂层的侵蚀行为和黏合强度；经过工艺参数的优化和筛选，可以获得性能良好的 Al_2O_3/TiO_2 陶瓷涂层。

参 考 文 献

[1] Taylor R. Thermal Plasma Processing of Materials[M]. Mumbai: Allied Publishers Pvt. Ltd, 2002:13-20.

[2] Bandopadhyaya P P. Processing and Characterization of Plasma sprayed Ceramic coatings on Steel Substrate[D]. India: IIT, Kharagpur, 2000.

[3] Pawlowski L. The science and engineering of thermal spray coatings[M]. New York: Wiley-Interscience, 1995:432.

[4] Normand B, Fervel V, Coddet C, et al. Tribological properties of plasma sprayed alumina-titania coatings: role and control of the microstructure[J]. Surface & Coatings Technology, 2000, 123(2-3):278-287.

[5] Fervel V, Normand B, Coddet C. Tribological behavior of plasma sprayed Al_2O_3-based cermet coatings[J]. Wear, 1999, 230(1):70-77.

[6] Niemi K, Vuoristo P, Mantyla T, et al. Continuous Spray Forming of Functionally Gradient Materials[C]. United States: Computer, 1995.

[7] Ramachandran K, Selvarajan V, Ananthapadmanabhan P V, et al. Microstructure, adhesion, microhardness, abrasive wear resistance and electrical resistivity of the plasma sprayed alumina and alumina-titania coatings [J]. Thin Solid Films, 1998, 315:49.

[8] Steffens H D, Haumann D, Gramlich M, et al. Continuous Spray Forming of Functionally Gradient Materials[C]. United States: Computer, 1995.

[9] Ramachandran K, Selvarajan V, Ananthapadmanabhan P V, et al. Microstructure, adhesion, microhardness, abrasive wear resistance and electrical resistivity of the plasma sprayed alumina and alumina-titania coatings[J]. Thin Solid Films, 1998, 315(1-2):144-152.

[10] Sahin Y. The prediction of wear resistance model for the metal matrix composites[J]. Wear, 258(11-12):1717-1722.

[11] Rajasekaran S, Vijayalakshmi Pai G A. Neural Networks, Fuzzy Logic and Genetic Algorithms[M]. New Delhi: Prentice Hall of India Pvt. Ltd, 2003.

[12] Zhang Z, Friedrich K. Artificial neural networks applied to polymer composites: a review[J]. Composites Science & Technology, 2003, 63(14):2029-2044.

[13] Rao V, Rao H. C++ Neural Networks and Fuzzy Systems'. BPB Publications, 2000.

[14] Halling J. Principles of Tribology[M]. New York: The Mcmillan Press Ltd, 1975.

[15] Guilmard Y, Denape J, Petit J A. Friction and wear thresholds of alumina-chromium steel pairs sliding at high speeds under dry and wet conditions[J]. Tribology International, 1993, 26(1):29-39.

第二部分

等离子喷涂技术在生物及医疗领域的应用

第5章 水热自愈合与中间强化层对等离子喷涂羟基磷灰石涂层结合强度的影响

Chung-Wei Yang, Truan-Sheng Lui

5.1 引言

在生物领域中，钙化硬组织修复材料通常用于骨折修复、骨骼缺损的修复和关节节置等情况，并且在使用过程中会承受负荷。与陶瓷和聚合物材料相比，金属材料由于具有较高的机械强度和断裂韧性，因此更适合在承载条件下应用。在常用的金属生物材料中，316L 不锈钢、Co-Cr-Mo 合金（ASTM F75）、Ⅱ级商业纯钛（ASTM F67）和 Ti-6Al-4V 合金（ASTM F136ELI）具有较高的生物相容性、比强度和耐腐蚀性，最符合生物材料应用的需求。Ti 及其合金能够成功植入人体中，主要归因于表面存在一层薄而稳定的 TiO_2 钝化层。用于硬组织置换的 Ti 及其合金的另一个优点是其杨氏模量低，需要相当于人类密质骨的低杨氏模量来既抑制应力屏蔽效应又促进骨吸收。目前，Ti 及其合金在临床上通常用于制造硬组织植入物，例如人造髋关节假体、膝关节和牙根等。这些硬组织植入物与周围骨骼之间的生物固定可以通过机械互锁式的骨骼向内生长来实现。然而，金属生物材料的局限性也是存在的，例如会产生有毒金属离子、腐蚀/磨损产物等向周围人体组织和体液中的扩散。

在生物医学应用中，还提出了生物活化表面固定的概念，而且已经通过骨并置法实现。生物活性陶瓷常被用来制备惰性生物金属植入体表面修饰用涂层。由于具有与人体硬组织的主要无机成分相同的化学和晶体结构，生物活性羟基磷灰石（$Ca_{10}(PO_4)_6(OH)_2$，以下简写为 HA）拥有良好的生物活性和骨传导性，被认为是一种较为合适的骨骼移植替代物，进而获得了广泛的应用。HA 的优点包括：①较早进入稳态，实现快速固定，植体与宿主骨的化学结合较强；②提高骨骼内生的均匀性，促进骨骼与植入体界面的愈合。尽管 HA 具有良好的生物相容性和骨传导性，但致密 HA 烧结块用于骨骼替代仍有局限性，包括较低的断裂韧性和在负重情况下的较低的弯曲强度。因此，HA 通常被用于制备涂层，以提高惰性生物金属植入物（包括假体柄和髋臼杯）的生物活性。金属基体的高强度与生物陶瓷层的骨传导性能相结合，使得制备了 HA 涂层的 Ti 植入物在骨科和牙科手术中极具吸引力。除了促进种植体与周围骨骼在短时间内实现稳定，HA 涂层的另一个优点是延长了植入体的使用寿命，改善了植入体与周围骨骼的结合强度。研究表明，制备了 HA 涂层的 Ti 植入物与未制备 HA 涂层的 Ti 植入物相比，具有更高的推剪强度。尸检研究报告表明，在成功完成 HA 涂层全髋关节置换术的患者中，骨骼与植入物直接接触，不存在纤维组织界面。此外，HA 涂层的黏结能力有助于骨科植入体与无骨水泥的固定。结果表明，植入后骨组织的结合力立即增强。

涂层技术的进步为生物材料的加工提供了新的技术与方法。金属生物材料的表面改性可以提高该材料的生物相容性。目前，许多涂层技术已经用于在金属基底上制备 HA，包括等离子喷涂、HVOF 喷涂、化学气相沉积（CVD）、物理气相沉积（PVD，包括 RF-溅射法）、溶胶-凝胶制备涂层技术、电化学沉积、电泳方法、仿生涂层技术等。以上工艺制备的 HA 涂层在成分和晶体结构上会存在一定的差异，进而影响到升华反应及其性能。因此，除了考虑骨骼适应快、植/骨附着牢固、HA 与周围骨骼愈合时间短等优势，还应关注 HA 涂层的相组成、力学性能和可行性等，以满足牙科种植体和骨科种植体的长期使用要求。以上涂层制备技术中，等离子喷涂是改善生物集成植入物的最新工艺，也是沉积厚 HA 涂层的主要工业工艺。其优点是操作简单、基底温度相对较低、HA 涂层效率高以及能够在形状复杂的植入物上沉积厚度均匀的 HA 涂层。

等离子喷涂工艺于 20 世纪 60 年代获得专利，等离子枪在技术上实现了等离子体作为高温源的应用。等离子枪主要部件为：位于中心的锥形 W 合金阴极和施加水冷的圆管型 Cu 合金阳极。典型的等离子喷涂工艺操作示意图如图 5.1 所示。等离子喷涂原理的核心位于 Cu 合金阳极喷嘴与 W 合金阴极之间，具有高电流密度和高电压特点的电弧。首先将用于产生等离子体的气体注入两个电极之间的环形间隙中，然后利用高频放电激发产生电弧。通常被用作产生等离子体的气体是惰性气体氩（Ar）和氦（He）。氢（H_2）和氮（N_2）双原子分子气体可以作为辅助气体来增加等离子射流的热焓值。等离子气体通过电极间的电弧时，被快速加热并发生部分电离，以极高的速度和压力从喷嘴中流出。对于大气等离子喷涂（APS），根据使用的等离子气体类型和输入功率，射流温度通常在 1×10^4～1.5×10^4K。影响等离子喷涂过程中粉末颗粒熔化程度的因素主要是那些能够影响等离子体温度的参量，如电流密度、阳极-阴极间隙大小和等离子气体成分等。应用最广泛的等离子体发生气体是 Ar 气体（纯度>99.95wt%）。

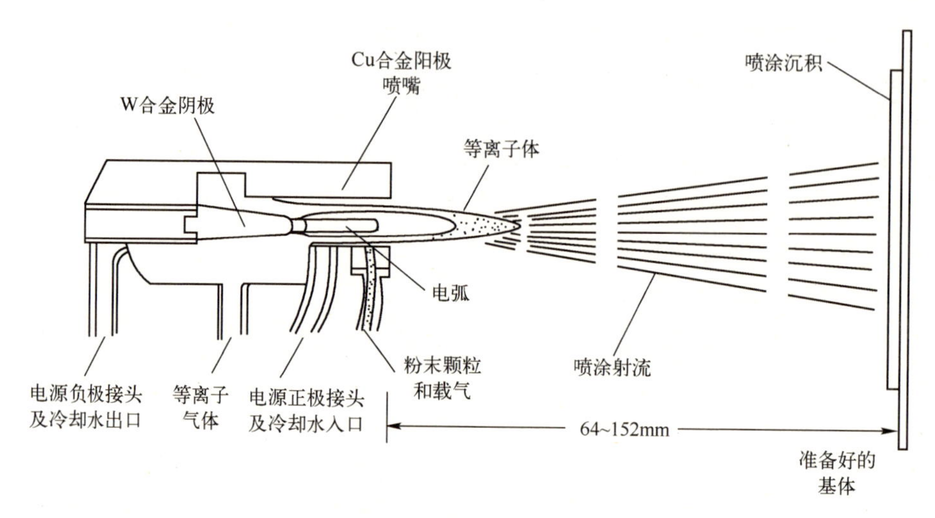

图 5.1 典型的等离子喷涂工艺操作示意图

由于双原子气体（如 H_2 和 N_2）的热导率和热传势远远高于 Ar，因此，与 Ar 和 H_2/N_2 混合气体比，100% Ar 气体的等离子射流温度要高得多。图 5.2 给出了这些等离子气体在电离和分解阶段的热焓值和温度的变化。将准备好的 HA 粉末注入高温等离子射流中，小尺寸颗粒在射流中蒸发，大尺寸颗粒在高温等离子射流中迅速发生熔化或部分熔化。在撞击到基体表面之前，这些熔化的液滴被加速到约 $200m \cdot s^{-1}$。高飞行速度为粉末提供了高动能，促使熔融或半熔融液滴在撞击基体表面后发生铺展变形，最终形成层片状微结构。此外，在撞击过程中，会产生很高的冷却速率，预计为 $10^6 \sim 10^8 K \cdot s^{-1}$ 数量级。综上所述，变形颗粒与基体接触面积大，冷凝固化速度快，导致涂层内产生非晶态的磷酸钙（ACP），尤其多见于涂层/基体界面区域。

由于等离子喷涂过程中的高温、高热焓和快速凝固等特点，HA 会发生明显的相变或分解。结果表明，在等离子喷涂制备的 HA 涂层发生大规模脱羟基，分解为三磷酸钙（$Ca_3(PO_4)_2$, TCP）、四磷酸钙（$Ca_4P_2O_9$, TP）、氧化钙（CaO）、羟基磷灰石和 ACP。在水溶液和人体体液中，杂质相含量和 ACP 组分含量较高的 HA 涂层（HAC）溶解速率要高于晶态 HA。这导致了种植体与周围骨骼组织之间固定结构出现均匀性降低和力学性能下降的问题。因此，减少杂质相和降低 ACP 对等离子喷涂 HAC 长时间服役过程中机械、生物稳定性具有重要意义。ACP 是热力学上亚稳态的物质，而磷酸钙是 HAC 所不希望有的杂质相。

研究表明，要进行适当的热处理，例如空气或真空热处理、火花等离子体烧结（SPS）技术和水热处理等，可以有效促进 HA 晶化，并改善 HAC 的力学性能和生物学特性。

尽管较厚的、根据基体特征定制的 HA 涂层通过等离子喷涂工艺很容易制备，但 HAC 的局限性还在于其较低内聚强度和界面结合强度。为了解决这些问题，研究人员已经普遍认识到，进行喷涂后热处理是提高 HAC 结合强度的有效方法。由于纯 HAC 容易碎裂，因此一些生物惰性陶瓷或金属作为增强相添加到 HA/陶瓷预复合粉末中，主要的增强相包括硅酸二钙（β-Ca_2SiO_4）、氧化铝（Al_2O_3）、部分稳定的氧化锆（PSZ）、二氧化钛（TiO_2）、Ti 及其合金等。HA 和这些增强相制成的涂层可以有效缓解纯 HA 的脆性，并改善整个涂层的力学性能。由于熔融 HA 液滴在快速冷凝过程中会形成连续的 ACP 膜层，因此该区域不仅是一个高溶解度区域，而且是一个低能量断裂路径。这种情况将导致 HA 涂层/基体界面的力学性能整体下降，进一步降低涂层体系的结合强度。因此，另一种改善界面强度的方法是在涂层/基体界面处添加稳定的生物惰性中间强化层，即所谓的黏结层，以增强 HAC 与金属基材的结合力。黏结层可以降低界面处的温度梯度，从而抑制 HA 的热分解。黏结层还可以抑制金属离子扩散到周围人体组织中。另外，黏结层可以提供更好的机械咬合，甚至在黏合层和 HAC 之间形成化学键。针对生物惰性陶瓷或金属黏结层已经开展了很多探索工作，以改善等离子体喷涂的 HAC 的综合性能。在各种等离子体气体分解和电离阶段中热焓值和温度的变化如图 5.2 所示。

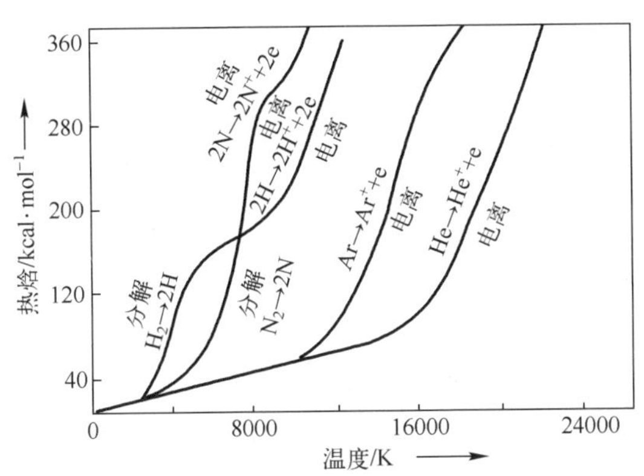

图 5.2　在各种等离子体气体分解和电离阶段中热焓值和温度的变化

通过向涂层中添加增强相并对涂层进行热处理，可以提高 HA 结晶度，降低缺陷含量，得到结合强度更高的等离子喷涂 HAC。采用不同的材料、不同的制造工艺、不同的表征方法，或者不同的体外和体内检查方法，使得 HA 结晶度、界面化学反应、生物学响应和涂层力学之间的关系很难实现系统的评估。本章介绍了真空热处理和水热处理后，等离子喷涂 HAC 结晶度对结合强度的影响。通过 Arrhenius 动力学研究结晶机理，明确了低温水热结晶对等离子喷涂 HAC 的益处。通过添加陶瓷和金属黏结层，研究了机械咬合和界面化学反应对 HA/黏结层结合强度的影响。由于不同的植入体会在某种程度上导致涂层性能的波动，因此将植入物推进到临床应用时，就需要其具备极高的可靠性。为了确定失效概率和可靠性，可使用 HAC 的失效表面形态和威布尔（Weibull）生存分析模型来评估微观结构特征对 HAC 结合强度以及可靠性波动的影响。

5.2 试验过程

在涂层制备过程中，使用粒径在 15～40μm 范围内的医用级高纯度 HA（Sulzer Metco XPT-D-701）粉末，选择商用氧化钇稳定的氧化锆（ZrO_2，YSZ，Amdry 142F）、纯 α-Ti（CP-Ti，Amdry 9182）粉末作为黏结层材料，并选择 Ti-6Al-4V 合金（ASTM F136 ELI）作为基体材料。喷涂前用 SiC 砂粒对基材进行喷砂处理以提升基体表面粗糙度。喷砂后基体表面的平均粗糙度（Ra）被控制在（3.9±0.3）μm。按照表 5.1 所列的喷涂参数，用高纯 Ar 将粉末输送到等离子射流中。将 YSZ 和 CP-Ti 黏结层厚度控制在约 30μm。不管有没有黏结层，HA 涂层的总厚度都为（120±10）μm。表 5.2 列出了 YSZ，CP-Ti 黏结涂层和 HA 面层的表面粗糙度。

表 5.1　用于制备 HA 复合涂层的等离子喷涂参数

喷涂参数	YSZ 黏结层	CP-Ti 黏结层	HA 面层
涂层厚度/μm	30	30	120/90 †
主气/L·min^{-1}	Ar (41)	Ar (46)	Ar (41)
辅气/L·min^{-1}	H_2 (10)	H_2 (6)	H_2 (8)
功率/kW	42.5	38.4	40.2
载气/L·min^{-1}	Ar (3)	Ar (3)	Ar (3)
送粉率/g·min^{-1}	20	20	20
移枪速度/cm·min^{-1}	8000	8000	8000

注：90†μm 用于 HA/YSZ HA 涂层、HA/CP-Ti 复合涂层的 HA 面漆，而 120μm 则用于无黏结涂层的等离子喷涂 HA 涂层。

表 5.2　基材和各种等离子喷涂涂层的表面粗糙度（Ra，μm）

喷砂 Ti-6Al-4V	YSZ 黏结层	CP-Ti 黏结层	等离子喷涂 HAC	HAC/YSZ 涂层	HAC/CP-Ti 涂层
3.9±0.3	6.4±0.4	6.4±0.2	7.6±0.7	8.7±1.1	8.9 ± 0.7

注：数值以平均值±标准误差表示，每个数值是十次测试的平均值（n=10）。

将真空加热炉（Vacuum Industries，System Ⅶ）控制在 1.33×10^{-3}Pa，以 10℃ • min^{-1} 的升温速率将一组样品升温至 600℃（简写为 V-HAC）进行热处理，保温 3h 后开始随炉冷却。另一组样品在 150℃的密闭高压釜（Parr 4621，压力容器）中进行水热处理 6h（简写为 HTHAC）。在整个试验过程中，利用与高压釜相连的加热器保持环境温度，并通过 Parr 4842 PID 控制器精确控制温度，温度误差范围为±1℃。高压釜中注有 100mL 去离子水，在水热处理期间作为蒸汽气氛的来源，150℃下的饱和蒸汽压力维持在 0.48MPa。样品被隔离在干燥区域，并没有浸入水中。采用 X 射线衍射（Rigaku D/MAX Ⅲ. Ⅴ）检测 YSZ、CP-Ti 涂层和等离子喷涂 HAC 的相组成，工作电压 30kV，电流 20mA，靶材为 Cu。为了进一步定量评价真空热处理和水热处理 HAC 的结晶状态，采用常用的结晶度指数（IOC）进行量化。IOC 数据是 HAC（Ic）和所接收的 HA 粉末（HAP，Ip）的 3 个最强 HA 衍射峰（（211），（112），（300），JCPDS 9-432）积分强度之比。表达式为

$$IOC = (Ic/Ip)\times100\%$$

该方法假定 HAP 的 IOC 为 100%，计算得到 HAC 的 IOC 值约为 20%。为了明确热处理后 TCP、TP 和 CaO 杂质相的变化，采用内标法定量测定了 HAC 中的这些相含量。将已知重量百分比的纯 Si 粉添加到样品中的积分强度作为内标。Wang 等人建立了杂质相含量的校准曲线。将 V-HAC 和 HT-HAC 各种 XRD 图谱中 TCP、TP 和 CaO 相之间的主峰积分强度比与校准曲线进行比较，并计算出这些样品中的浓度（%）。

5.3　热处理 HA 涂层的微观结构演变及生物响应

图 5.3（a）展示了喷涂后的 CP-Ti 黏结层的相组成。除了钛（α-Ti）的衍射峰，涂层中 α-Ti 的氧化产物为 $TiO_{1.04}$。结果表明，存在两种不同的晶体结构：作为主要氧化产物的立方 $TiO_{1.04}$（JCPDS 43-1296），以及在 $2\theta=36°$（JCPDS 43-1295）处观察到主峰的六方 $TiO_{1.04}$。如图 5.3（b）所示，喷涂后的 YSZ 黏

结层仍保持立方晶体结构（JCPDS 27-0997）。图 5.3（c）为喷涂后的 HAC 的 X 射线衍射图谱，结果发现涂层中除了所需的 HA 相，还含有大量的 ACP 和杂质磷酸钙相（约 49.3wt%），包括 α-$Ca_3(PO_4)_2$（α-TCP）、β-$Ca_3(PO_4)_2$（β-TCP）、$Ca_4P_2O_9$（TP）及 CaO。

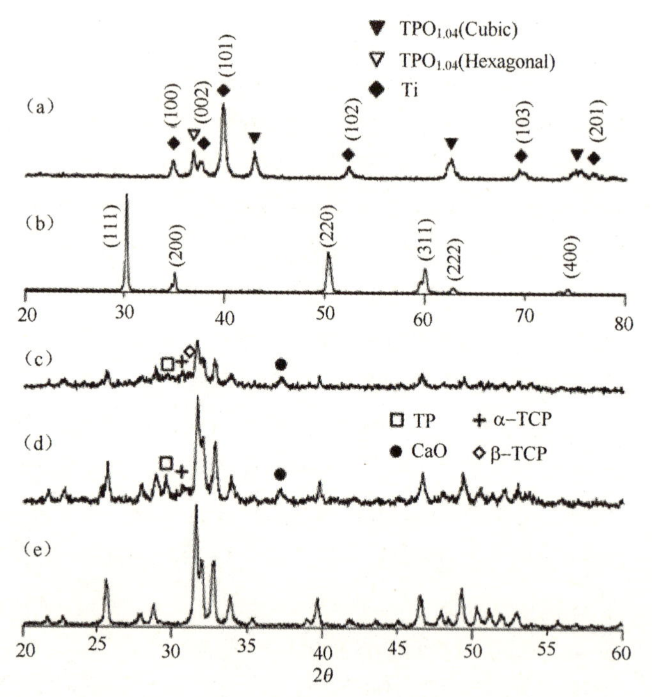

图 5.3　等离子喷涂的（a）CP-Ti 黏结层，（b）YSZ 黏结层，（c）喷涂 HAC，（d）V-HAC 和（e）HT-HAC 的 X 射线衍射图谱

图 5.3（d）展示了真空后热处理涂层（V-HAC）的 X 射线衍射图谱。在进行 600℃真空热处理后，TCP、TP 和 CaO 杂质相仍保留在涂层中，此时 V-HAC 中的总杂质相含量约为 20.3wt%。V-HAC 的 IOC 定量结果约为 70%。根据 CaO-P_2O_5 二元系统的相图，由于在真空加热期环境中不存在水蒸气，TCP 和 TP 相为稳定相，如果不补充羟基（OH-）则无法消除。CaO 之所以能保留在 V-HAC 内，是由于周围的加热气氛中没有大量的 H_2O 分子，导致其不会轻易转化为 HA。值得注意的是，如图 5.3（e）中，经过水热处理后，涂层中的 TCP、TP 和 CaO 杂质相已被大量消除。HT-HAC 中的杂质相含量约为 12.1wt%。3 个最强的 HA 主峰的锐化和衍射本底的变平（在 28°～34° 处为 2θ）意味着在饱和蒸汽压环境下进行 150℃水热处理后，等离子喷涂的 HAC 会进一步结晶，

ACP 含量显著降低。HT-HAC 的 IOC 约为 66%，接近高温真空热处理。由于羟基可促进 ACP 重构为羟基磷灰石晶体，因此，蒸压水热处理的饱和蒸汽压力气氛可以有效地改善 HA 结晶度，并通过羟基的补充有效地消除等离子喷涂 HAC 的 ACP 和杂质相。

图 5.4（a）所示为等离子体喷涂 HAC 的表面形貌，表明在粉末颗粒快速冷却阶段出现大量气孔和微裂纹。经过 600℃真空热处理后，V-HAC 试样的表面开裂特征如图 5.4（b）所示。与等离子喷涂热收缩导致开裂不同，V-HAC 是由明显的结晶收缩效应引起的。图 5.4（c）为 HT-HAC 的涂层表面形貌，展示与喷涂的 HAC 和 V-HAC 截然不同的微观表面特征。值得注意的是，在 HT-HAC 样品表面可以观察到如图 5.4（c）所示的纳米级晶体生长。这些颗粒是 HA 晶体，是由等离子喷涂 HAC 中羟基缺失部分通过羟基基团的补充进而结晶形成的。此外，由于 ACP 在水环境中比 HA 更易溶解，部分新生长的 HA 可能是通过溶解-再结晶过程形成的。如图 5.4 中箭头所示，纳米级 HA 晶体在微裂纹附近晶粒进一步长大，晶粒尺寸显著增大。HT-HAC 涂层的缺陷是由于水热处理导致的自愈效应。由于热处理过程中的结晶现象，导致的收缩开裂和自愈合现象均会对 HAC 的结合强度和失效机理产生显著影响。

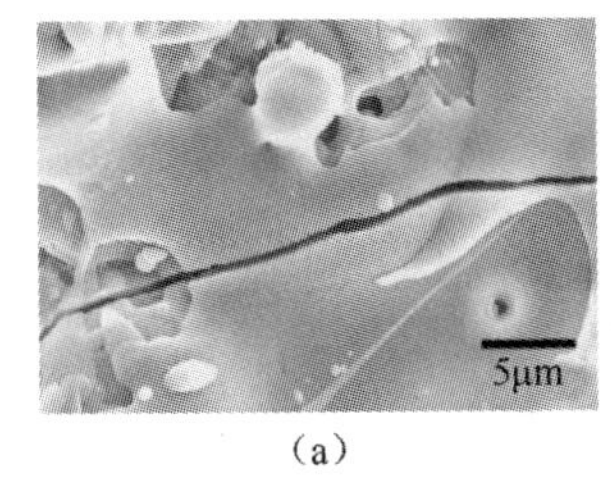

（a）

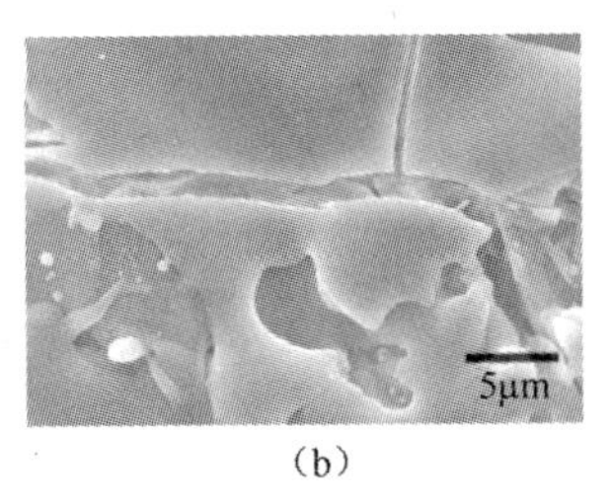

（b）

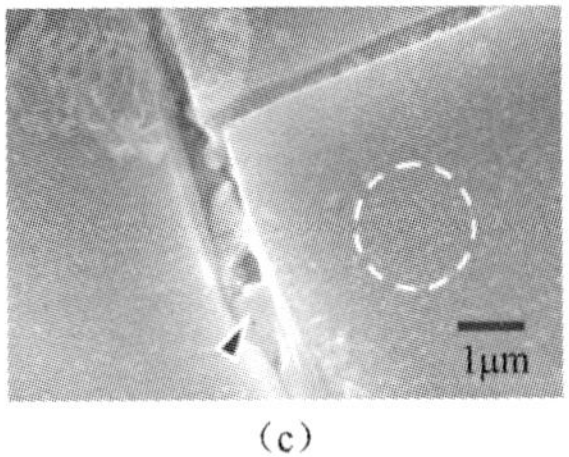

（c）

图 5.4　（a）喷涂态 HAC，（b）V-HAC 和（c）HT-HAC 的涂层表面形貌

图 5.5 为喷涂态 HAC、V-HAC、HT-HAC 及各种复合涂层的截面组织照片。通过图像分析设备定量计算，图 5.5（a）中喷涂态 HAC 的孔隙和微裂纹等缺陷含量（体积%）约为 3.9%。由于 HA 结晶过程中体积显著收缩，因此 V-HAC 涂层中含有大量垂直的、明显由收缩诱导的裂纹，如图 5.5（b）中的箭头所示。V-HAC 涂层的缺陷含量约为 5.3%。如图 5.5（c）所示，HT-HAC 微裂纹数量明显减少，缺陷含量较低（约为 2.6%），比喷涂 HAC 和 V-HAC 更为致密。新长出的 HA 晶体具有水热自愈作用，被认为可以减少涂层缺陷，进一步提高等离子喷涂 HAC 的致密化程度。图 5.5（d）和图 5.5（e）分别展示了 HA/CP-Ti 和 HA/YSZ 复合涂层的截面特征。HA 涂层的微观结构与喷涂态 HAC 相似。由

于黏结层可以降低HA/基体界面的温度梯度，因此图5.5（d）和图5.5（e）中HA表层涂层的热致微裂纹较少。CP-Ti和YSZ黏合涂层的涂层厚度均为30μm，Ti-6Al-4V基体表面被黏结层完全覆盖。此外，CP-Ti和YSZ黏合涂层的表面比基体更加粗糙（见表5.2），这可以帮助改善HA/基材界面之间的机械咬合，并进一步提高HA涂层的结合强度。

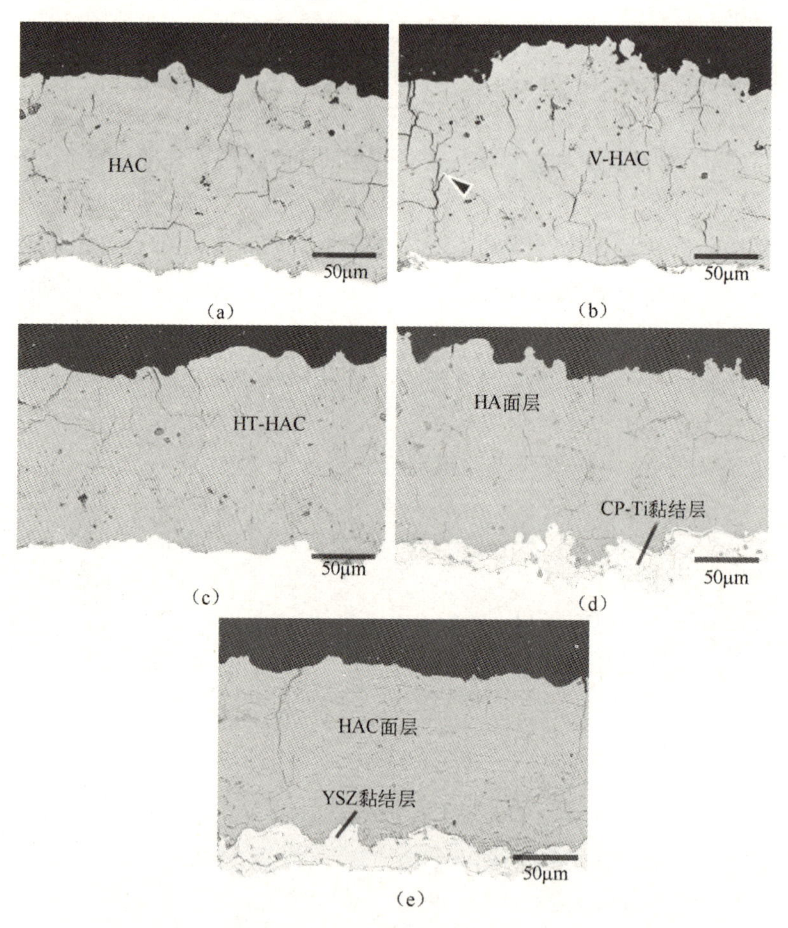

图5.5 （a）无黏结层的喷涂态HAC，（b）V-HAC涂层，（c）HT-HAC涂层，（d）HA/CP-Ti和（e）HA/YSZ复合涂层

此外，对等离子喷涂HAC、V-HAC和HT-HAC的生物反应在山羊股骨中进行了定量检测，之前的报道对试验步骤进行了详细描述。根据新的骨骼愈合指数（NBHI）定量评估植入体的骨传导率，该指数被定义为：

（新骨面积/手术缺损区面积）×100%

植入体的骨整合能力被定义为贴合指数（apposition index, AI），其定义为：

（骨-种植体直接接触长度/骨-种植体界面总长度）×100%

这种方法可以通过评估骨-生物材料界面的相互作用来确定植入体的成功或失败。表 5.3 中所列的 NBHI 和 AI 平均数据表明，与植入 12 周后的喷涂态 HAC 相比，经热处理后晶化的 HAC 具有更高的骨髓愈合指数和贴合指数。图 5.6 显示植入 12 周后喷涂态 HAC、V-HAC、HT-HAC 手术缺损骨区域内新骨数量增加。由于热处理后的 HAC 的相组成和结晶度在 12 周内保持稳定，因此它提供了更大的 HAC/骨接触面积，这比喷涂态 HAC 与骨骼的结合更加牢固。对于 V-HAC 涂层和 HT-HAC 涂层，水热结晶的 HAC 在 12 周时显示出更好的体内生物反应，并且与本研究中的其他样品相比，具有提供生物固定的潜力。

表 5.3　植入 12 周后，等离子喷涂 HAC、V-HAC、HT-HAC 的 NBHI 值和 AI 值

	等离子喷涂 HAC†	V-HAC†	HT-HAC†
NBHI ‡/%	74.7±6.6	77.8±5.1	79.0 ± 7.5
AI ‡/%	67.3±7.1	76.8±5.7	78.1 ± 6.4

注：†值表示平均值±标准偏差（SD）。NBHI‡：新的骨骼愈合指数。AI：并置指数。

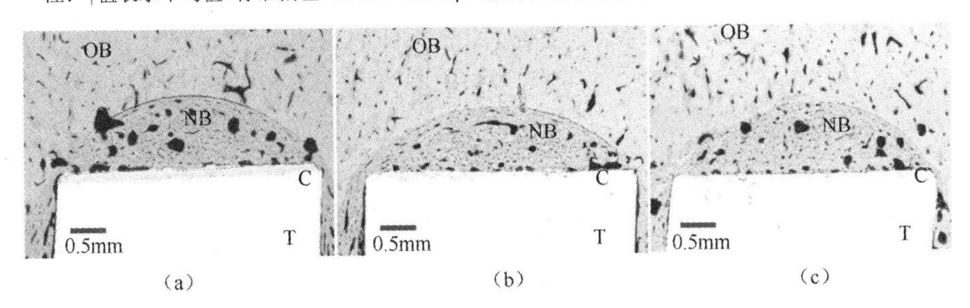

图 5.6　植入 12 周后的手术缺损区域的组织学切片的 SEM/BEI：

（a）喷涂态 HAC，（b）V-HAC 和（c）HT-HAC。

这些涂层在进行了手术的缺损区域内进行新骨修复。在骨/ HA 涂层界面处发现骨整合（T：Ti-6Al-4V，C：涂层，NB：新骨，OB：旧骨）

5.4　热处理过程中影响结晶的因素

试验结果表明，水热处理实际上可以促进明显的结晶，从而改善等离子喷涂 HAC 的相纯度、结晶度、微观结构均匀性和生物学响应。早期的研究表明，热处理过程中结晶动力学和化学反应均与加热温度高度相关，这是促进 HA 结晶的主要因素。由于 IOC 值表示热处理后 HAC 的结晶度，因此可以识别在不同加热条件下从 ACP 到结晶 HA 的转化率。考虑到化学反应动力学理论和 IOC 定义，HA 结晶过程应遵循 Arrhenius 公式（见式（5.1））。在式（5.1）中，根据 Arrhenius 公式的反应动力学，速率常数（k）可以视为反应速率，它表示热处理过程中的结晶速率。真空热处理中 HA 结晶的反应速率和活化能可以通过每个样品的 IOC 进行定量评估，真空加热下的 HA 结晶遵循二级 Arrhenius 反应动力学。

$$r=\frac{\mathrm{dIOC}}{\mathrm{d}t}=k(1-\mathrm{IOC})^2 \tag{5.1}$$

但是，缺乏羟基的 HAC 发生结晶至少需要 600℃，并且较高的加热温度往往会破坏结构完整性，并导致结晶 HA 发生相分解。此外，环境气氛是影响 HA 结晶反应速率的另一个因素。根据 $CaO-P_2O_5$ 在 500mmHg 的蒸汽压（P_{vapor}）下的相图，HA 是稳定相，水蒸气是促进 HA 结晶的重要因素。具有饱和蒸汽压的低温水热处理有助于减少等离子喷涂 HAC 中的 ACP 杂质相，并显著促进 HA 结晶。这是环境气氛中的 H_2O 分子补充了 OH^- 基的结果。因此，应考虑水热处理过程中环境水蒸气的影响，以评估较低加热温度下水热结晶的动力学。

由于脱羟基是羟基（OH^-）在等离子喷涂过程中从 HA 晶体结构中脱离出来的，因此，在涂层中出现了 HA 结晶度降低的 ACP。当进行水热处理以促进等离子喷涂的 HAC 结晶时，水首先要被汽化。离子化的水蒸气分子在密闭高压釜中产生 H^+ 和 OH^-，并且 H^+ 和 OH^- 的浓度随着温度的升高而增加。水蒸气气氛中产生的 OH^- 基团会与 ACP 和其他低结晶的磷酸钙成分发生反应，并通过补充 OH^- 基团而将它们转化为结晶 HA 相。研究表明，在水热结晶下的反应顺序不仅取决于热处理时间和温度，而且在每个水热加热温度下都需要考虑饱和蒸汽压力因子。根据一系列试验，式（5.2）依据 Arrhenius 方程的二级反应动力学进行了修正，其中涉及了饱和蒸汽压因子。

$$r=\frac{\mathrm{dIOC}}{\mathrm{d}t}=k(1-\mathrm{IOC})^{\frac{3}{2}}P_{\mathrm{vapor}}^{\frac{1}{2}} \tag{5.2}$$

试验数据表明，环境饱和蒸汽压在降低加热和反应温度方面起着重要作用。通过 HA 纳米晶体的晶粒生长，引发了显著的微缺陷自愈效应。如图 5.4（c）所示，在水热结晶的 HAC 中，统计得到更高程度的新骨并置。在临床应用中，该现象对于植入物的早期固定是非常必要的。

XPS 分析结果验证了水热处理过程中，OH^- 的补充和 HAC 的脱羟基状态的降低。图 5.7 显示了具有高斯特征的 HA 涂层的高分辨率 XPS O 1s 光谱曲线。

图 5.7（a）中所示的喷涂态 HAC 的相应 O 1s 光谱曲线由 3 个分量组成，分别为 BE = 531.4 eV、BE = 532.4 eV 和 BE = 533.2 eV，分别对应于 P-O（PO_4^{3-}）、HA 晶体的 P-OH 键、表面吸附的 H_2O。吸附 H_2O 峰表示喷涂后的 HAC 的表面容易受到周围空气中水蒸气的影响，并且 H_2O 分子可以物理吸附在 HAC 上。

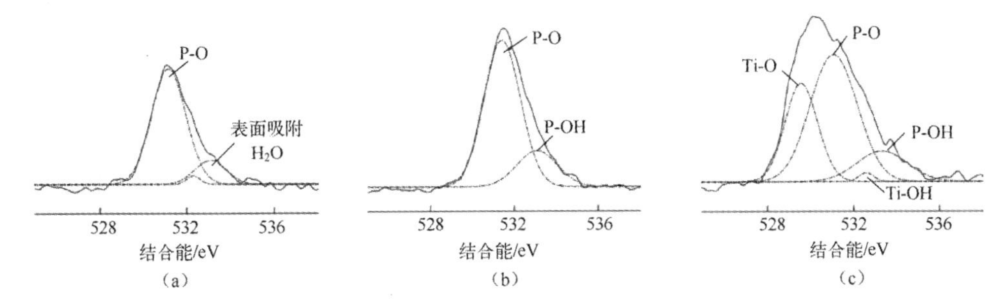

图 5.7　（a）等离子喷涂 HAC，（b）HT-HAC 和
（c）HT-HAC/Ti-基体界面附近区域的表面的 XPS O 1s 光谱曲线

与喷涂态 HAC 相比，水热处理涂层（HT-HAC）的 XPS O 1s 光谱显示 P-OH 键能曲线积分面积较大，但未发现吸附 H_2O 峰（见图 5.7（b））。可以推断涂层表面残留的吸附 H_2O 减少了。喷涂态 HAC 的羟基不足状态可通过水热处理、特别高的饱和蒸汽压水热处理进行改善。在图 5.7（c）中，在 HT-HAC/Ti-基体界面处获得的 O 1s 光谱具有 4 个峰：上述 HA 的 P-O 峰，位于 529.6 eV 的 Ti-O 峰，位于 532.5 eV 的 Ti-OH 峰。Ti-O 峰的出现可归因于 Ti 基体的表面氧化物的生成，距 Ti-O 峰约 3.0 eV 的 ΔBE 峰可归结于 Ti 对 OH^-基的化学吸附。等离子喷涂过程中熔融的 HA 液滴的快速凝固会导致在喷涂后的 HAC 内形成 ACP，而 XPS 分析结果表明，水热处理有助于通过 OH^-基团的补充和化学吸附来促进 HA 结晶。Ti-OH 键的存在可以通过促进骨整合过程来增强 HA 涂层的生物活性。

5.5　增强黏结层对复合 HA 涂层黏结强度的影响

测定等离子喷涂涂层结合强度通常依照 ASTM C633-01 标准实施。由于 HAC 与金属基体的黏结本质上是机械镶嵌咬合，化学键合程度较低，因此基体的粗糙度是等离子喷涂 HAC 获得高结合强度的重要因素。采用ϕ25.4mm×50mm 的 Ti-6Al-4V 圆柱棒作结合强度测试基体。每个测试样品都是一个组件，该组件由一个基体和一个对偶件组成。在基体表面制备（120±10）μm 的 HACs，对偶件表面进行吹砂处理，并使用粘胶黏结在 HAC 涂层的表面，粘胶拉伸强度约为 60MPa。粘胶固化后，以 1mm·min^{-1} 的拉伸速度对组件进行拉伸测试，直至断裂失效为止。为了进行 Weibull 统计分析，共测试了 20 个涂层样品的结合强度。从图 5.8 中可以看出，由于黏结层的引入和热处理，等离子喷涂 HAC 的结合强度发生显著提高（ANOVA 统计分析，$p < 0.05$）。HA/YSZ 复合涂层的结合强度最高可达为（39.9±2.4）MPa，HT-HAC 的结合强度也能达到（38.9±1.0）MPa。可以得出，与其他条件相比，采用水热处理并添加 YSZ 黏结层后，黏结强度提高得最为明显。

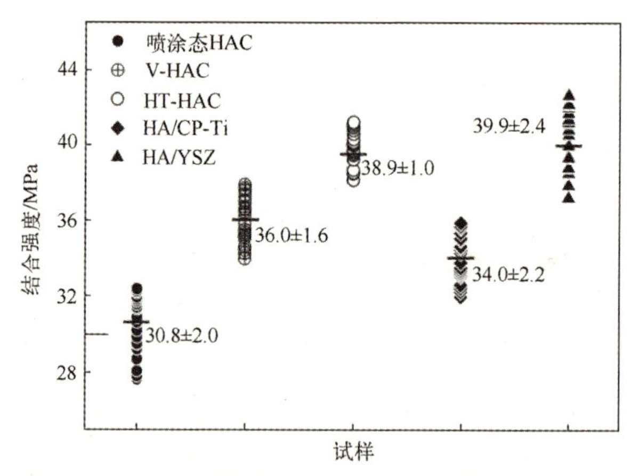

图 5.8 测量结合强度的结果平均值±S.D 以及喷涂体 HAC、V-HAC、HT-HAC、HA/CP-Ti 和 HA/YSZ 复合涂层的数据波动（S.D.表示标准偏差）

根据图 5.5（b）所示的涂层截面特征，真空热处理的 600℃试样的涂层中出现了许多垂直的、尺寸较大的裂纹。这些裂纹是热膨胀测试过程中，由于涂层结晶导致收缩而产生的。图 5.4（c）展示了 HA 结晶对 HT-HAC 内部裂纹的弥合效果，而且促进了涂层微观结构的致密化（见图 5.5（c））。可见，在饱和蒸汽压力环境下，HA 涂层整体水热结晶使其微观结构更加均匀，而且具有自愈效应。虽然在真空热处理过程中涂层的结晶也可以提高结合强度，但是研究表明，伴随 HA 结晶收缩产生的裂纹反而会导致结合强度的急剧下降。

以上涂层的失效表面如图 5.9 所示。根据 ASTM C633-01，涂层结合强度的变化是由涂层的内聚强度、涂层与金属基体界面结合强度共同决定的。涂层与基体界面结合强度的影响因素包括基体表面粗糙度和残余应力。至于涂层的内聚强度，其影响因素包括涂层的结晶度和致密性，而结晶度和致密性也会影响到涂层的杨氏模量。高强度涂层通常会表现为涂层内部断裂失效（co）。结晶度、缺陷和层状结构等微结构特征是涂层内部断裂失效的主要原因。与图 5.9（a）所示喷涂态 HAC 的失效模式相比，由于水热结晶自愈效果实现了涂层的强化，HT-HAC 的失效形态（图 5.9（b））具有更好的均匀性，并表现出涂层内部断裂特征。相对地，涂层界面失效面积分数（ad）的降低表明 HT-HAC 与 Ti-6Al-4V 基体之间的结合状态得到了改善。根据图 5.7（c）所示的 XPS 分析结果，水热处理有助于通过补充或化学吸附 OH^-基团促进界面结晶，促使 HA 涂层与 Ti 基体之间界面处形成化学结合。

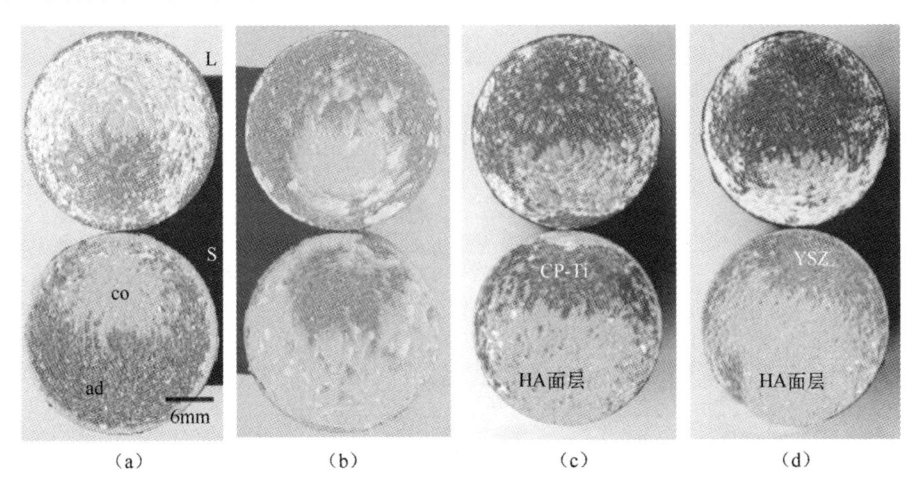

（a）　（b）　（c）　（d）

图 5.9 （a）喷涂态 HAC，（b）HT-HAC，（c）HA/CP-Ti，（d）HA/YSZ 复合涂层的失效表面。测得的黏合强度是内聚强度（co）和黏合强度（ad）的综合体现（L：对偶件，S：基体）

对于 HA/CP-Ti 和 HA/YSZ 复合涂层，界面断裂失效面积分数的降低（见图 5.9（c）和图 5.9（d））表明添加 YSZ 和 CP-Ti 黏结层后，HA 面层对基体的结合力也增强了。HA/CP-Ti 和 HA/YSZ 复合涂层的结合强度显著提高，说明 CP-Ti 和 YSZ 层的表面粗糙度高于喷砂 Ti-6Al-4V 基板（见表 5.2），可以提供更好的界面机械镶嵌咬合。进一步增加结合强度的方法是在 HA 涂层和黏结涂层之间形成化学结合。与喷涂态 HAC 相比，HA/YSZ 界面 XPS 结合能图谱中，Ca 2p 峰有明显的变化（见图 5.10），这就意味着 HA 面层与 YSZ 黏结层界面处，Ca 离子存在明显的界面扩散现象。然而，HA 涂层与 CP-Ti 结合涂层之间不存在界面化学反应。因此，这可能与 Ca 离子从 HA 向 YSZ 黏结层的扩散以及 Ca-ZrO_2 的化学键形成有关。界面化学结合的产生有助于提高 HA/YSZ 复合涂层的结合性能。

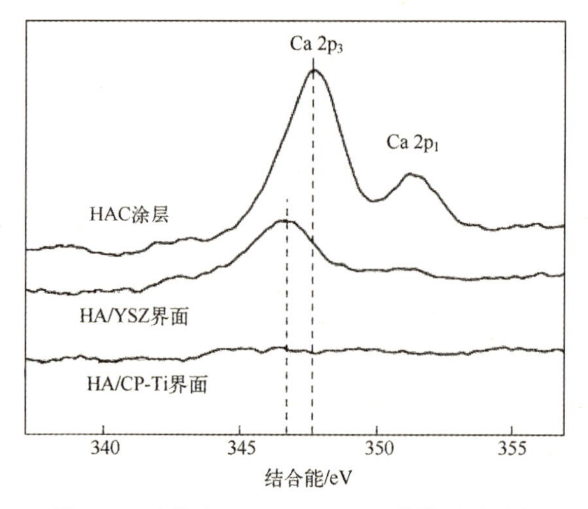

图 5.10　喷涂态 HAC，HA/YSZ 黏结层界面和
HA/CP-Ti 黏结层界面用于相互扩散分析的 XPS Ca 2p 光谱

5.6　用统计技术评价失效行为

为了表征材料的强度数据波动、可靠性、失效概率和失效机理，Waloddi Weibull 于 1937 年建立了一个功能十分强大的统计分布函数，称为 Weibull 分布函数，并于 1951 年发表了标志性的论文。这个模型可以应用于广泛的问题，而且 Weibull 模型已经应用于许多不同的领域，以解决来自许多不同学科的问题。式（5.3）为 Weibull 分布函数的一般形式。

$$F(\sigma_i)=\int_{\sigma=0}^{\sigma=\sigma_i} f(\sigma)\,\mathrm{d}\sigma = 1-\exp\left[\left(\frac{\sigma_i-\sigma_0}{\eta}\right)^m\right] \tag{5.3}$$

式中，σ 表示结合强度。为了统计分析的可信性，测试了至少 20 个样品的结合强度（$n=20$）。$F(\sigma_i)$是与黏结强度 σ_i 对应的累积失效概率（i 是试样的等级）。参数 m 表示 Weibull 模量，η 是特征强度，σ_0 是最小强度。材料的失效行为由 m、η 和 σ_0 决定。Weibull 模量控制着函数曲线的形状，是对数据变异性的一种度量。特征强度 η 对应于累积破坏为 63.2%的强度。最小强度 σ_0 表明在低于此值的力作用下，HAC 的失效概率为零。将结合强度数据引入式（5.3）中，喷涂态 HAC、HA/CP-Ti 和 HA/YSZ 复合涂层的失效概率密度函数 $f(\sigma)$曲线如图 5.11（a）所示。累积失效概率 $F(\sigma_i)$使用 Benard 中位数（见式（5.4））估算。这是统计函数的一个非常接近的近似解。具有 $R(\sigma_i)=1-F(\sigma_i)$的关系的可靠性函数 $R(\sigma_i)$被定义为生存概率。图 5.11（b）展示了在每个试样结合强度 $\sigma_i(i = 1\sim20)$时累积失效概率的自然对数（ln）曲线，它可以在最大确定系数（R2）条件下，针对式（5.5）的曲线采用最小二乘法拟合出斜率，并以图形方式评估 Weibull 模量（m）。

$$F(\sigma_i)=\frac{i-0.3}{n+0.4} \tag{5.4}$$

$$\ln\ln\left(\frac{1}{1-F(\sigma_i)}\right)=m\ln(\sigma_i-\sigma_0)-m\ln\eta \tag{5.5}$$

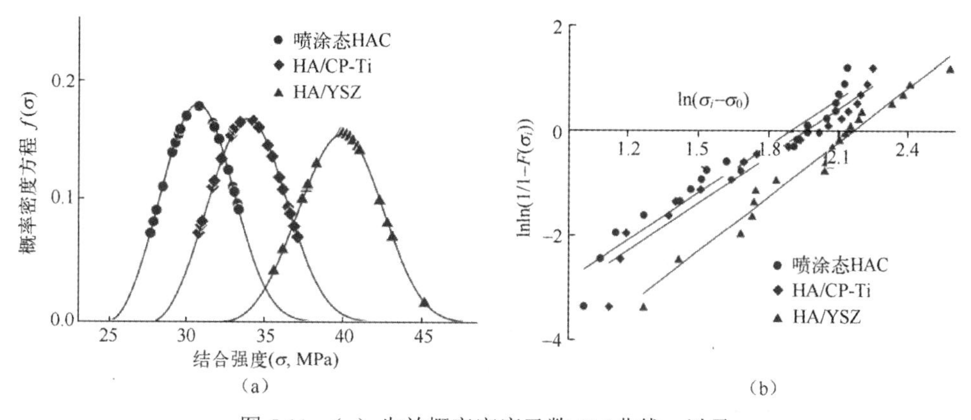

图 5.11　（a）失效概率密度函数 $f(\sigma)$曲线，以及

（b）等离子喷涂 HAC、HA/CP-Ti 和 HA/YSZ 复合涂层的 Weibull 分布图

由于使用 Weibull 分布函数对材料的可靠性和失效行为进行模拟，因此失效率函数 $\lambda(\sigma_i)$采用式（5.6）进行计算，在每个相应的结合强度点进行破坏行为评估。

$$\lambda(\sigma_i)=\frac{f(\sigma_i)}{R(\sigma_i)}=\frac{m}{\eta^m}(\sigma_i-\sigma_0)^{m-1} \tag{5.6}$$

对表 5.4 中所列的 Weibull 模量验证后表明，HAC 是一种可靠的材料，具有失效率（IFR）增加的磨损失效模型（m>1）。图 5.12 展示了喷涂态 HAC、HA/CP-Ti 和 HA/YSZ 复合涂层的失效率函数（$\lambda(\sigma)$）曲线和可靠性函数（$R(\sigma)$）曲线。这些曲线从最小强度（σ_0）开始，意味着小于此强度的 HAC 的失效概率为零，而 HAC 的可靠性为 1.0。最小强度可以视为等离子喷涂 HAC 的安全负载水平。同时，有关 Weibull 分布函数的特点可以进一步说明增加 YSZ 和 CP-Ti 黏结涂层对 HAC 的结合强度的提升效果，并且可以用来确定哪种涂层具有更高的均匀性和可靠性。Weibull 模量也是数据变异性的量度，随着结合强度波动程度的减小而变大。显然，失效概率密度函数（见图 5.11（a））和失效率（见图 5.12（a））曲线转向更高的结合强度，并且 HA/YSZ 复合涂层数据分布得更加集中。YSZ 黏结涂层有效地提高了等离子喷涂 HAC 结合强度，并有助于获得更稳定的 HAC，当载荷超过了最小强度时，可靠性下降幅度较小（见图 5.12（b））。

表 5.4 HAC 的 Weibull 模型分析结果

样品	Weibull 模量 m	最小强度 σ_0/MPa	特性强度 η/MPa
喷涂 HAC	3.0	24.9	31.8
HA/CP-Ti	3.0	27.7	35.0
HA/YSZ	3.5	32.1	40.9

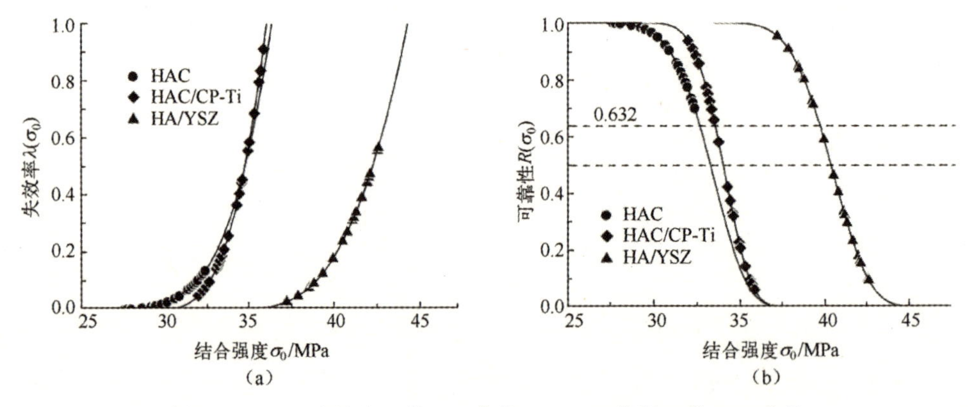

图 5.12 （a）失效率函数 $\lambda(\sigma)$曲线，（b）可靠性函数 $R(\sigma)$曲线

5.7 结论

对真空热处理和水热处理后的 HAC 的微观结构特征、生物反应、结晶动力学、拉伸力学性能和失效行为进行了评价。热处理是提高等离子喷涂 HAC 结晶状态、生物反应和结合强度的有效途径。与这两种热处理相比，水热处理比真空热处理更有利于去除杂质相和 ACP。水热结晶是在饱和蒸汽环境下实现的，通过自愈作用使 HA 晶粒长大，显著改善了等离子喷涂 HAC 的微观结构均匀性、涂层致密度和 HA/Ti 基体界面反应。此外，经水热处理的 HAC 的新骨愈合和附着指数高于喷涂态的和真空处理的 HAC。HAC 在热处理过程中的结晶过程满足二级阿伦尼乌斯反应动力学。在加热过程中引入饱和蒸汽压，是

在水热处理过程中，较低加热温度下就能提高 HA 结晶速率的重要因素。添加 CP-Ti 和 YSZ 作为 HA 与 Ti 基体间黏结层，可以显著提高等离子喷涂 HAC 的结合强度。HA/YSZ 复合涂层界面扩散产生的化学键合除了使 HA 与黏结层界面具有更强的机械镶嵌咬合外，还可以进一步提高 HA/YSZ 复合涂层的结合强度。界面破坏面积百分比较小的涂层结合强度更高。根据 Weibull 模型分析结果，等离子体喷涂的 HAC 随失效率增加主要表现出磨损失效行为（Weibull 模量，m>1）。通过添加 YSZ 黏结层形成 HA/YSZ 复合涂层，提高了等离子喷涂 HAC 的附着力和寿命。

5.8 致谢

本研究得到了中国台湾科学技术委员会（合同号 NSC 100-2221-E-150-037）的财政支持，对此我们深表感谢。

参 考 文 献

[1] Akahori T, Niinomi M, Fukui H, et al. Fatigue, fretting fatigue and corrosion characteristics of biocompatible beta type titanium alloy conducted with various thermo-mechanical treatments[J]. Materials Transactions, 2004, 45(5): 1540-1548.

[2] Bauer T W, Geesink R C, Zimmerman R, et al. Hydroxyapatite-coated femoral stems. Histological analysis of components retrieved at autopsy[J]. The Journal of bone and joint surgery. American volume, 1991, 73(10): 1439-1452.

[3] Ben-Nissan B, Choi A H. Sol-gel Production of Bioactive Nano-coatings for Medical Applications Part 1: An Introduction[J]. Nanomedicine, 2006, 1: 311-319.

[4] Bourdin E, Fauchais P, Boulos M. Transient heat conduction under plasma conditions[J]. International Journal of Heat and Mass Transfer, 1983, 26(4): 567-582.

[5] Bucholz R W, Carlton A, Holmes R E. Interporous Hydroxyapatite as a Bone Graft Substitute in Tibial Plateau Fractures[J]. Clinical Orthopaedics and Related Research, 1989, 240: 53-62.

[6] Burrow M F, Thomas D, Swain M V, et al. Analysis of tensile bond strengths using Weibull statistics[J]. Biomaterials, 2004, 25(20): 5031-5035.

[7] Callaghan J J. The clinical results and basic science of total hip arthroplasty with

porous-coated prostheses[J]. Journal of Bone and Joint Surgery, 1993, 75(2): 299-310.

[8] Campos A L, Silva N T, Melo F C L, et al. Crystallization kinetics of orthorhombic mullite from diphasic gels[J]. Journal of Non-Crystalline Solids, 2002, 304(1-3): 19-24.

[9] Cannillo V, Lusvarghi L, Sola A. Production and characterization of plasma-sprayed TiO_2-hydroxyapatite functionally graded coatings[J]. Journal of the European Ceramic Society, 2008, 28(11): 2161-2169.

[10] Cao Y, Weng J, Chen J, et al. Water Vapor-treated Hydroxyapatite Coatings after Plasma Spraying and Their Characteristics[J]. Biomaterials, 1996 ,17:419-424.

[11] Chang E, Chang W J, Wang B C, et al. Plasma spraying of zirconia-reinforced hydroxyapatite composite coatings on titanium: part I: phase, microstructure and bonding strength[J]. Journal of Materials Science. Materials in Medicine, 1997, 8(4): 193-200.

[12] Chang C, Huang J, Xia J, et al. Study on crystallization kinetics of plasma sprayed hydroxyapatite coating[J]. Ceramics International, 1999, 25(5): 479-483.

[13] Chen J, Tong W, Cao Y, et al. Effect of atmosphere on phase transformation in plasma-sprayed hydroxyapatite coatings during heat treatment[J]. Journal of Biomedical Materials Research: An Official Journal of The Society for Biomaterials and The Japanese Society for Biomaterials, 1997, 34(1): 15-20.

[14] Choi J W, Kong Y M, Kim H E, et al. Reinforcement of hydroxyapatite bioceramic by addition of Ni_3Al and Al_2O_3[J]. Journal of the American Ceramic Society, 1998, 81(7): 1743-1748.

[15] Chou B Y, Chang E, Yao S Y, et al. Phase Transformation during Plasma Spraying of Hydroxyapatite-10 wt%-Zirconia Composite Coating[J]. Journal of the American Ceramic Society, 2002, 85(3): 661-669.

[16] Chou B Y, Chang E. Plasma-sprayed zirconia bond coat as an intermediate layer for hydroxyapatite coating on titanium alloy substrate[J]. Journal of Materials Science: Materials in Medicine, 2002, 13(6): 589-595.

[17] Cook S D, Thomas K, Kay J F, et al. Hydroxyapatite Coated Titanium for Orthopaedic Implant Applications[J]. Clinical Orthopaedics and Related Research, 1988, 232: 225-243.

[18] Cook S D, Thomas K A, Delton J E, et al. Hydroxyapatite coating of porous implants improves bone ingrowth and interface attachment strength[J]. Journal of Biomedical Materials Research, 1992, 26(8): 989-1001.

[19] De Groot K, Klein C P A T, Wolke J G C, et al. Chemistry of Calcium Phosphate

Bioceramics[C]. Boca Raton: CRC Press Inc, 1990, 2: 3-16.

[20] Ducheyne P, Radin S, King L. The effect of calcium phosphate ceramic composition and structure on in vitro behavior. I. Dissolution[J]. Journal of Biomedical Materials Research, 1993, 27(1): 25-34.

[21] Engh C A, Bobyn J D, Glassman A H. Porous-coated hip replacement. The factors governing bone ingrowth, stress shielding, and clinical results[J]. Journal of Bone and Joint Surgery, 1987, 69(1): 45-55.

[22] Faucher B, Tyson W R. On the determination of Weibull parameters[J]. Journal of Materials Science Letters, 1988, 7(11): 1199-1203.

[23] Fauchais P, Coudert J F, Vardelle M, et al. Diagnostics of thermal spraying plasma jets[J]. Journal of Thermal Spray Technology, 1992, 1(2): 117-128.

[24] Feng C F, Khor K A, Liu E J, et al. Phase transformations in plasma sprayed hydroxyapatite coatings[J]. Scripta Materialia, 1999, 42(1): 103-109.

[25] Fu L, Khor K A, Lim J P. The evaluation of powder processing on microstructure and mechanical properties of hydroxyapatite (HA)/yttria stabilized zirconia (YSZ) composite coatings[J]. Surface & Coatings Technology, 2001, 140(3): 263-268.

[26] Geesink R G T, de Groot K, KLEIN C P A T. Chemical implant fixation using hydroxyapatite coatings: the development of a human total hip prosthesis for chemical fixation to bone using hydroxyapatite coatings on titanium substrates[J]. Clinical Orthopaedics and Related Research, 1987, 225: 147-170.

[27] Geesink R G, de Groot K, Klein C P. Bonding of bone to apatite-coated implants[J]. The Journal of Bone and Joint Surgery, British volume, 1988, 70(1): 17-22.

[28] Gross K A, Berndt C C. Thermal processing of hydroxyapatite for coating production[J]. Journal of Biomedical Materials Research: An Official Journal of The Society for Biomaterials, 1998, 39(4): 580-587.

[29] Gross K A, Gross V, Berndt C C. Thermal analysis of amorphous phases in hydroxyapatite coatings[J]. Journal of the American Ceramic Society, 1998, 81(1): 106-112.

[30] Healy K E, Ducheyne P. The mechanisms of passive dissolution of titanium in a model physiological environment[J]. Journal of Biomedical Materials Research, 1992, 26(3): 319-338.

[31] Hench L L. Bioceramics: from concept to clinic[J]. Journal of the American Ceramic Society, 1991, 74(7): 1487-1510.

[32] Holmes R E, Bucholz R W, Mooney V. Porous hydroxyapatite as a bone-graft substitute in

metaphyseal defects. A histometric study[J]. The Journal of Bone and Joint Surgery, 1986, 68(6): 904-911.

[33] Huang L Y, Xu K W, Lu J. A study of the process and kinetics of electrochemical deposition and the hydrothermal synthesis of hydroxyapatite coatings[J]. Journal of Materials Science: Materials in Medicine, 2000, 11(11): 667-673.

[34] Ingham H S, Shepard A P. Plasma Flame Process[M]. New York: Metco, Incorporated, 1965: 11.

[35] Jansen J A, Van De Waerden J, Wolke J G C, et al. Histologic evaluation of the osseous adaptation to titanium and hydroxyapatite-coated titanium implants[J]. Journal of Biomedical Materials Research, 1991, 25(8): 973-989.

[36] Jarcho M. Calcium phosphate ceramics as hard tissue prosthetics[J]. Clinical Orthopaedics and Related Research, 1981, 157: 259-278.

[37] Ji H, Marquis P M. Effect of heat treatment on the microstructure of plasma-sprayed hydroxyapatite coating[J]. Biomaterials, 1993, 14(1): 64-68.

[38] Khor K A, Fu L, Lim V J P, et al. The effects of ZrO_2 on the phase compositions of plasma sprayed HA/YSZ composite coatings[J]. Materials Science & Engineering: A, 2000, 276(1-2): 160-166.

[39] Kokubo T, Hayashi T, Sakka S, et al. Bonding between Bioactive Glasses, Glass-ceramics or Ceramics in a Simulated Body Fluid[J]. Journal of the Ceramic Society of Japan, 1987, 95: 785-791.

[40] Kuroda D, Niinomi M, Morinaga M, et al. Design and mechanical properties of new β type titanium alloys for implant materials[J]. Materials Science & Engineering: A, 1998, 243(1-2): 244-249.

[41] Kurzweg H, Heimann R B, Troczynski T. Adhesion of thermally sprayed hydroxyapatite-bond-coat systems measured by a novel peel test[J]. Journal of Materials Science: Materials in Medicine, 1998, 9(1): 9-16.

[42] Kweh S W K, Khor K A, Cheang P. Plasma-sprayed hydroxyapatite (HA) coatings with flame-spheroidized feedstock: microstructure and mechanical properties[J]. Biomaterials, 2000, 21(12): 1223-1234.

[43] Lamy D, Pierre A C, Heimann R B. Hydroxyapatite coatings with a bond coat of biomedical implants by plasma projection[J]. Journal of Materials Research, 1996, 11(3): 681-686.

[44] Lee Y P, Wang C K, Huang T H, et al. In vitro characterization of postheat-treated plasma-sprayed hydroxyapatite coatings[J]. Surface & Coatings Technology, 2005, 197(2-3):

367-374.

[45] Lintner F, Bohm G, Huber M, et al. Histology of tissue adjacent to an HAC-coated femoral prosthesis. A case report[J]. The Journal of bone and joint surgery, British volume, 1994, 76(5): 824-830.

[46] Liu C, Huang Y, Shen W, et al. Kinetics of hydroxyapatite precipitation at pH 10 to 11[J]. Biomaterials, 2001, 22(4): 301-306.

[47] Liu X, Chu P K, Ding C. Formation of apatite on hydrogenated amorphous silicon (a-Si: H) film deposited by plasma-enhanced chemical vapor deposition[J]. Materials Chemistry and Physics, 2007, 101(1): 124-128.

[48] Lu Y P, Song Y Z, Zhu R F, et al. Factors influencing phase compositions and structure of plasma sprayed hydroxyapatite coatings during heat treatment[J]. Applied Surface Science, 2003, 206(1-4): 345-354.

[49] Lu Y P, Li M S, Li S T, et al. Plasma-sprayed hydroxyapatite+ titania composite bond coat for hydroxyapatite coating on titanium substrate[J]. Biomaterials, 2004, 25(18): 4393-4403.

[50] Lugscheider L, Remer P A. High Velocity Oxy Fuel Spraying: An Alternative to the Established APS-process for Production of Bioactive Coatings[C]. Singapore: Proceedings of the Tenth International Conference on Surface Modification Technologies, 1996.

[51] Massaro C, Baker M A, Cosentino F, et al. Surface and biological evaluation of hydroxyapatite-based coatings on titanium deposited by different techniques[J]. Journal of Biomedical Materials Research, 2001, 58(6): 651-657.

[52] Munting E, Verhelpen M, Li F, et al. Contribution of Hydroxyapatite Coatings to Implant Fixation[C]. Boca Raton: CRC Press Inc, 1990, 2: 143-148.

[53] Niinomi M, Kuroda D, Fukunaga K, et al. Corrosion wear fracture of new β type biomedical titanium alloys[J]. Materials Science & Engineering: A, 1999, 263(2): 193-199.

[54] Niinomi M. Recent metallic materials for biomedical applications[J]. Metallurgical and Materials Transactions A, 2002, 33(3): 477-486.

[55] Niinomi M, Hattori T, Morikawa K, et al. Development of low rigidity β-type titanium alloy for biomedical applications[J]. Materials Transactions, 2002, 43(12): 2970-2977.

[56] Ozeki K, Aoki H, Fukui Y. Dissolution behavior and in vitro evaluation of sputtered hydroxyapatite films subject to a low temperature hydrothermal treatment[J]. Journal of Biomedical Materials Research Part A, 2006, 76(3): 605-613.

[57] Peng P, Kumar S, Voelcker N H, et al. Thin calcium phosphate coatings on titanium by

electrochemical deposition in modified simulated body fluid[J]. Journal of Biomedical Materials Research Part A, 2006, 76(2): 347-355.

[58] Pfender E. Plasma jet behavior and modeling associated with the plasma spray process[J]. Thin Solid Films, 1994, 238(2): 228-241.

[59] Pilliar R M, Cameron H U, Binnington A G, et al. Bone ingrowth and stress shielding with a porous surface coated fracture fixation plate[J]. Journal of Biomedical Materials Research, 1979, 13(5): 799-810.

[60] Radin S R, Ducheyne P. The effect of calcium phosphate ceramic composition and structure in vitro behavior. II. Precipitation[J]. Journal of Biomedical Materials Research, 1993, 27(1): 35-45.

[61] Roeder R K, Converse G L, Leng H, et al. Kinetic effects on hydroxyapatite whiskers synthesized by the chelate decomposition method[J]. Journal of the American Ceramic Society, 2006, 89(7): 2096-2104.

[62] Sato M, Aslani A, Sambito M A, et al. Nanocrystalline hydroxyapatite/titania coatings on titanium improves osteoblast adhesion[J]. Journal of Biomedical Materials Research Part A, 2008, 84(1): 265-272.

[63] Schreurs B W, Huiskes R, Buma P, et al. Biomechanical and histological evaluation of a hydroxyapatite-coated titanium femoral stem fixed with an intramedullary morsellized bone grafting technique: an animal experiment on goats[J]. Biomaterials, 1996, 17(12): 1177-1186.

[64] Standard Test Method for Adhesion and Cohesion Strength of Thermal Spray Coatings[S]. ASTM C633-2001, 2001.

[65] Sturgeon A J, Harvey M D F. High velocity oxyfuel spraying of hydroxyapatite[C]. Kobe, Japan: Proceedings of ITSC, 1995, 95: 933-938.

[66] Sunderman Jr F W, Hopfer S M, Swift T, et al. Cobalt, chromium, and nickel concentrations in body fluids of patients with porous-coated knee or hip prostheses[J]. Journal of Orthopaedic Research, 1989, 7(3): 307-315.

[67] Suryanarayanan R. Plasma spraying: theory and applications[M]. Singapore: World Scientific Publishing Co. Pte. Ltd., 1993: 4.

[68] Takadama H, Kim H M, Kokubo T, et al. An X-ray photoelectron spectroscopy study of the process of apatite formation on bioactive titanium metal[J]. Journal of Biomedical Materials Research, 2001, 55(2): 185-193.

[69] Tong W, Chen J, Cao Y, et al. Effect of water vapor pressure and temperature on the amorphous-to-crystalline HA conversion during heat treatment of HA coatings[J]. Journal of Biomedical Materials Research, 1997, 36(2): 242-245.

[70] Van Audekercke R, Martens M. Mechanical properties of cancellous bone[M]. Boca Raton: Natural and living biomaterials. CRC Press, 1984: 89-98.

[71] Vincent C B. Handbook of Monochromatic XPS Spectra[M]. England: John Wiley and Sons, Ltd., 2000: 49-53.

[72] Wang B C, Chang E, Yang C Y, et al. A histomorphometric study on osteoconduction and osseointegration of titanium alloy with and without plasma-sprayed hydroxyapatite coating using back-scattered electron images[J]. Journal of Materials Science: Materials in Medicine, 1993, 4(4): 394-403.

[73] Wang B C, Chang E, Yang C Y, et al. Characteristics and osteoconductivity of three different plasma-sprayed hydroxyapatite coatings[J]. Surface & Coatings Technology, 1993, 58(2): 107-117.

[74] Wang B C, Chang E, Lee T M, et al. Changes in phases and crystallinity of plasma-sprayed hydroxyapatite coatings under heat treatment: A quantitative study[J]. Journal of Biomedical Materials Research, 1995, 29(12): 1483-1492.

[75] Wei M, Ruys A J, Milthorpe B K, et al. Precipitation of hydroxyapatite nanoparticles: Effects of precipitation method on electrophoretic deposition[J]. Journal of Materials Science: Materials in Medicine, 2005, 16(4): 319-324.

[76] Weibull W. A statistical distribution function of wide applicability[J]. Journal of Applied Mechanics, 1951, 18(3): 293-297.

[77] Weng J, Liu X, Zhang X, et al. Integrity and thermal decomposition of apatite in coatings influenced by underlying titanium during plasma spraying and post-heat-treatment[J]. Journal of Biomedical Materials Research, 1996, 30(1): 5-11.

[78] Wolke J G C, Klein C, De Groot K. Bioceramics for maxillofacial applications[M]. England: Elsevier Science Publishers Ltd, 1992: 166-180.

[79] Yang C W, Lee T M, Lui T S, et al. Effect of post vacuum heating on the microstructural feature and bonding strength of plasma-sprayed hydroxyapatite coatings[J]. Materials Science & Engineering: C, 2006, 26(8): 1395-1400.

[80] Yang C W, Lui T S. Effect of crystallization on the bonding strength and failures of plasma-sprayed hydroxyapatite[J]. Materials Transactions, 2007, 48(2): 211-218.

[81] Yang C W, Lui T S. The Self-healing Effect of Hydrothermal Crystallization on the

Mechanical and Failure Properties of Hydroxyapatite Coatings[J]. Journal of the European Ceramic Society, 2008, 28: 2151-2159.

[82] Yang C W, Lui T S. Kinetics of hydrothermal crystallization under saturated steam pressure and the self-healing effect by nanocrystallite for hydroxyapatite coatings[J]. Acta Biomaterialia, 2009, 5(7): 2728-2737.

[83] Yang C Y, Wang B C, Chang E, et al. Bond degradation at the plasma-sprayed HA coating/Ti-6AI-4V alloy interface: an in vitro study[J]. Journal of Materials Science: Materials in Medicine, 1995, 6(5): 258-265.

[84] Yang C Y, Lin R M, Wang B C, et al. In vitro and in vivo mechanical evaluations of plasma-sprayed hydroxyapatite coatings on titanium implants: The effect of coating characteristics[J]. Journal of Biomedical Materials Research, 1997, 37(3): 335-345.

[85] Yang C Y, Lee T M, Yang C W, et al. In vitro and in vivo biological responses of plasma-sprayed hydroxyapatite coatings with posthydrothermal treatment[J]. Journal of Biomedical Materials Research Part A, 2007, 83(2): 263-271.

[86] Yang C Y, Yang C W, Chen L R, et al. Effect of vacuum post-heat treatment of plasma-sprayed hydroxyapatite coatings on their in vitro and in vivo biological responses[J]. Journal of Medical and Biological Engineering, 2009, 29(6): 296-302.

[87] Yang Y, Kim K H, Agrawal C M, et al. Influence of post-deposition heating time and the presence of water vapor on sputter-coated calcium phosphate crystallinity[J]. Journal of Dental Research, 2003, 82(10): 833-837.

[88] Yang Y, Ong J L. Bond strength, compositional, and structural properties of hydroxyapatite coating on Ti, ZrO_2-coated Ti, and TPS-coated Ti substrate[J]. Journal of Biomedical Materials Research Part A, 2003, 64(3): 509-516.

[89] Yu L G, Khor K A, Li H, et al. Effect of spark plasma sintering on the microstructure and in vitro behavior of plasma sprayed HA coatings[J]. Biomaterials, 2003, 24(16): 2695-2705.

[90] Yuan H, Yang Z, de Bruijn J D, et al. Material-dependent bone induction by calcium phosphate ceramics: a 2.5-year study in dog[J]. Biomaterials, 2001, 22(19): 2617-2623.

[91] Zhang H, Li S, Yan Y. Dissolution behavior of hydroxyapatite powder in hydrothermal solution[J]. Ceramics International, 2001, 27(4): 451-454.

[92] Zheng X, Huang M, Ding C. Bond strength of plasma-sprayed hydroxyapatite/Ti composite coatings[J]. Biomaterials, 2000, 21(8): 841-849.

第6章　钛合金基体表面等离子喷涂制备生物涂层的晶体学及力学性能研究

Ivanka Iordanova, Vladislav Antonov,
Christoph M. Sprecher, Hristo K. Skulev, Boyko Gueorguiev

6.1　引言

由于公共卫生、营养保健、药物医疗等相关条件的提高，人类寿命一直在增加。然而，人体衰老所导致的骨质疏松，即骨质的损失将极大地增加骨折的风险。这就是在骨科和创伤学领域，采用金属，特别是钛基植入体以纠正骨骼缺陷和疾病的患者数量正在逐日增加的原因。这其中影响钛基植入体的固定及长期稳定性等的关键因素包括生物相容性、材料选择和植入物设计。对这些因素的研究和优化，特别是用生物陶瓷包被植入物的情况下，更需要对现有植入体结构进一步改进，并开发出针对结构和操作性能研究的新方法。

6.2　带生物陶瓷涂层的钛基植入体

钛（Ti）及其合金，例如 Ti-6Al-4V（TAV）和 Ti-6Al-7Nb（TAN），由于良好的生物相容性、生物环境稳定性、低比重、出色的力学性能和耐腐蚀性而被广泛用于修复或替换人体骨骼系统。然而，用于医疗植入体时，这些生物材料在强烈的机械负荷下会暴露于体液中。在这种情况下，必须满足化学和结构稳定性、可靠的强度与耐磨性、良好的机械固定性等要求。尽管钛合金具有很高的生物相容性，但经过长期观察发现，随着时间的推移，当其表面缺乏足够的生物活性时，植入物会出现松动现象。

已有研究表明，用生物陶瓷涂层（如正磷酸钙或二氧化钛（TiO_2））覆盖植入体表面可以加快骨骼生长的速度，提高植入体的稳定性，从而确保其长期稳固。因此，用 Ti 基基材可以制备生物陶瓷涂层和正磷酸钙组成的双层涂层，二者具有良好的生物相容性、力学性能以及在人体环境中的高稳定性，在现代骨科和牙科等生物医学应用领域中备受关注。

正磷酸钙是由不同比例的钙（Ca）和磷（P）形成的化合物。羟磷灰石钙(HA)$Ca_5(PO_4)_3(OH)$化学性质最稳定，在水性介质中的溶解度最低。羟磷灰石钙的组成和结构与骨质非常相似，体积含量约为70%。这是HA涂层具有高度生物整合性的主要原因。

相反，TiO_2及其沉积物通常被认为有很大的生物惰性，即不会与接触的生物组织发生反应或相互作用。然而，最近研究表明，可以通过不同的化学处理来提升TiO_2表面的生物活性。这可能会促使人们重新考虑TiO_2涂层的作用，发现其相对于其他医用涂层材料的优势所在。到目前为止，TiO_2仍以其优异的耐腐蚀性和对不同基材的高黏附强度而广为人知。

在表面制备生物陶瓷涂层后，植入体的性能获得进一步提升。这是由于植入体与骨骼组织的结合良好，并且减少了金属离子向人体的释放。在植入体表面制备涂层的目的是综合利用金属基体良好的机械强度、延展性、耐磨性、易于制造的特点以及涂层所具有的良好骨整合、化学稳定等优势。

6.3 等离子喷涂生物陶瓷涂层

将生物陶瓷涂层沉积到Ti基基材上的方法有很多，但是最常用的为等离子喷涂技术。该技术又包括3种气氛环境不同的等离子喷涂工艺：大气等离子喷涂（APS）、可控气氛等离子喷涂（CAPS）和真空等离子喷涂（VPS）。等离子喷涂技术已被证明是植入体生产的先进技术之一。

如前文所述，等离子喷涂制备涂层通常是将粉末注入等离子射流（plasmotron）中，将粉末加热至熔融态或半熔融态，同时将其加速并撞向基体表面。将等离子气体（通常是Ar、N_2或它们与H_2的混合物）引入等离子枪中，在电弧中将其电离成为具有高焓值的等离子态，温度可达10000～30000℃。尽管注入的粉末颗粒只在高温下停留很短的时间（10^{-4}～10^{-3}s），但它们中的大多数会被充分加热而发生熔融。到达零件基体表面后，每个粒子在强烈的撞击过程中发生非平衡条件下的固化，并变形成为圆盘状片层（薄片）。由于粉末颗粒通常在形状、尺寸、温度和速度上有所不同，这会导致有些颗粒蒸发，有些部分熔融，而有些甚至不会发生熔融。蒸发掉的颗粒不参与涂层形成，部分熔融的颗粒和一些未熔融的颗粒可能会混入涂层中，形成组织不均匀的多孔结构。部分熔融的颗粒在基体表面凝固后形成球形颗粒，这些颗粒可能会剥离或成为涂层中内部应力场的来源，从而大大影响其性能。

在等离子喷涂涂层中经常可以发现残余应力、择优的晶体学取向（晶体学织构）和孔隙等组织缺陷的存在。在某些情况下，根据以下反应，可能会在等离子喷涂过程中发生 HA 分解：

$$Ca_5(PO_4)_3(OH) \rightarrow CaO + Ca_3P_2O_8 \text{（或 } CaO + Ca_4P_2O_9\text{）} \quad (6.1)$$

研究表明，当 HA 粉末颗粒较小且喷涂电压较高时，以上分解过程更为明显。

采用等离子喷涂技术在钛基植入体上制备生物陶瓷涂层的主要优点是，可以在较大的表面上高速沉积形成涂层，在兼顾经济性和高效性的同时，获得在人体环境中具有优异的力学性能和化学稳定性的涂层，从而可以实现稳定的机械固定。其主要的不足之处是，在许多情况下植入体表面与涂层之间的结合性相对较差，因此，为了防止层间剥落，通常在制备功能涂层之前采用等离子喷涂涂覆一层过渡层。例如，等离子喷涂 TiO_2 涂层可以作为 HA 面层和基体之间的过渡层，或作为复合材料中的添加剂与 HA 一起形成复合涂层。因此，在大多数情况下，以上方法可以进一步提高涂层的黏附力和内聚力，并提升界面稳定性。研究人员认为，植入手术后愈合的第一阶段，在患者的轻微动作中，由 Ti 基体、TiO_2 过渡层和具有骨导电性的 HA 涂层组成的双层植入系统，不仅能够承受较高的局部压缩应力，而且能够承受拉伸过程中产生的拉伸应力和剪切应力。TiO_2 过渡层的存在还可以减少基材和 HA 面层涂层之间的热失配，有效抵抗不同材料之间的界面失效。

尽管使用等离子喷涂生物陶瓷涂层获得了很好的结果，但仍然存在一些问题，特别是关于植入物的耐用性和长期性能。而且，尽管它很重要，但迄今尚未详细研究等离子体喷涂生物陶瓷涂层的结构形成过程。这就是为什么有必要根据技术条件研究沉积物的结构形成及其对最终植入物操作性能的影响。此外，尚未广泛报道通过 TiO_2 过渡层或添加剂的沉积获得的涂层性能对 HA 涂层改性的机理，并且尚未广泛探索等离子体喷涂 TiO_2 涂层在生物活性应用中的潜力。

相组成、界面、孔隙率、晶体织构、残余应力、表面粗糙度、结合强度、氧化物夹杂和球形颗粒的形态等都是影响等离子喷涂生物陶瓷涂层的关键参数，必须加以控制并进行优化。但是，目前对于这些参数及其对涂层特性的影响仍然认识不足。

作为一种新兴的工艺方法，等离子喷涂生物陶瓷涂层在现代医学和牙科中的进一步应用需要对特征形成过程、对技术条件的依赖程度以及对涂层性能的影响有更深刻的了解。

6.4 等离子喷涂生物陶瓷涂层工艺条件、微结构形成和涂层性能之间的关系

由于等离子喷涂工艺的复杂性，技术条件起着至关重要的作用，并且可以显著影响涂层的结构和实际性能。

等离子喷涂过程中的技术方案主要由以下参数定义：

（1）等离子射流的功率。

（2）等离子气体和送粉载气的种类、压力和流速。

（3）注入的粉末颗粒的材质，平均粒径和粒径分布，送粉率和形状。

（4）粉末注入的位置、角度和类型。

（5）涂层表面的粗糙度、纯度和温度。

（6）喷枪与基材表面之间的距离。

（7）喷枪与涂层表面之间的相对速度。

（8）等离子射流周围的气氛环境。

以上列出的所有参数并非是独立的。这会使技术条件的选择和控制变得复杂且困难。

例如，等离子体气体的类型、压力和流速对等离子射流的热功率有影响，后者可以通过等离子气体压力和流速的一定变化而保持恒定。

为了确保初始颗粒完全熔化，粉末注入的位置、角度和类型可以通过等离子流热功率、粉末类型、粒度和等离子气体压力在一定程度上预先确定。

粉末的类型、颗粒形状、平均尺寸、尺寸分布、流速以及粉末注入的位置和类型决定了输送气体的流速。

等离子射流的热功率、喷涂距离和喷涂枪与基材之间的相对速度会显著影响涂层表面的温度。

等离子体和输送气体的类型和流速对周围大气有重大影响。

图 6.1 给出了一个方案，显示了等离子喷涂过程中主要技术参数之间的相互作用。

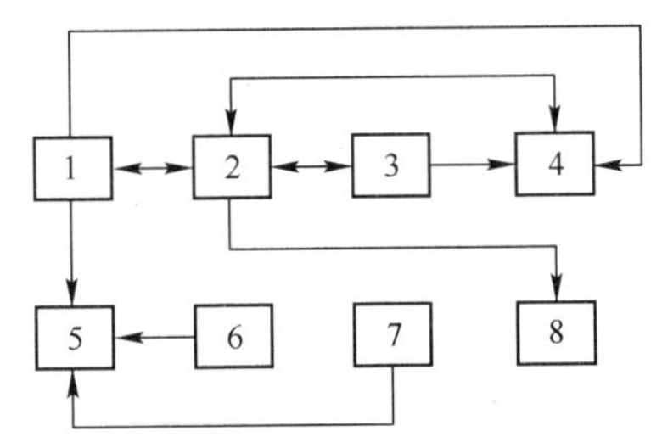

图 6.1　确定等离子喷涂过程中技术条件的主要参数（1～8）之间的相互作用方案

1—等离子射流的功率；2—等离子和传输气体的压力、流速和种类；3—粉末的平均尺寸、尺寸分布，流速、形状和类型；4—等离子射流中粉末注入的位置、角度和类型；5—涂层表面的粗糙度、纯度和温度；6—喷枪与基材表面之间的喷涂距离；7—喷枪与涂层表面之间的相对速度；8—等离子加速器中的环境大气类型

最初，研究人员主要凭经验来研究等离子喷涂工艺及其对涂层性能的影响。然而，目前对生物陶瓷涂层性能的要求越来越高，需要更复杂的方法来获得关于结构形成过程的知识，并探索机理和动力学对技术条件的依赖性。另外，这种复杂的方法用于研究涂层微结构对其性能的影响也是必需的。这意味着等离子喷涂过程中对微结构和工艺条件进行更精确的评估和控制是非常必要的。因此，研究人员已经开始对现有技术的进一步改进：新试验方法、新理论及新模型的研发；涂层结构形成过程的研究与控制；工艺参数和涂层性能调控等工作。目前，这些研究工作总体的趋势和目标是优化等离子喷涂工艺，以此得到生物陶瓷涂层性能的提升，从而使其能够在生物医学领域中广泛应用，且能够长时间稳定使用。

为了达到这一目标，研究人员已经开发出用于观察和诊断粉末颗粒在飞向涂层表面过程中状态的新技术，还获得了无损检测的新方法，包括对收集到的数据进行统计评估以及根据工艺条件对涂层参数的预先设定。还有一些方式是用来表征以下特征的，这些特征对于生物医学涂层的性能有着显著的影响：

（1）工艺参数、粉末颗粒的热能和动能及其轨迹和熔化状态之间的关系。

（2）粉末颗粒的组分、尺寸及基材参数（组成、粗糙度、纯度、温度）对所涂层的形貌、相组成、残余应力和晶体结构的影响。

（3）以上讨论的参数对涂层主要性能的影响，例如密度、硬度、韧性、摩擦特性、耐磨性、弹性、导热性、结构和化学稳定性。

尽管到目前为止研究人员已经做了很多工作，但是尚未开发出可以进行工艺设计和功能预测的通用模型。这主要是由于等离子喷涂过程和组织形成过程非常复杂。需要不同领域专家参与研究工作，开发出新的表征与分析方法，进一步开展基础研究和跨学科研究，对其进行表征及研究。

6.5 等离子喷涂生物陶瓷涂层的晶体结构和力学性能的分析方法

6.5.1 光学金相显微镜和扫描电子显微镜

光学金相显微镜和扫描电子显微镜（SEM）早已用于分析粉末原料的颗粒形状、尺寸分布等参数，以及分析等离子喷涂生物陶瓷涂层中的涂层组织、晶粒、化学成分和元素分布。

1．初始粉末的颗粒形状和尺寸分布参数

初始粉末颗粒的平均尺寸和粒度分布是影响等离子喷涂宏观性能的重要参数。图 6.2 为苏尔寿美科欧洲有限公司（瑞士）生产的 XPT-D-703（HA）和 AMDRY-6505（TiO_2）粉末原料的照片。

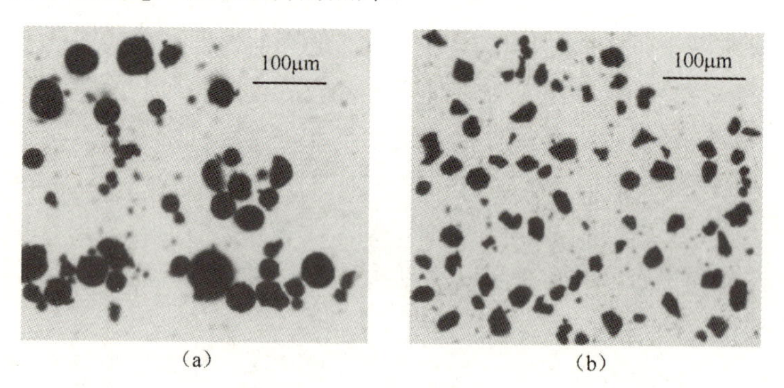

图 6.2 在透射光学显微镜下观察到的粉末（a）XPT-D-703（HA）和（b）AMDRY-6505（TiO_2）

很明显，与不规则的 TiO_2 颗粒相比，大多数 HA 颗粒是球形的。球形颗粒的大小以直径为量度，但是可以通过以下两个参数评估不对称颗粒的大小：

（1）测得的最大粒径和最小粒径之间的平均值。

（2）由粒子投影面积所得到的平均直径，该方法需要使用图像分析软件（如 Carl Zeiss Axio Vision）进行测算。计算公式如下：

$$d_{\mathrm{opt}} = 2\sqrt{\mathrm{sopt}/\pi} \tag{6.2}$$

经过数百次随机测量后，可以绘制粒度分布曲线，并采用以下类型的高斯函数进行拟合：

$$f = A\exp[-(x-c)^2/b^2] \tag{6.3}$$

表 6.1 给出了用于等离子喷涂制备生物陶瓷的初始粉末 XPT-D-703 和 AMDRY-6505 的粉末颗粒尺寸。

表 6.1　用于等离子喷涂的两种初始粉末颗粒尺寸

初始粉末	粒径（d_{opt}）/μm		
	最小	最大	均值
XPT-D-703 (HA)	3.76	89.15	39.70±11.35
AMDRY-6505 (TiO2)	5.65	33.52	18.0±5.15

2．涂层的形态、元素的化学组成和分布

研究人员使用配备了二次电子（SE）探头的扫描电镜（Hitachi S-4100 FESEM）进行等离子喷涂生物涂层截面观察，采用背散射电子（BSE）探头形成密度图像，用 X 射线能谱仪（EDX）分析化学成分。EDX 已被用于分析双层等离子喷涂生物陶瓷涂层中的界面（见图 6.3），以检测主要元素 Ca、P 和 Ti 在 TiO_2 黏结层和 HA 面层之间界面处的分布。

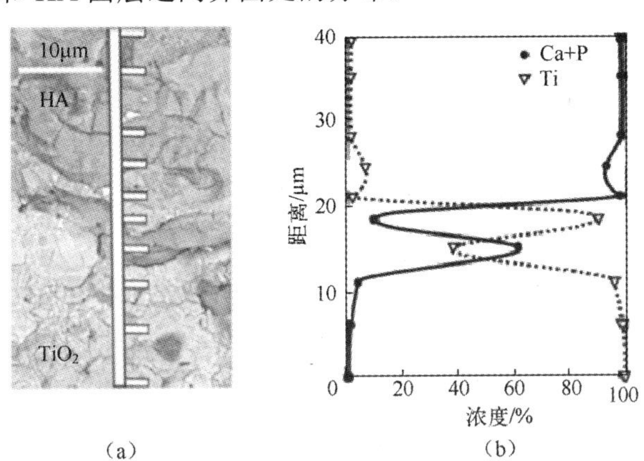

图 6.3　（a）等离子喷涂 TiO_2 黏结层和生物陶瓷 HA 面层之间界面处的 SEM 图像（BSE 模式）；（b）Ca、P 和 Ti 元素在界面处浓度的 EDX 检测结果

元素分布检测结果表明，在 TiO_2-HA 界面处形成了一个扩散区，宽约 15μm，元素浓度并非平滑过渡。

3．球形颗粒的立体金相分析

如果在等离子喷涂过程中，粉末颗粒以部分熔融的状态到达涂层表面，会在涂层中形成球形颗粒，在层状结构形成的不均匀夹杂物，会显著影响生物陶瓷涂层的性能。因此，必须研究和控制这种球形颗粒的形成。为表征等离子喷涂涂层，特别是生物陶瓷涂层而开发的立体金相学方法非常适用于以上研究工作。理论上，立体金相法允许基于二维横截面平面参数来估算出微结构的体积参数，二维横截面平面参数可以通过光学或扫描电子显微镜进行测量。

所有定量立体分析均基于以下算法：物相（或任何其他结构元素）体积占比等于界面面积或线长占整个上平面面积或线长的比例。只有外凸实体元素才适合进行立体分析，而凹形实体元素可以与平面或直线交叉多次，无法实现准确估算。此外，当体积中所分析的结构元素的分布接近随机时，可以应用立体分析。

作者开发出一种基于 Scheil-Schwartz-Saltikow 技术的方法，用于评估生物陶瓷涂层中目标球形颗粒的体积参数。对双层涂层的分析表明，在顶层 HA 和过渡 TiO_2 层中，球形颗粒的占比分别小于该层体积的 1%和约 1.5%。

6.5.2 X 射线粉末衍射表征的相组成和晶体学参数

X 射线粉末衍射（XRD）实验以两种模式进行，即对称的 Bragg-Brentano（B-B）模式和掠入射非对称的 Bragg 衍射（GIABD）模式。其原理图如图 6.4 所示。

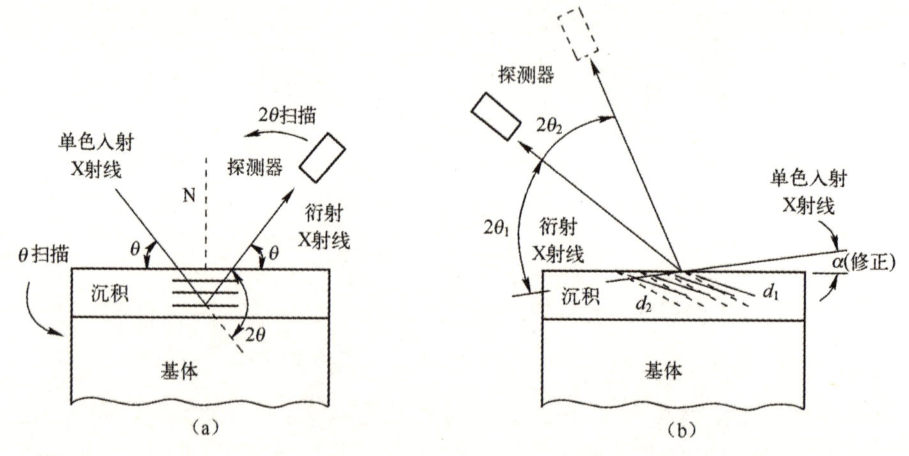

图 6.4 （a）Bragg-Brentano（B-B）和（b）掠入射非对称 Bragg 衍射（GIABD）模式下的 X 射线衍射示意图

B-B 模式下的衍射是通过样本和探测器的标准同步 θ～2θ 扫描实现的，θ

为 Bragg 角，衍射图案由平行于表面的晶体平面产生（见图 6.4（a））。

在 GIABD 模式下，样品相对于入射光束以预设角度（α）固定，只有探测器执行 2θ 扫描（见图 6.4（b））。因此，衍射图样是由入射线与 Bragg 方向上的晶体平面相互作用产生的，该衍射平面以角度 $\psi=\theta-\alpha$ 下降到所研究的表面。为了增加峰强度和背景之间的比率，通常在衍射光束上使用平面单色仪。

在 B-B 和 GIABD 模式下，XRD 图谱已逐步记录，而步长和计数时间则取决于所分析的参数。衍射峰经过背景校正，然后进行最小二乘拟合来计算其角度（峰位处的 2θ）、强度和展宽。为此，使用了 3 个分析函数，即高斯函数、洛伦兹函数或伪 Voight 函数。分析结果将在下文中进行详细展示。

1．相组成

为了表征粉末原料或等离子喷涂的陶瓷涂层的相组成，使用 Cu K_α 特征辐射以相对较大的角度间隔（2θ 在 15°～105°范围内）在 B-B 模式下记录了 XRD 图谱。典型的 XRD 图谱如图 6.5 所示。

图 6.5 是包含多个衍射峰的多晶结构的材料的典型 XRD 衍射图谱。然而在 23°～35°的角度范围内漫散射峰表明涂层中可能会形成非晶相。

将衍射峰 2θ 的角度与 ASTM（JCPDS）标准值对比后进行定性相分析表明，HA 面层为空间群 176,$P6_3/m$ 的六方晶体，过渡层是具有单斜对称性的 β-TiO_2。各层的原料粉体也具有类似的衍射图谱。各层的 XRD 图谱与各自粉末图谱之间显示出较好的重合度，表明在两种等离子喷涂方案中粉末原料均未分解。

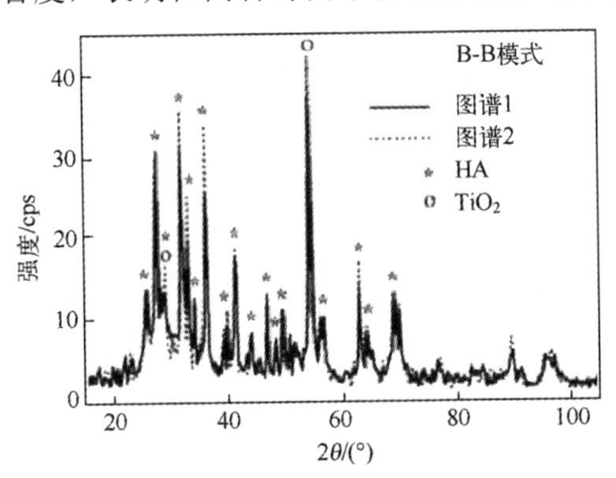

图 6.5　以两种不同的等离子喷涂方式沉积在 TAV 基底上的 HA/TiO_2 双层涂层 XRD 图谱

2．线宽分析

通过衍射峰的半高宽（FWHM）分析衍射峰的展宽。在对材料的研究工作中，该参数通常是晶格缺陷和非均匀弹性应变的函数。对于等离子喷涂工艺，已经发现在大多数情况下，与较厚的涂层或在高预热温度基体上的涂层相比，在低温基体沉积的涂层或薄涂层中 FWHM 较高。在等离子喷涂过程中，随着 HA 涂层厚度的增加，FWHM 逐渐降低，这被认为是等离子喷涂过程中基材温度的持续升高导致的。

与晶体学结构完善有关的基本参数是可以从实验的 FWHM 中评估的物理展宽 β_t。根据 Williamson-Hall 模型，XRD 峰的物展宽与所研究材料的晶体学参数有关，具体值可以利用洛伦兹拟合函数（式（6.4））和高斯拟合函数（式（6.5））得到。

$$\beta_t = \frac{k\lambda}{D\cos\theta} + 2\varepsilon\tan\theta + \beta_0 \tag{6.4}$$

$$\beta_t = \sqrt{\left(\frac{k\lambda}{D\cos\theta}\right)^2 + (2\varepsilon\tan\theta)^2 + \beta_0^2} \tag{6.5}$$

式中，k 是 Scherrer 常数；D 是相干 X 射线散射区域的尺寸，与晶体尺寸有关；ε 是晶格残余弹性形变，是由晶体学缺陷引起的；β_0 是影响线宽的仪器影响因子。

3．晶体织构分析

众所周知，在非平衡条件下沉积的等离子喷涂涂层中，可以形成具有轴向对称性的晶体织构。根据 Iordanova 和 Forcey 提出的理论模型，如果等离子喷涂过程中的能量或基体表面的温度较低的话，则通常具有轴向（表面裸露纤维）结构的特征，涂层中晶粒密排面的取向趋向平行于基体表面。

纤维晶体织构可以用一维取向分布函数（1D ODFs）进行定性表征。为此，在多个预置的入射角（θ）下，以 GIABD 模式记录具有布拉格角的生物陶瓷涂层的特定衍射峰（α）。对无织构样品的相同峰进行记录（例如用特殊胶固定在样品架中的相同材料的粉末），然后将不同入射角的涂层峰强度归一化为相应的峰强度，并标记为标准。绘制归一化强度与角度 ψ 的关系（其中 $\psi=\theta-\alpha$）以表示一维 ODF，提供关于纤维织构的定性信息。

可以用极密度 $P_{\{hkl\}}$ 定量表征等离子喷涂涂层中优选的晶体学取向的可用性，该极密度与特定的晶体学平面$\{hkl\}$平行于样品表面的概率成正比。极密度可以根据以下公式计算：

$$P_{\{hkl\}} = \frac{I_{\{hkl\}}^{film} / I_{\{hkl\}}^{st}}{(1/n)\sum\left(I_{\{hkl\}}^{film} / I_{\{hkl\}}^{st}\right)} \tag{6.6}$$

式中，$I_{\{hkl\}}^{film}$ 和 $I_{\{hkl\}}^{st}$ 分别是针对沉积物和粉末样品以 B-B 模式记录的{*hkl*}衍射峰的强度；*n* 是衍射峰的数量（仅考虑最低衍射级）。

在图 6.6 中显示的两个直方图表示 HA 晶粒的相对含量，{*hkl*}晶面平行于涂层表面。两个涂层的不同之处在于 HA 面层的厚度不同(薄−20μm，厚−40μm)。由图 6.6 可以得出结论，即在这些 HA 涂层中，没有一个形成明显的晶体织构。

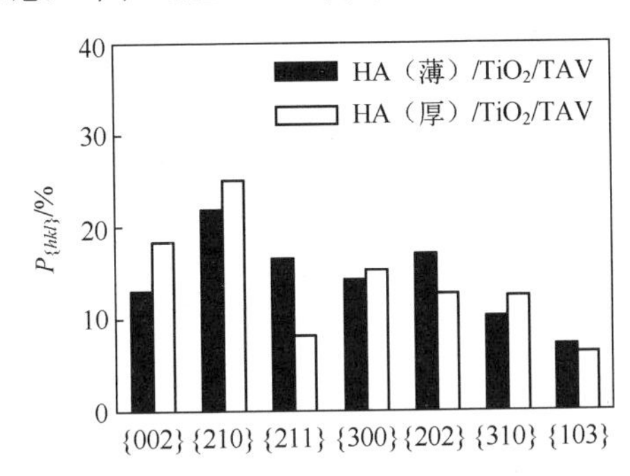

图 6.6 代表 HA 晶粒占比的极密度直方图，其{*hkl*}晶面平行于两个带有过渡 TiO_2 和顶层 HA 层（Gueorguiev）的双层等离子喷涂涂层（薄和厚）的{*hkl*}平面

4．晶格参数

晶体材料的晶格参数是重要的晶体学特征之一，可以提供有关组成和晶体学完整性的信息。晶格参数可以根据布拉格定律的方程，基于 XRD 图谱计算晶面间距 $d_{\{hkl\}}$而得到：

$$d_{\{hkl\}} = \lambda / 2\sin\theta_{\{hkl\}} \tag{6.7}$$

式中，λ 是特征辐射的波长；$\theta_{\{hkl\}}$是{*hkl*} XRD 衍射峰对应的角度。

计算{*hkl*}织构的晶格参数需要在 B-B 模式下记录相应的{*hkl*}衍射峰。该方法已应用于具有六方结构的等离子喷涂 HA 涂层晶格参数 *c* 的计算。首先，从 HA 涂层的{002}衍射峰（以 B-B 模式记录）计算晶面间距 $d_{\{002\}}$。然后采用适用于六方晶格的关系式进行计算：

$$\frac{1}{d^2} = \frac{4}{3}\frac{(h^2 + hk + k^2)}{a^2} + \frac{l^2}{c^2} \tag{6.8}$$

对于{002}衍射峰，它可以转换为：

$$\frac{1}{d_{002}^2} = \frac{1}{c_{002}^2} \tag{6.9}$$

最后，通过以下关系式对 $c_{\{002\}}$参数进行计算：

$$c_{\{02\}} = 2d_{\{002\}} \tag{6.10}$$

计算所得等离子喷涂HA涂层的晶格参数$c\{002\}$与标准JCPDS值均显示在图6.7中。显然，由于固定的压缩残余宏观应力平行于HA涂层表面，因此实验参数将高于标准值。

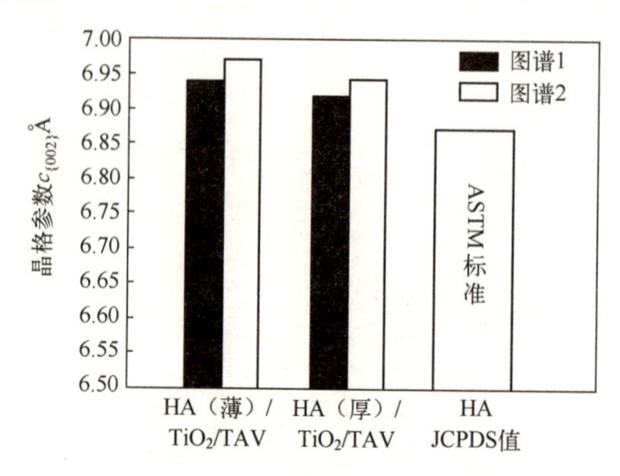

图6.7　两种等离子喷涂涂层样品中HA面层的晶格参数$c\{002\}$以及各自的标准JCPDS值

5．宏观残余应力

宏观残余应力是生物陶瓷涂层中产生晶格不可逆的弹性变形，并影响涂层性能的重要参数。通过XRD方法对宏观残余应力的计算通常基于泊松模型。根据泊松模型，固定的残余应力会导致具有不同晶体学取向的晶粒产生不同的弹性变形。可以通过宏观残余应力形成前后晶面间距的变化量来评估晶粒变形。最合适的评估方法称为“$\sin^2\psi$”，首先，需要在不同入射角（α）下以GIABD模式记录所选的$\{hkl\}$峰，计算晶面间距$d\{hkl\}$。然后绘制$d\{211\}$与$\sin^2\psi$的关系曲线（其中$\psi=\theta-\alpha$）并进行拟合，结果如图6.8所示。

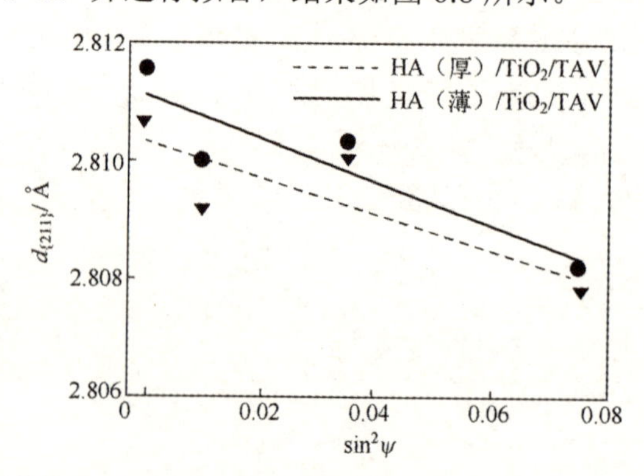

图6.8　两种等离子喷涂HA层晶粒中晶面间距$d\{211\}$与$\sin^2\psi$对应关系的最小二乘线性拟合曲线

根据平面应力应变模型，可以通过以下方程式计算平行于表面的宏观残余应力的值：

$$\sigma = \frac{E}{1+\gamma} \cdot \frac{1}{d_0} \cdot \left(\frac{\partial d_\psi}{\partial \sin^2 \psi} \right) \qquad (6.11)$$

式中，E 和 γ 是材料的杨氏模量和泊松比（在本书中材料为 HA）；d_0 和$\partial d_\psi / \partial \sin^2\psi$ 分别是实验获得的 $d_{\{hkl\}}$与 $\sin^2\psi$ 的关系图中 y 轴截距和梯度。

由于 XRD 方法基于衍射，而且杨氏模量和泊松比是各向异性参数（也称为 X 射线弹性参数），因此有必要在计算晶面间距时了解该晶向上这些参数的值。例如，等离子喷涂涂层通常含有 15%～30%的孔隙，相对于具有相同成分的单晶或块状材料，E/γ 大约会降低 5 倍。

根据用于宏观残余应力计算的式（6.11），图 6.8 中的两个拟合曲线的负梯度表示存在平行于表面作用的宏观压缩（负）残余应力。与此相反，正梯度表示拉伸（正）残余应力。

根据 Kuroda 和 Clyne 提出的模型，等离子喷涂涂层中宏观残余应力的主要组成是淬火应力和热应力。它们可以根据 Kuroda 和 Clyne 提供的方程进行定量计算。但是，还必须考虑一些其他因素，例如可能发生的塑性变形、多态相变、松弛过程（如裂纹和弯曲）等。

6.5.3　孔隙率表征

由于粉末原料中包含的孔隙或等离子喷涂涂层中变形颗粒之间的不完全贴合，导致涂层中存在一定孔隙率。

孔隙率 p 定义如下：

$$p = \left(1 - \frac{\rho_1}{\rho_0} \right) \times 100\% \qquad (6.12)$$

式中，ρ_1 和 ρ_0 分别是涂层和粉末颗粒的密度。

静水称量法是一种较为简单的孔隙率计算方法，该方法涉及测量样品在空气中和浸入已知密度的液体（通常是蒸馏水）后的质量。为了分析等离子喷涂的涂层，必须先将其从基体表面剥离下来。在浸入液体中之前，样品需要用凡士林涂抹，以便将其表面孔洞与液体隔离，然后根据以下公式计算孔隙率：

$$p = \left(1 - \frac{\dfrac{W_z \cdot \rho_w}{\rho_z}}{W - W' - \dfrac{W_v \cdot \rho_w}{\rho_v}} \right) \times 100\% \qquad (6.13)$$

式中，W_z 是空气中涂层样品的质量；ρ_z 是粉末原料的密度；W 是凡士林膜层和称量过程中悬挂样品的弹性线的质量；W'是样品浸入液体后的线上的质量；W_v 是所施加凡士林薄膜的质量；ρ_v 是凡士林的密度（手册中的密度值通常取为 0.88g/cm^3）；ρ_w 是蒸馏水的密度。粉末 z 的密度可以通过以下方式在空气和蒸馏水中进行称重来计算：

$$\rho_z = \frac{G_3 - G_2}{V_k - \frac{G_4 - G_3}{\rho_w}} \tag{6.14}$$

式中，G_3 是装有粉末的试管的质量；G_2 是空试管的质量；V_k 是试管中粉末和水的体积；G_4 是装有粉末和蒸馏水的试管的质量；ρ_w 是蒸馏水的密度。

为了获得更好结合力、力学性能适宜、脆性较低的涂层，必须将等离子喷涂陶瓷涂层的孔隙率控制在相对较低的水平。但是，在人体的愈合过程中，较高的孔隙率却又可以促进骨骼向内生长。

6.5.4 基体与等离子喷涂涂层之间的拉伸结合强度

通常根据 ASTM C633-79 通过对偶拉伸法来测量基体与等离子喷涂涂层之间的黏合力（拉伸结合强度）。为此，在测试涂层表面之前，先用特殊的黏合剂（如 HTK Ultra Bond、Hanseatisches Technologie Kontor GmbH）将其黏结在经过喷砂处理的不锈钢圆柱体上，然后施加拉力直至断开。图 6.9 显示了结合强度测试示意图和测试装置照片。

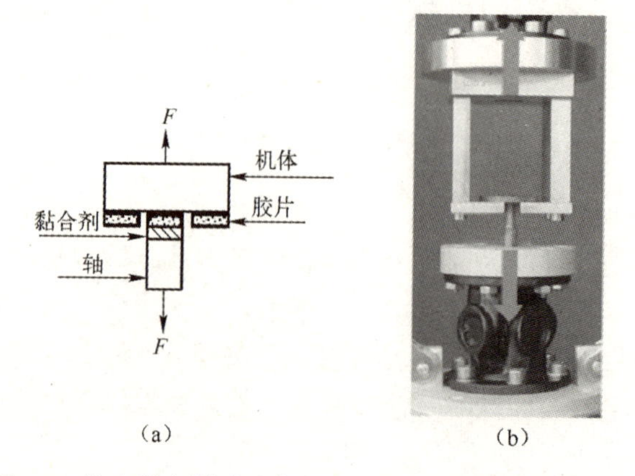

图 6.9 结合强度测试示意图（a）和测试装置照片（b）

通常会测试每种类型的几种涂层，根据式（6.15）计算得出的最大施加拉伸机械应力的平均值定义为镀层的拉伸结合强度：

$$\gamma = \frac{F_{\max}}{S} \tag{6.15}$$

式中，$F_{\max}$ 是最大拉力；S 是黏结面的面积。

通常，可以使用类似的测试方法来计算多层涂层中不同层之间的内聚力。

6.5.5　基于密度泛函理论（DFT）的结构和力学性能数值方法

为了精确计算 HA 生物陶瓷涂层中的残余应力，必须计算其在不同晶向 <*uvw*>上的杨氏模量 $E_{<uvw>}$和泊松比$\nu_{<uvw>}$。这是基于密度泛函理论（DFT）的数值计算开发的一种合适的方法。密度泛函理论是一种量子力学理论，用于研究多相体系和凝聚态的电子结构，其中电子结构可以通过一些列函数来确定，例如一系列函数的函数。在这种情况下，后者是电子密度分布。DFT 是评估此类系统结构和弹性特性最可靠、最有前途的方法之一。可以使用适当的软件包（如 Quantum Espresso 程序代码）执行计算，以模拟晶胞并估算各个单晶的弹性常数矩阵 $\boldsymbol{C}_{ij}$ 和弹性柔度矩阵 $\boldsymbol{s}_{ij}$ 的值。

$E_{<uvw>}$和$\nu_{<uvw>}$的值可以通过伪势均值与已知的晶体物理学关系来计算。通过模拟晶胞参数与相应的标准 ASTM 文件中的参数进行比较，可以对模拟结果进行验证。在以前的论文中，DFT 用于模拟晶体结构，并计算具有六方结构 HA 单晶的弹性常数和弹性刚度矩阵。所获 HA 晶胞如图 6.10 所示。其对称性对应于 $P6_3/m$HA（空间群 176），参数 $a = 9.418$Å 和 $c = 6.875$Å 的值与标准非常吻合，适用于 $P6_3/m$HA（空间群 176）的 ASTM 文件 JCPDS 34-0010，可证明数值模拟获得了较好的结果。

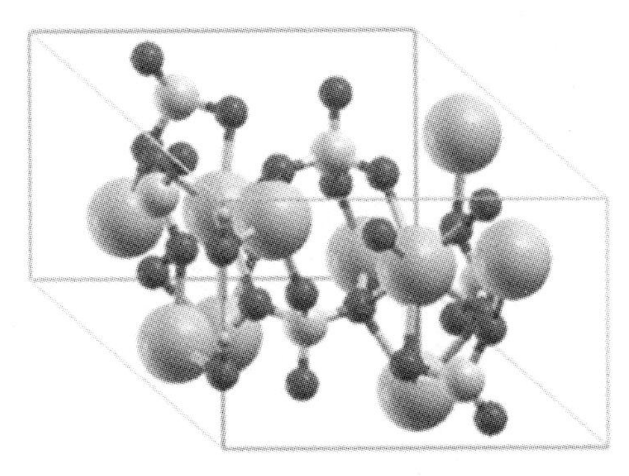

图 6.10　DFT 模拟 HA 的空间群 176，$P6_3/m$HA（Ca、O、P 和 H 原子分别由灰色大球、黑色球、中等大小灰色球和小灰色球表示）

杨氏模量 $E_{<uvw>}$ 和泊松比 $\nu_{<uvw>}$ 的值是利用弹性常数矩阵 $\boldsymbol{C}_{ij}$、弹性刚度矩阵 $\boldsymbol{s}_{ij}$ 值以及晶胞常数 a 和 c，通过以下公式得到的：

$$E_{<hkl>}^{-1}=\frac{(h^2+k^1-hk)^2a^4s_{11}+l^4c^4s_{33}+(h^2+k^1-hk)l^2a^2c^2(s_{44}+2s_{13})}{[(h^2+k^2-hk)a^2+l^2c^2]^2}+\frac{a^3c[3\sqrt{3}hkl(h-k)s_{14}+l(2h-k)(2k^2-h^2+hk)s_{25}]}{[(h^2+k^2-hk)a^2+l^2c^2]^2} \tag{6.16}$$

$$\nu_{<hkl>}=\frac{3B-E_{<hkl>}}{6B} \tag{6.17}$$

式中，

$$B=\frac{2c_{11}+c_{33}+2c_{12}+4c_{13}}{9} \tag{6.18}$$

表 6.2 给出了 $P6_3/m$HA 晶胞在不同晶向<*uvw*>上的杨氏模量 E <*uvw*>和泊松比 ν<*uvw*>的 DFT 计算值。

表 6.2 $P6_3/m$HA 晶胞在不同结晶方向上的杨氏模量和泊松比

结晶方向	杨氏模量/GPa	泊松比
<102>	96	0.313
<103>	94	0.315
<311>	96	0.313
<002>	93	0.319
<211>	98	0.309
<202>	98	0.309
<210>	96	0.313

$E_{<211>}=98\text{GPa}$ 和 $\nu_{<211>}=0.309$ 的值可进一步用于更精确地估算等离子喷涂 TiO_2 过渡层/ HA 面层涂层系统的残余应力。

6.6 结论

尽管在等离子喷涂生物陶瓷涂层的结构参数及其对性能的影响方面取得了进展，但针对该领域的基本认识仍然不足。本章介绍了非损伤方法，重点研究和调控了此类涂层的晶体结构和力学性能。此外，一些基本的跨学科的复杂分析方法有助于更好地理解涂层微观结构的形成过程，对等离子喷涂生物陶瓷涂层的实际应用具有积极影响。

6.7 致谢

作者与达沃斯 AO 研究所所长 R. Geoff Richards 进行了深入的讨论并获得了宝贵的专家意见。

参 考 文 献

[1] Azarmi F, Coyle T W, Mostaghimi J. Optimization of atmospheric plasma spray process parameters using a design of experiment for alloy 625 coatings[J]. Journal of Thermal Spray Technology, 2008, 17(1): 144-155.

[2] Brossa F, Lang E. Plasma Spraying – a Versatile Coating Technique[M]. London: Kluwer Academic Publishers, 1992: 199-252.

[3] Boulos M I, Fauchais P, Vardelle A, et al. Fundamentals of plasma particle momentum and heat transfer[M]. New Jersey: World Scientific, 1993: 3-60.

[4] Burgess A V, Story B J, La D, et al. Highly crystalline MP-1 hydroxyapatite coating Part Ⅰ: In vitro characterization and comparison to other plasma-sprayed hydroxyapatite coatings[J]. Clinical Oral Implants Research, 1999, 10(4): 245-256.

[5] Celik E, Demirkıran A S, Avci E. Effect of grit blasting of substrate on the corrosion behaviour of plasma-sprayed Al_2O_3 coatings[J]. Surface & Coatings Technology, 1999, 116: 1061-1064.

[6] Chen S L, Siitonen P, Kettunen P. Experimental design and optimization of plasma sprayed coatings[M]. New Jersey: World Scientific, 1993: 95-120.

[7] Choi H M, Kang B S, Choi W K, et al. Effect of the thickness of plasma-sprayed coating on bond strength and thermal fatigue characteristics[J]. Journal of Materials Science, 1998, 33(24): 5895-5899.

[8] Chou B Y, Chang E. Plasma-sprayed hydroxyapatite coating on titanium alloy with ZrO_2 second phase and ZrO_2 intermediate layer[J]. Surface & Coatings Technology, 2002, 153(1): 84-92.

[9] Clyne T W, Gill S C. Residual stresses in thermal spray coatings and their effect on interfacial adhesion: a review of recent work[J]. Journal of Thermal Spray Technology, 1996, 5(4): 401-418.

[10] Cofino B, Fogarassy P, Millet P, et al. Thermal residual stresses near the interface between plasma - sprayed hydroxyapatite coating and titanium substrate: Finite element analysis and synchrotron radiation measurements[J]. Journal of Biomedical Materials Research Part A, 2004, 70(1): 20-27.

[11] Dhiman R, McDonald A G, Chandra S. Predicting splat morphology in a thermal spray process[J]. Surface & Coatings Technology, 2007, 201(18): 7789-7801.

[12] Ding S J, Su Y M, Ju C P, et al. Structure and immersion behavior of plasma-sprayed apatite-matrix coatings[J]. Biomaterials, 2001, 22(8): 833-845.

[13] Duan K, Wang R. Surface modifications of bone implants through wet chemistry[J]. Journal of Materials Chemistry, 2006, 16(24): 2309-2321.

[14] Dyshlovenko S, Pawlowski L, Roussel P. Experimental investigation of influence of plasma spraying operational parameters on properties of hydroxyapatite[C]. Basel, Switzerland: Proceedings of International Conference of Thermal Spraying, 2005: 726-731.

[15] Fan Q，Wang L，Wang F. Modeling of Temperature and Residual Stress Fields Resulting from Impacting Process of a Molten Ni Particle onto a Flat Substrate[C]. Basel, Switzerland: Proceedings of International Thermal Spray Conference, 2005: 275-279.

[16] Frayssinet P, Hardy D, Rouquet N. The Role of Hydroxyapatite Coating Characteristics in Bone Integration after Two Decades of Follow-up in Human Beings[C]. Washington: Proceedings of International Thermal Spray Conference, 2006: 35-40.

[17] Gaona M, Lima R S, Marple B R. Nanostructured titania/hydroxyapatite composite coatings deposited by high velocity oxy-fuel (HVOF) spraying[J]. Materials Science & Engineering: A, 2007, 458(1-2): 141-149.

[18] Gergov B, Iordanova I, Velinov T. A complex investigation of structure and properties of thermally sprayed Ni and Cu-based coatings[J]. Revue de Physique Appliquée, 1990, 25(12): 1197-1204.

[19] Giannozzi P, Baroni S, Bonini N, et al. Quantum Espresso: a modular and open-source software project for quantum simulations of materials[J]. Journal of Physics: Condensed Matter, 2009, 21(39): 395-502.

[20] Gill B J, Tucker R C. Plasma spray coating processes[J]. Materials Science & Technology, 1986, 2(3): 207-213.

[21] Gonze X. Towards a potential-based conjugate gradient algorithm for order-N self-consistent total energy calculations[J]. Physical Review B, 1996, 54(7): 4383.

[22] Gueorguiev B, Iordanova I, Sprecher C. Crystallography of hydroxyapatite films applied by

flame spraying on TAV substrates[C]. Ilmenau, Germany: Proceedings of the 15th Workshop on Plasmatechnik, 2008: 25-32.

[23] Gueorguiev B, Iordanova I, Sprecher C. Evaluation of Spherical Grains in Flame-Sprayed Coatings for Medical Purposes by Stereological Methods[J]. Bulgarian Journal of Physics, 2008, 35: 119-128.

[24] Gueorguiev B, Iordanova I, Sprecher C M, et al. Surface engineered titanium alloys by application of bioceramic coatings for medical purposes[J]. Galvanotechnik, 2008, 99(12): 3070-3076.

[25] Gueorguiev B, Sprecher C, Antonov V, et al. Investigation of TiO_2 and HA plasma-sprayed biomedical coatings by structural and DFT methods[C]. Ilmenau, Germany: Proceedings of the 16th Workshop on Plasmatechnik, 2009: 20-26.

[26] Gueorguiev B, Iordanova I, Sprecher C M, et al. Plasma-spraying methods for applications in the production of quality biomaterials for modern medicine and dentistry[J]. Journal of Optoelectronics and Advanced Materials, 2009, 11(9): 1331-1334.

[27] Harsha S, Dwivedi D K, Agarwal A. Performance of flame sprayed Ni-WC coating under abrasive wear conditions[J]. Journal of Materials Engineering and Performance, 2008, 17(1): 104-110.

[28] Heimann R B. Materials science of crystalline bioceramics: a review of basic properties and applications[J]. Chiang Mai University Journal of Natural Sciences, 2002, 1(1): 23-46.

[29] Heimann R B, Schürmann N, Müller R T. In vitro and in vivo performance of Ti6Al4V implants with plasma-sprayed osteoconductive hydroxyapatite–bioinert titania bond coat “duplex” systems: an experimental study in sheep[J]. Journal of Materials Science: Materials in Medicine, 2004, 15(9): 1045-1052.

[30] Hemmati I, Hosseini H R M, Kianvash A. The correlations between processing parameters and magnetic properties of an iron–resin soft magnetic composite[J]. Journal of Magnetism and Magnetic Materials, 2006, 305(1): 147-151.

[31] Herrmann M, Engel W, Göbel H. Micro Strain in HMX Investigated with Powder X-Ray Diffraction and Correlation with the Mechanical Sensitivity[C]. Colorado, USA: Proceedings of the 51th Annual Denver X-Ray Conference Advances in X-Ray Analysis, 2002, 45(1): 212-217.

[32] Iordanova I, Forcey K S. Investigation by Rutherford back-scattering spectrometry of tin coatings electrolytically applied on steel strip[J]. Materials Science & Technology, 1991, 7(1): 20-23.

[33] Iordanova I, Forcey K S, Valtcheva J, et al. An X-ray study of thermally-sprayed metal coatings[C]. Switzerland: Trans Tech Publications Ltd, 1994, 166: 319-324.

[34] Iordanova I, Forcey K S, Gergov B, et al. Characterization of flame-sprayed and plasma-sprayed pure metallic and alloyed coatings[J]. Surface & Coatings Technology, 1995, 72(1-2): 23-29.

[35] Iordanova I, Forcey K S. Texture and residual stresses in thermally sprayed coatings[J]. Surface & Coatings Technology, 1997, 91(3): 174-182.

[36] Iordanova I, Surtchev M, Forcey K S. Metallographic and SEM investigation of the microstructure of thermally sprayed coatings on steel substrates[J]. Surface & Coatings Technology, 2001, 139(2-3): 118-126.

[37] Iordanova I, Antonov V, Gurkovsky S. Changes of microstructure and mechanical properties of cold-rolled low carbon steel due to its surface treatment by Nd: glass pulsed laser[J]. Surface & Coatings Technology, 2002, 153 (2-3): 267-275.

[38] Berger-Keller N, Bertrand G, Coddet C, et al. Influence of plasma spray parameters on microstructural characteristics of TiO_2 deposits[C]. Ohio, USA: ASM International, Materials Park, 2003: 1403-1408.

[39] Khor K A, Gu Y W, Pan D, et al. Microstructure and mechanical properties of plasma sprayed HA/YSZ/Ti–6Al–4V composite coatings[J]. Biomaterials, 2004, 25(18): 4009-4017.

[40] Kreye H, Schwetzke R, Zimmermann S. High velocity oxy-fuel flame spraying-process and coating characteristics[C]. Ohio, USA: ASM International, Materials Park, 2007: 451-456.

[41] Kuroda S, Clyne T W. The quenching stress in thermally sprayed coatings[J]. Thin Solid Films, 1991, 200(1): 49-66.

[42] LeGeros R Z. Properties of osteoconductive biomaterials: calcium phosphates[J]. Clinical Orthopaedics and Related Research, 2002, 395: 81-98.

[43] Leigh S H, Berndt C C. Evaluation of off-angle thermal spray[J]. Surface & Coatings Technology, 1997, 89(3): 213-224.

[44] Li C J, Ohmori A. Relationships between the microstructure and properties of thermally sprayed deposits[J]. Journal of Thermal Spray Technology, 2002, 11(3): 365-374.

[45] Li H, Khor K A, Cheang P. Thermal sprayed hydroxyapatite splats: nanostructures, pore formation mechanisms and TEM characterization[J]. Biomaterials, 2004, 25(17): 3463-3471.

[46] Li Y, Khor K A. Microstructure and composition analysis in plasma sprayed coatings of

$Al_2O_3/ZrSiO_4$ mixtures[J]. Surface & Coatings Technology, 2002, 150(2-3): 125-132.

[47] Liu F, Zeng K, Wang H, et al. Numerical Investigation on the Heat Insulation Behaviour of Thermal Spray Coating by Unit Cell Model[C]. Maastricht: Proceedings of the International Thermal Spray Conference, 2008: 806-810.

[48] Liu X, Zhao X, Ding C. Introduction of bioactivity to plasma sprayed TiO_2 coating with nanostructured surface by post-treatment[C]. Washington: Proceedings of the International Thermal Spray Conference, 2006: 53-57.

[49] Lugscheider E, Oberländer B C, Rouhaghdam A S. Optimising the APS-Process Parameters for New NI-Hardfacing Alloys Using a Mathematical Model[M]. New Jersey: World Scientific, 1993: 141-162.

[50] Mawdsley J R, Su Y J, Faber K T, et al. Optimization of small-particle plasma-sprayed alumina coatings using designed experiments[J]. Materials Science & Engineering: A, 2001, 308(1-2): 189-199.

[51] McPherson R, Gane N, Bastow T J. Structural characterization of plasma-sprayed hydroxyapatite coatings[J]. Journal of Materials Science: Materials in Medicine, 1995, 6(6): 327-334.

[52] Monkhorst H J, Pack J D. Special points for Brillouin-zone integrations[J]. Physical Review B, 1976, 13(12): 5188-5192.

[53] Montavon G, Sampath S, Berndt C C, et al. Effects of the spray angle on splat morphology during thermal spraying[J]. Surface & Coatings Technology, 1997, 91(1-2): 107-115.

[54] Moreau C, Bisson J F, Lima R S, et al. Diagnostics for advanced materials processing by plasma spraying[J]. Pure and Applied Chemistry, 2005, 77(2): 443-462.

[55] Morris H F, Ochi S. Hydroxyapatite-coated implants: a case for their use[J]. Journal of Oral and Maxillofacial Surgery, 1998, 56(11): 1303-1311.

[56] Nelea V, Jelinek M, Mihailescu I N. Biomaterials: new issues and breakthroughs for biomedical applications[M]. London: John Wiley & Sons, Inc, 2007: 421-459.

[57] Neufuss K, Ilavsky J, Kolman B, et al. Variation of plasma spray deposits microstructure and properties formed by particles passing through different areas of plasma jet[J]. Ceramics-Silikaty, 2001, 45(1): 1-8.

[58] Nicoll A R, Gruner H, Prince R, et al. Thermal spray coatings for high temperature protection[J]. Surface Engineering, 1985, 1(1): 59-71.

[59] Ohmori A, Li C J. Quantitative characterization of the structure of plasma-sprayed Al_2O_3 coating by using copper electroplating[J]. Thin Solid Films, 1991, 201(2): 241-252.

[60] Parizi H B, Rosenzweig L, Mostaghimi J, et al. Numerical Simulation of Droplet Impact on Patterned Surfaces[C]. Ohio, USA: ASM International, Materials Park, 2007: 213-218.

[61] Prevey P S. X-ray diffraction residual stress techniques[J]. ASM International, ASM Handbook, 1986, 10: 380-392.

[62] Salman S, Cal B, Gunduz O, et al. The influence of bond-coating on plasma sprayed alumina-titania, doped with biologically derived hydroxyapatite, on stainless steel[J]. Virtual and Rapid Manufacturing: Advanced Research in Virtual and Rapid Prototyping, 2007, 600: 289-292.

[63] Sampath S, Jiang X, Kulkarni A, et al. Development of process maps for plasma spray: case study for molybdenum[J]. Materials Science & Engineering: A, 2003, 348(1-2): 54-66.

[64] Sarikaya O. Effect of some parameters on microstructure and hardness of alumina coatings prepared by the air plasma spraying process[J]. Surface & Coatings Technology, 2005, 190(2-3): 388-393.

[65] Schlegel H B. Optimization of equilibrium geometries and transition structures[J]. Journal of Computational Chemistry, 1982, 3(2): 214-218.

[66] Sirotin Y I, Shaskolskaya M P. Fundamentals of Crystal Physics[M]. New York: Imported Publications, 1983.

[67] Skulev H, Malinov S, Sha W, et al. Microstructural and mechanical properties of nickel-base plasma sprayed coatings on steel and cast iron substrates[J]. Surface & Coatings Technology, 2005, 197(2-3): 177-184.

[68] Soares P, Mikowski A, Lepienski C M, et al. Hardness and elastic modulus of TiO_2 anodic films measured by instrumented indentation[J]. Journal of Biomedical Materials Research Part B: Applied Biomaterials, 2008, 84(2): 524-530.

[69] Srinivasan V, Sampath S, Vaidya A, et al. On the reproducibility of air plasma spray process and control of particle state[J]. Journal of Thermal Spray Technology, 2006, 15(4): 739-743.

[70] Staia M H, Valente T, Bartuli C, et al. Part Ⅱ: tribological performance of Cr_3C_2-25% NiCr reactive plasma sprayed coatings deposited at different pressures[J]. Surface & Coatings Technology, 2001, 146: 563-570.

[71] Streibl T, Vaidya A, Friis M, et al. A critical assessment of particle temperature distributions during plasma spraying: experimental results for YSZ[J]. Plasma Chemistry and Plasma Processing, 2006, 26(1): 73-102.

[72] Suchanek W, Yoshimura M. Processing and properties of hydroxyapatite-based biomaterials for use as hard tissue replacement implants[J]. Journal of Materials Research, 1998, 13(1):

94-117.

[73] Sun L, Berndt C C, Khor K A, et al. Surface characteristics and dissolution behavior of plasma-sprayed hydroxyapatite coatings[J]. Journal of Biomedical Materials Research Part A, 2002, 62(2): 228-236.

[74] Thomas K A. Hydroxyapatite coatings[J]. Orthopedics, 1994, 17(3): 267-278.

[75] Toma L, Keller N, Bertrand G, et al. Elaboration and characterization of environmental properties of TiO_2 plasma sprayed coatings[J]. International Journal of Photoenergy, 2003, 5(3): 141-151.

[76] Tong W, Chen J, Li X, et al. Effect of particle size on molten states of starting powder and degradation of the relevant plasma-sprayed hydroxyapatite coatings[J]. Biomaterials, 1996, 17(15): 1507-1513.

[77] Tsui Y C, Doyle C, Clyne T W. Plasma sprayed hydroxyapatite coatings on titanium substrates Part 1: Mechanical properties and residual stress levels[J]. Biomaterials, 1998, 19(22): 2015-2029.

[78] Wallace J S, Ilavsky J. Elastic modulus measurements in plasma sprayed deposits[J]. Journal of Thermal Spray Technology, 1998, 7(4): 521-526.

[79] Lu Y P, Li M S, Li S T, et al. Plasma-sprayed hydroxyapatite + titania composite bond coat for hydroxyapatite coating on titanium substrate[J]. Biomaterials, 2004, 25(18): 4393-4403.

[80] Zhao X, Chen Z, Liu X, et al. Preparation, microstructure and bioactivity of plasma-sprayed TiO_2 coating[J]. Thermal Spray 2007: Global Coating Solutions, 2007: 397-400.

[81] Zhu Y, Ding C. Characterization of plasma sprayed nano-titania coatings by impedance spectroscopy[J]. Journal of the European Ceramic Society, 2000, 20(2): 127-132.

第三部分

等离子喷涂纳米涂层

第 7 章　固相法合成热喷涂用先进纳米材料

Behrooz Movahedi

7.1　引言

粉末原料的制备是热喷涂涂层的第一步，目前粉末原料制备技术包括气/水雾化、机械合金化/研磨、热化学方法、喷雾干燥、团聚和烧结、等离子体熔融和溶胶-凝胶加工技术等。固相合成是反应物在固态下进行化学反应或合金化。固相反应动力学受到反应物穿过相界的扩散速率以及通过中间产物层扩散速率的限制。因此，传统的固相合成技术总是需要使用较高的温度，以确保将扩散速率维持在较高水平。最近，机械球磨工艺引起了广泛的关注，原因是在低温下可能产生大量纳米晶或其他非平衡结构。该现象是因为研磨介质在碰撞过程中使原料粉末发生了机械诱导的固相反应。

本章介绍固相合成热喷涂材料工艺，以及与涂层相关的基础知识、机理和最新进展。

7.2　固相合成热喷涂粉体材料

机械研磨进行固相合成通常采用球磨设备。根据球磨过程中作用到混合粉末能量的大小，球磨设备通常可分为低能球磨和高能球磨。用于机械研磨或混合的球磨设备属于低能球磨设备，如卧式粉碎机等。低能棒磨机或球磨机的速度对于工艺效率至关重要（见图 7.1（a））。球（或棒）必须从磨机的顶部掉落到被研磨的原料上（见图 7.1（b）），如果研磨机速度太快，则研磨介质将不会完全掉落，或者会直接坠落到周边区域（见图 7.1（c））。当研磨机速度较低时，研磨介质根本不会掉落。而在最佳速度下，研磨介质会以“级联”方式连续撞击到粉末原料上。

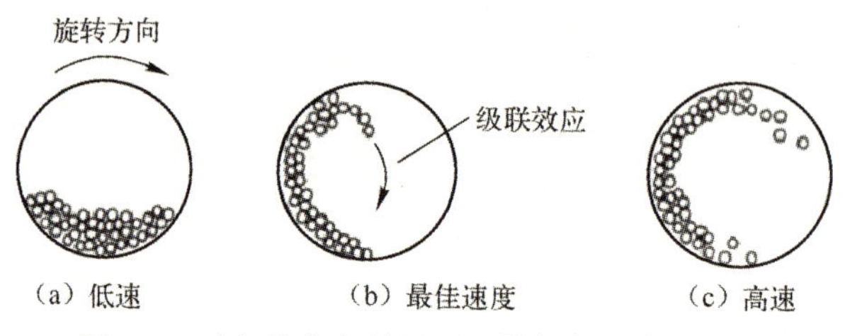

图 7.1　研磨效率和效果不同的低能研磨示意图

在用于改变预制材料化学组成的机械研磨工艺中，通常采用高能球磨机。高能球磨机有很多类型，包括图 7.2 展示的碾磨机、行星球磨机和振动球磨机。在碾磨机中，旋转的叶轮引发磨球和粉末之间的相对运动。在行星球磨机中，转盘和球磨罐以相反的方向旋转，转速为几百转每分钟。在振动球磨机（也称为摇动球磨机）中，将容器设置为 1D 或 3D 垂直振荡运动。Spex 8000 是一种商业化的 3D 振动球磨设备。在各类高能球磨设备中，碾磨机粉末装载能力最大。因此，本章中采用碾磨机合成用于制造纳米涂层的热喷涂原料粉末。

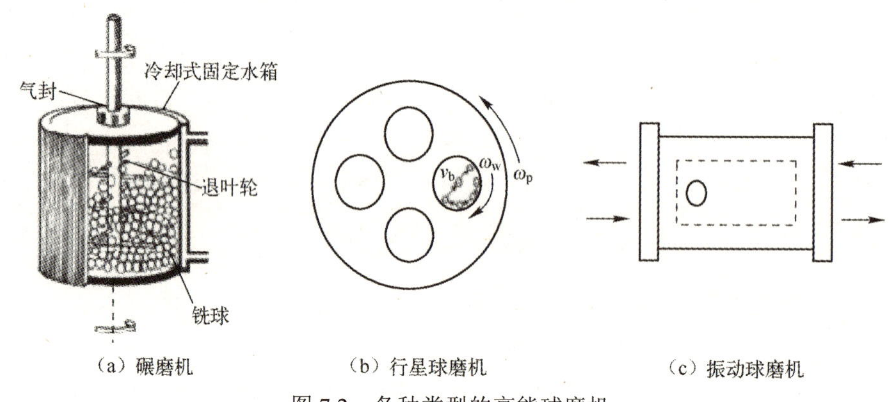

图 7.2　各种类型的高能球磨机

高能机械研磨是一种生产纳米结构粉末的低成本方法，适用于多种纳米材料。在研磨过程中，混合粉末不断发生焊合和断裂，最终实现了合金化。通过研磨陶瓷硬质相颗粒和金属黏合剂，可以获得组织细化的复合粉末。通过改变研磨条件，可以调节硬质相的尺寸和形状。通常用于描述高能球磨机中粉末颗粒加工的术语有两个：机械合金、机械研磨。其中，机械合金化描述的是将粉末混合物（不同金属或合金/化合物）研磨在一起的过程。因此，如果将纯金属 A 和纯金属 B 的粉末研磨在一起以产生固溶体（平衡或过饱和）、金属间化合物或非晶相，则该过程简写为 MA。在该过程中材料发生迁移以形成均质合金。在高能球磨机中研磨成分均匀（通常是化学计量）的粉末，如纯金属、金属间化合物或预合金粉末，并且不需要材料迁移实现均质化时，该过程称为机械研磨（MM）。

机械合金化是一个复杂的过程，涉及多个过程变量来得到所需的物相、微观结构或性能。对于给定的粉末成分，一些对粉末最终成分有重要影响的因素包括：研磨机类型、研磨容器、研磨能量/速度、研磨时间、研磨介质的尺寸分布、球料重量比（BPR）、球磨罐填充率、研磨环境气氛、工艺控制模块（PCA）和研磨温度。有关研磨参数以及这些变量对最终产品的影响等更多信息，请参阅 C. Suryanarayana 撰写的《机械合金化和球磨》一书。

原料粉末的粉末粒度、形态会影响喷涂过程中的熔融状态，进而决定涂层微结构的形成。为了获得具有不同形态的粉末颗粒，可以通过不同的工艺方案制备粉末，包括高能研磨、喷雾干燥和烧结等。图 7.3 中的技术路线 A 包括在团聚条件下的粉碎研磨。如果直接在研磨过程中获得足够的团聚颗粒，则粉末力度的进一步控制仅需要筛分即可。因此，为了缩短研磨时间，可以在短时间研磨后马上进行筛分处理，以获得粒径范围满足喷涂工艺要求的粉末颗粒，从而节省时间和能耗（技术路线 B）。在技术路线 C 中，高能球磨可以与喷雾干燥及烧结工艺相结合，与其他技术路线制备的粉末相比，可形成球形度更好的粉末颗粒，并且具有更细、更均匀的相分布。

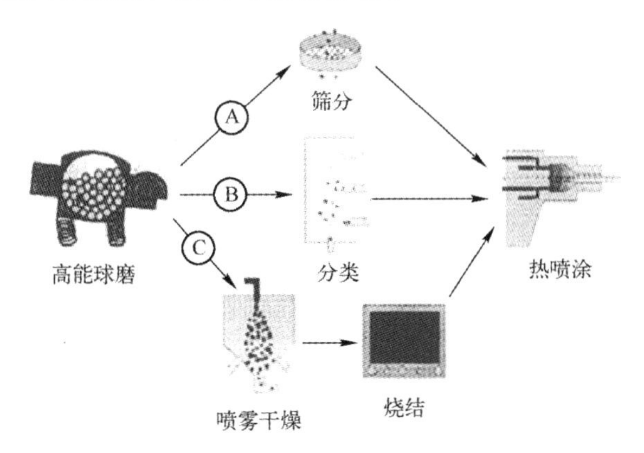

图 7.3　合成热喷涂原料粉末的工艺路线示意图

7.3　先进材料及其热喷涂层

热喷涂技术工艺是将熔融或半熔融的粉末沉积到基材上以产生涂层。

涂层的微观结构和性能取决于撞击颗粒的温度与动能，也会受到喷涂工艺、原材料特征的影响。各种涂层沉积在基体表面上，以改善基体材料在应用中的性能。纳米材料的组织结构特征尺寸在 1～100nm 范围内。当晶粒足够小时，超过 50vol%的原子会位于晶粒界面处。位于界面处的相邻原子形成大量的界面物相，有助于提升纳米材料的物理及力学性能。以纳米粉末作为原料，研究人员能够采用热喷涂方法制备出具有更高硬度、强度和耐腐蚀性的涂层。

7.3.1 金属间化合物

自黏合材料已经广泛应用于热喷涂领域。由于涂层与基材的结合通常是热喷涂涂层系统中最薄弱的环节，因此自黏合材料与基材之间形成牢固、可靠的结合后能极大地提高整个涂层系统的性能。尽管自黏合材料种类较多，但热喷涂领域中应用最广泛的是 Ni-Al 粉。自黏合粉末在未预处理的基体表面（仅在 80～100℃的温度下进行预热）获得良好附着力的原因是，在喷涂过程中 Ni 和 Al 之间发生反应形成金属件化合物并释放出大量的热量。根据喷涂过程中金属间反应的程度不同会形成不同种类的金属间化合物。Sampath 等人使用真空等离子喷涂（VPS）和大气等离子喷涂（APS）制备了成分不同的 Ni-Al 涂层，并对其物相组成进行了研究。试验中发现 VPS 涂层中具有由 Ni 和 Al 之间的反应产生的微观结构，而 APS 涂层中包含 Al_2O_3 以及 Al 和 Ni（-Ni）形成的固溶体。可以得出以下结论：喷涂环境气氛（尤其是其 O_2 含量）对涂层的微观特征有显著的影响，直接决定着涂层的物相组成。

Movahedi 等人合成了一种热喷涂用 Ni-10wt%Al 粉末，该粉末由低能量的球磨机（如滚筒式球磨机）制备，粉体中包含 Ni 和 Al 两种成分，二者通过研磨呈层状交替结合，形成成分均匀的粉末。通过将原料粉末机械合金化，可以很容易地产生这种层状结构。当将机械能施加到不同种类的粉末上时，冷焊会导致原料粉末颗粒之间形成刚性结合。这种无黏合剂复合粉末可以通过热喷涂在各种基体上形成所需要的涂层。

图 7.4 显示了经过不同时间低能球磨后，Ni-10wt%Al 粉末的 XRD 图谱。X 射线衍射图中仅包括元素 Ni 和 Al 峰，而没有任何氧化物或金属间化合物的衍射峰。与之相反，一些研究人员发现采用高能球磨机（行星球磨机）对 Ni75Al25 粉末混合物进行球磨后会形成 Ni（Al）固溶体，进一步球磨后该固溶体会转化

为 Ni-Al 金属间化合物。与高能球磨机相比，低能球磨机中粉末颗粒的塑性变形程度较低、温度的局部升高有限、晶格缺陷密度的增加幅度较小，使得扩散传质不佳，导致其不可能获得 Ni-Al 金属间化合物相。

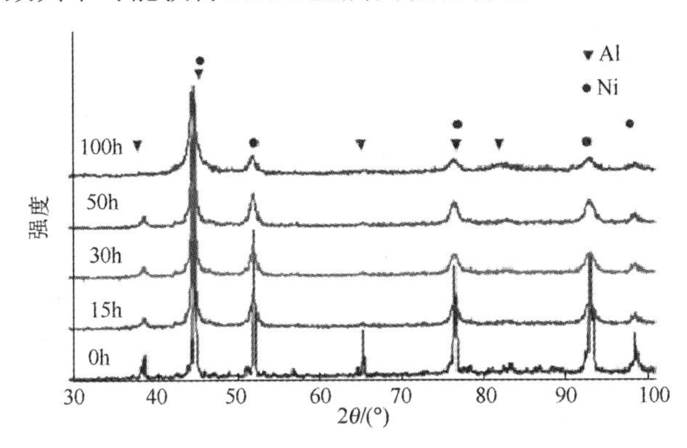

图 7.4　Ni-10wt%Al 复合粉末在不同的研磨时间后的 X 射线衍射图谱

值得注意的是，由于晶粒尺寸的细化以及 Ni 和 Al 晶格中非均匀应变的增加，Ni 和 Al 的 XRD 衍射峰具有比原料粉末更低的强度和更大的宽度。图 7.5 展示了在不同研磨时间之后的粉末颗粒的截面图像。在球磨初期（10h），Al 颗粒被压扁并冷焊到 Ni 颗粒上。低能机械研磨 20h 后，Ni 颗粒也发生塑性变形，并形成了由纯 Al 和 Ni 层组成的典型层状结构，层厚约为 10μm（白色区域为 Ni，黑色区域为 Al）。在连续球磨过程中，层状结构得以细化，在经过 35h 的研磨后，平均层厚度约为 5μm。

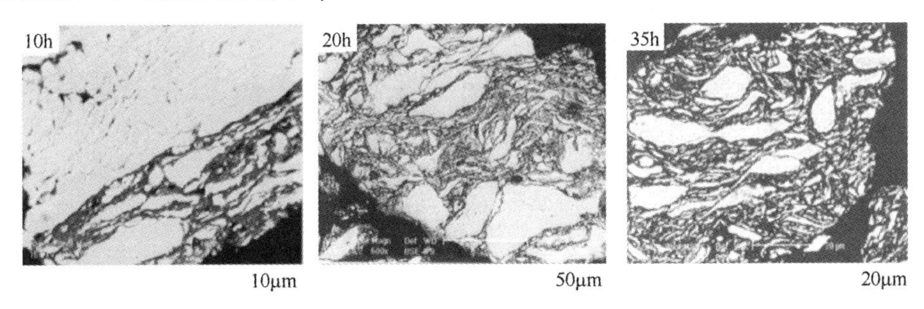

图 7.5　不同研磨时间 Ni-10wt%Al 复合粉末的截面 SEM 图像

图 7.6 为粉末颗粒平均粒径与研磨时间的关系曲线。随着研磨时间达到 20h，Ni-10wt%Al 的平均粒径有所增加，达到最大值 300μm。当研磨时间超过 20h 后，粉末颗粒平均粒径会逐渐减小，并在研磨 100h 后最终达到 5μm 的恒

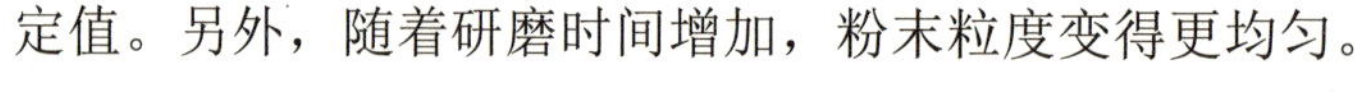
定值。另外，随着研磨时间增加，粉末粒度变得更均匀。

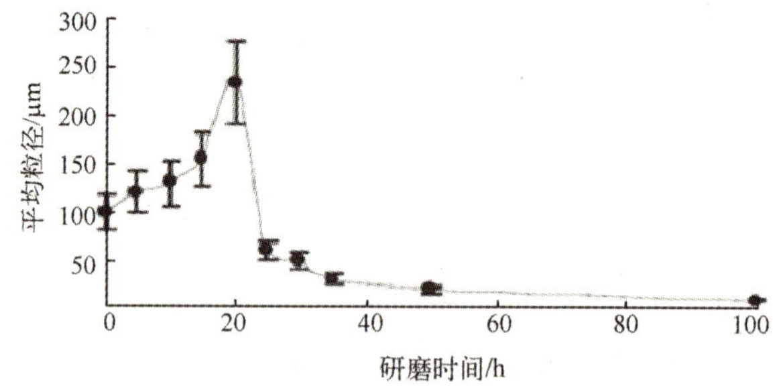

图 7.6　Ni-10wt%Al 复合粉末的平均粒径与研磨时间的关系

研磨过程中粉末粒径的变化是由 Ni 和 Al 粉末颗粒在研磨过程中不断地断裂和冷焊所引起的，小尺寸的颗粒生长，而较大的颗粒破裂。当对不同种类的粉末施加机械能时，颗粒之间的刚性结合通过焊接实现。在研磨过程中，通过塑性变形和压碎颗粒的方式将粉末颗粒焊接在一起，并一次又一次地重复该过程，最终减小了混合物的尺寸并使其紧密接触。所得粉末由原料混合而成且均匀分布。粉末的粒度分布对热喷涂涂层的质量和特征有显著影响。通常认为，热喷涂粉末的最佳粒径在 35～100μm 范围内。当粉末尺寸较大时，采用简单的料斗就可以实现粉末注入；反之，粉末尺寸较小时，更容易在喷涂过程中发生熔融。对于给定的等离子喷涂参数，相应地会有最佳粉末尺寸范围。该粒度范围的颗粒将在等离子体中发生熔融，并且以足够的动能撞击到基体表面沉积形成涂层。尺寸太小的粉末颗粒将失去速度或可能蒸发，从而降低喷涂效率，而尺寸太大的粉末颗粒熔融状态会较差并形成大孔隙率低结合强度的涂层。总之，粉末颗粒大小会显著影响飞行过程中的颗粒温度和速度，进而影响涂层的性能。Movahedi 等人发现，通过低能球磨制得的 Ni-10wt%Al 粉末具有由 Ni 和 Al 层交替叠加的微观结构，并且具有高缺陷密度（如位错和空位）。因此，在等离子喷涂过程中，Ni 层和 Al 层之间容易发生 Al 热反应，从而增强了结合强度。

图 7.7 显示了等离子喷涂 Ni-10wt%Al 涂层的 XRD 图谱。可以看出，涂层中包括 Ni-Al 金属间化合物及 Ni 固溶体。机械研磨粉末的显著特征是在研磨过程中形成了由纯 Al 层和 Ni 层组成的层状结构。这种结构为等离子喷涂过程中发生的放热反应提供了较大的 Ni-Al 界面。Ni 和 Al 如果发生反应不完全，其原因是热喷涂过程中粉末颗粒的热量损失过快。

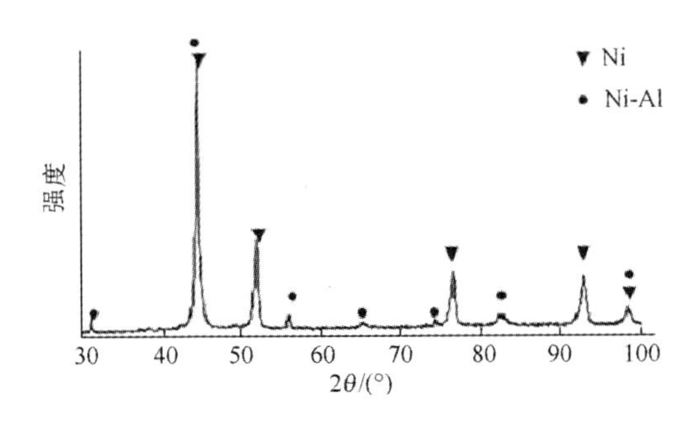

图 7.7　等离子喷涂 Ni-10wt%Al 涂层的 XRD 图谱

图 7.8 为 Ni-10wt%Al 等离子喷涂层在不同放大倍数下的截面 SEM 图像。孔隙形状表明它们是颗粒处于熔融状态时摄入空气而形成的。另外，在喷涂后的冷却过程中，由于颗粒间的扩散受到限制并且液态物质流动受到阻碍，因此在单个颗粒之间会形成空腔和孔洞。

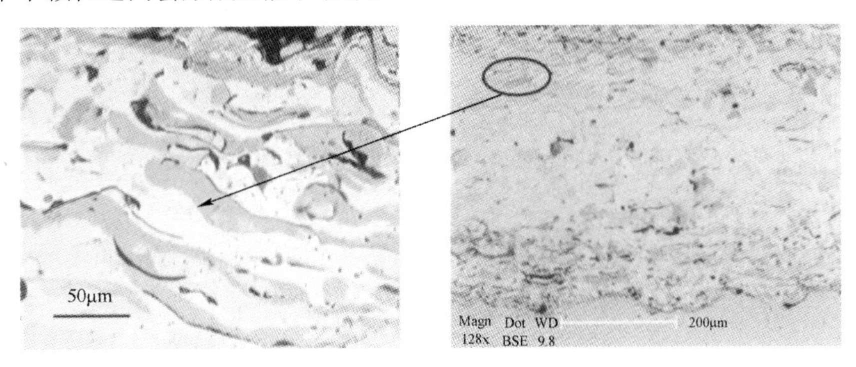

图 7.8　Ni-10wt%Al 等离子喷涂层在不同放大倍数下的截面 SEM 图像

Ni-Al 金属间化合物因其出色的抗氧化性、高导热性、低密度和高熔点而成为一种很好的高温结构材料。在过去的 30 多年中，研究人员针对 Ni-Al 开展了广泛的研究，发现其既可以用作块状材料，还可以用作涂层材料。结果表明，Ni-Al 合金在耐磨领域中有着巨大的应用潜力，采用 Ni-Al 涂层可以显著改善碳钢零件耐磨性。Ni-Al 还可以应用于涡轮发动机、转子叶片和定子叶片等。然而，在环境温度下延展性不足是该材料的主要缺点，研究人员已经进行了许多尝试来克服该缺点，例如结构纳米化，能将传统的脆性材料转变为韧性材料。纳米 Ni-Al 金属间化合物的合成方法之一是高能机械合金化（MA）。在 MA 期间，通过快速爆炸反应或逐渐扩散产生了两种不同的 Ni-Al 形成机制。MA 制备的粉末可以使用不同的热喷涂技术（包括等离子喷涂和超声速火焰喷涂

（HVOF）工艺）沉积在基体的表面上。关于热喷涂 Ni-Al 涂层的文献研究很少。Hearley 等使用惰性气体雾化和反应烧结的 Ni-30wt%Al 粉末通过 HVOF 热喷涂制备 Ni-Al 金属间化合物涂层。文献中提到，惰性气体雾化球形粉末粒径范围在 15～45μm 时，制备涂层质量更好。另外，燃料和氧气的流量都会影响涂层的沉积特性和性能。

图 7.9 显示了在高能球磨时间 60min、90min 和 120min 后 Ni50Al50 粉末的 XRD 图谱。Ni50Al50 原料粉末的 XRD 图谱显示出 Ni 晶粒和 Al 晶粒的衍射峰。研磨时间达到 60min 后，Ni 和 Al 衍射峰消失，而 Ni-Al 衍射峰开始出现。高能球磨 90min 后，发生了 Ni-Al 粉末混合物向 Ni-Al 金属化合物的转变。该结果表明，大尺寸 Ni-Al 界面形成，以及高能球磨过程中引入大量缺陷（如位错和晶界等）后造成扩散路径缩短，可以有效地促进 Ni 和 Al 之前的反应。Hu 等人指出，在 MA 中，Ni 和 Al 在 240h 后完全转变为 Ni-Al 金属间化合物，这比 Enayati 等人研究中的 MA 时间长得多。这种差异可能是由于所使用的球磨机不同造成的。

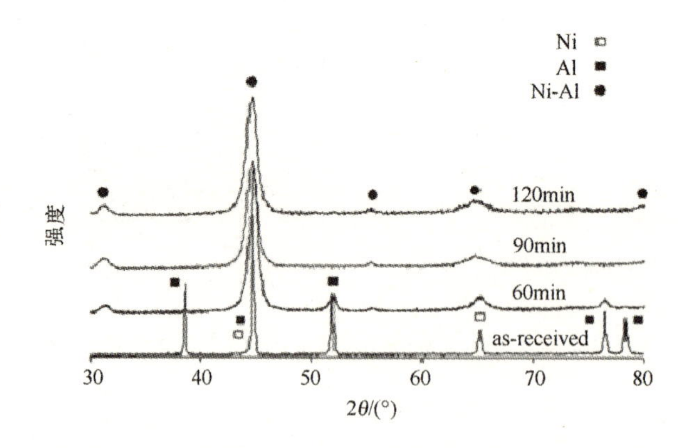

图 7.9　机械合金化过程中由 Ni50Al50 粉末形成的 Ni-Al 金属间化合物 XRD 图谱

图 7.10 显示了经过 90min 研磨后的粉末 XRD 图谱和涂层 XRD 图谱（HVOF 喷涂参数见表 7.1）。除了 Ni-Al 主峰，在涂层的 XRD 图谱上还可以观察到另外几个强度较小的衍射峰，分别属于 Ni 相和 Al_2O_3 相。Enayati 等人提出在 HVOF 喷涂过程中，由于 Ni-Al 颗粒置于高温（通常为 3000℃）下，将会发生 Al 的氧化和 Ni-Al 的分解。随着燃料与氧气比值的增加，涂层Ⅱ中的 Ni 和 Al_2O_3 峰强度较高。这意味着较高的燃料与氧气比值会导致较高的火焰温度，因此会在 HVOF 喷涂过程中产生更多的氧化物。

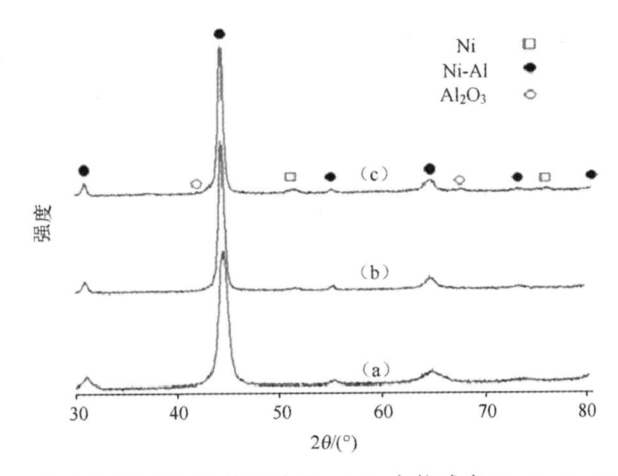

图 7.10　粉末及涂层 XRD 检测结果：（a）高能球磨 90min Ni-Al 粉末；（b）HVOF 喷涂参数 I 制备涂层；（c）HVOF 喷涂参数 II 制备涂层

表 7.1　Ni-Al 涂层的 HVOF 喷涂参数

HVOF 参数	状态	
	I	II
氧气流量/$L \cdot min^{-1}$	830	830
燃油流量/$mL \cdot min^{-1}$	210	240
燃料与氧气体积比	0.025	0.029
喷涂距离/mm	360	360
粉末量/$g \cdot min^{-1}$	80	80
通过次数	3	3

图 7.11 展示了 HVOF 涂层的截面微观结构。由于熔融或半熔融液滴的沉积和凝固，涂层表现出典型的片层结构状态。浅灰色层和深灰色层分别是富 Ni 相和富 Al 相，这与 Movahedi 等人的研究结果一致。Enayati 等人发现，由于较高的燃料流速和火焰温度，涂层 II 的微观结构均匀性得到了改善。

Zhang 等人提出，已经选择机械合金化粉末，通过冷喷涂工艺可制备致密的 Ni-Al 合金涂层。图 7.12 展示了 Ni-Al 合金涂层的典型截面显微组织 SEM 图像，可观察到涂层表现出较高的致密度，并且在涂层微观结构上出现了一些白色较厚的片层。

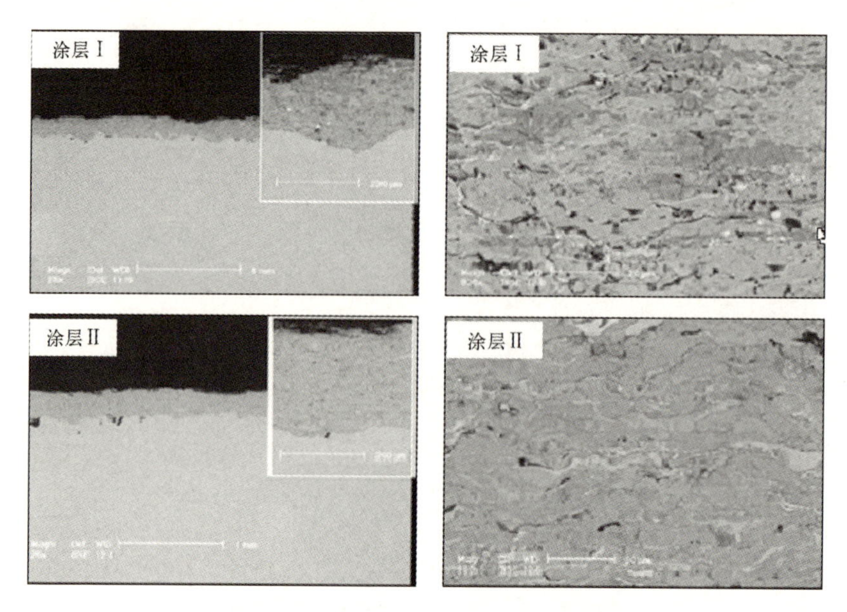

图 7.11　HVOF 涂层的截面微观结构

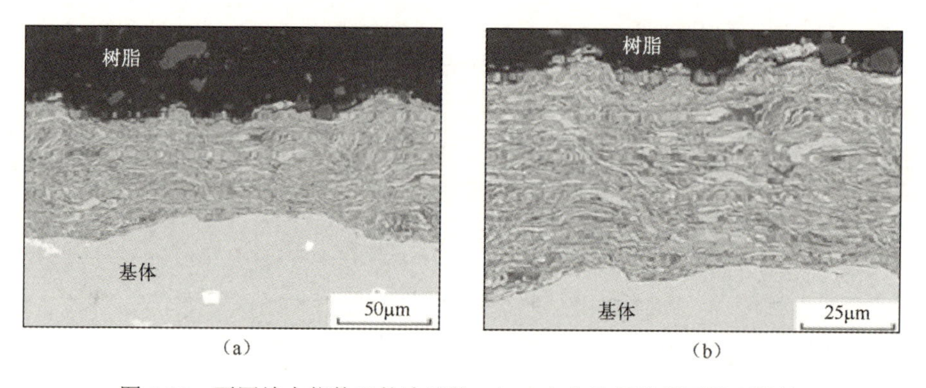

（a）　（b）

图 7.12　不同放大倍数下的冷喷涂 Ni-Al 合金涂层的截面微观结构

冷喷涂后的涂层和原料粉末的 XRD 图谱如图 7.13 所示。在粉末的 XRD 图谱中仅观察到 Ni 和 Al 的衍射峰。显然，冷喷涂层的 XRD 图谱与原料粉末基本相同。该事实表明，涂层和原料具有相同的相结构，并且未在粉末和涂层的 XRD 图谱中检测出氧化物。在冷喷涂中，颗粒以固态进行沉积。因此，研磨粉末的层状结构将完全保留在涂层中，从而对冷喷涂涂层的微观结构和性能产生影响。根据 EDS 对涂层的分析，Zhang 等人认为，白色较厚片层是富 Ni 相，而厚度较薄的片层是 Al 含量高的 Ni-Al 固溶体。

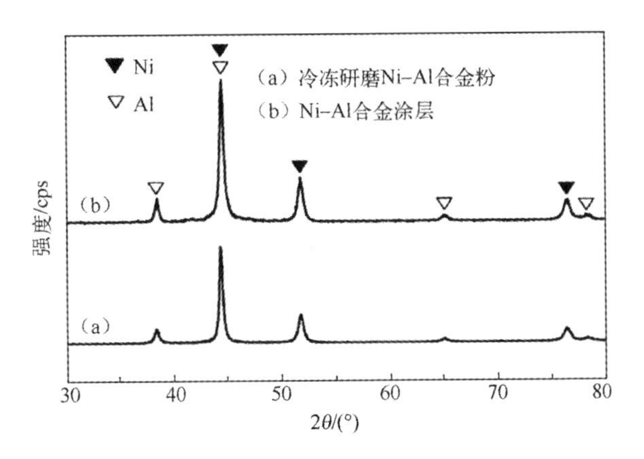

图 7.13　原料粉末和冷喷涂 Ni-Al 涂层的 XRD 图谱

经过退火的 Ni-Al 冷喷涂层 XRD 图谱如图 7.14 所示。在 500℃退火 3h 后，Ni 和 Al 峰完全消失，并且出现了与 Ni_2Al_3 和 NiAl 相对应的衍射峰（见图 7.14（a））。随着退火温度升至 600℃，从图 7.14（b）可以看出，NiAl 成为主相，只有少量的 Ni_2Al_3 存在。当温度升高到 850℃时，Ni_2Al_3 的衍射峰消失了（见图 7.14（c）），在 X 射线衍射图中仅存在 NiAl 相的衍射峰。这一现象表明，在高于 850℃的温度下进行退火会将 Ni-Al 合金完全转化为 Ni-Al 金属间化合物。当温度达到 1050℃时，未检测到其他反应，涂层中仍然只存在 NiAl 相（见图 7.14（d））。

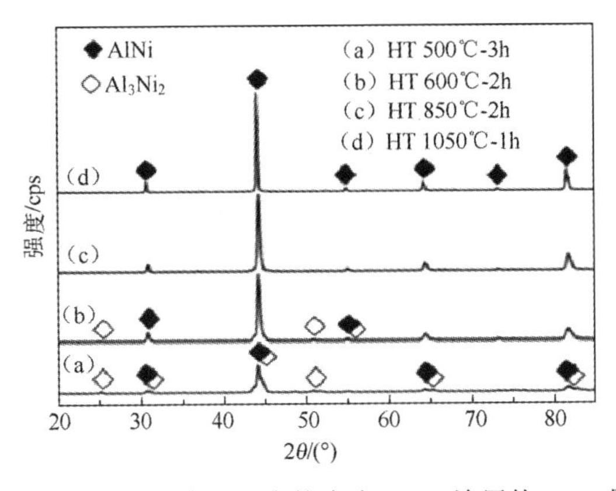

图 7.14　在不同温度下退火的冷喷 Ni-Al 涂层的 XRD 图谱

7.3.2　金属间化合物/陶瓷复合材料和纳米复合材料

如前所述，金属间化合物由于其高抗拉强度、低密度、良好的耐磨性和抗蠕变性而成为一类重要的材料。人们针对金属间化合物确定了其不同的用途，包括结构材料和防护涂层等。限制金属间化合物应用的两个主要问题，即低温延展性较差、高温抗蠕变性不足。这些问题可以通过引入陶瓷颗粒作为增强材料来解决。早期，可以通过两个环节将增强相引入基体中，即添加异质颗粒，并通过球磨过程中引发两种相（金属间化合物和陶瓷）的原位反应形成增强相。当机械能施加到粉末颗粒上时，通过冷焊实现颗粒之间的刚性结合。将硬质第二相掺入金属间化合物（IC）基体是一种有效的高温强化方法，可形成金属间化合物基复合材料（IMC）。目前，针对金属间化合物基复合材料（IMC）的研究已经做了大量工作，设计了各种连续或非连续陶瓷增强材料，如 SiC、Al_2O_3、TiB_2 和 TiC，以获得更高的高温强度、更好的抗蠕变性以及足够的延展性和韧性。在这些增强材料中，SiC 纤维增强 IMC 已经非常成熟。通过反应合成、机械合金化和烧结（粉末冶金）将 SiC 增强材料添加到不同的 Ni-Al 基体中，以防止氧化并提升力学性能和可加工性。Hashemi 等人研究了由 SiC 颗粒增强的 Ni-Al 基复合涂层的制备，该涂层是通过等离子喷涂低能球磨制备的 Ni-Al-SiC 粉末沉积而成的。球磨 15h 后，粉末颗粒的截面 SEM 图像如图 7.15 所示。从图中可以看出，SiC 颗粒已经成功掺入到 Ni-Al 粉末颗粒中。

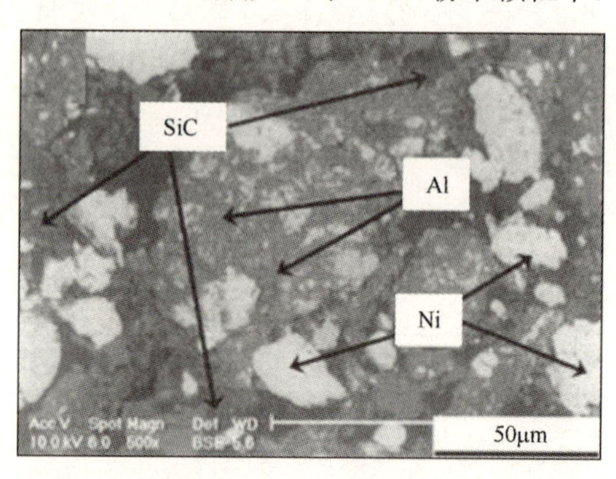

图 7.15　通过低能球磨制备的 Ni-Al-SiC 粉末颗粒截面 SEM 图像

Ni-Al 金属间化合物的形成需要长时间维持高温才能使 Al 和 Ni 发生扩散。在热喷涂过程中，虽然温度高到可以发生扩散，但是粉末在等离子射流中的加热时间太短。在粉末沉积到基体上之后，高温扩散以及 Ni-Al 反应就会停止。Hashemi 等人设计了通过增加喷涂距离来延长扩散时间，同时通过增加功率来提升等离子射流温度，这两个参数共同决定了涂层中金属间化合物的含量。另外，他们还发现将电流从 600A 增加到 700A 时，Ni 的比例会减少，而 Ni_2Al_3 相的含量会增加；但是将电流从 700A 增加到 800A 时，却会产生相反的趋势。另外，增加电流将提高粉末飞行速度，反而减少粉末颗粒在等离子射流中的停留时间，并进一步减少 Ni_2Al_3 的量。在这种情况下，粉末颗粒吸收的热量较低，减弱了 Ni 和 Al 的扩散，抑制了 Ni-Al 金属间化合物的形成。在优化喷涂条件下所得涂层截面微观结构如图 7.16 所示。

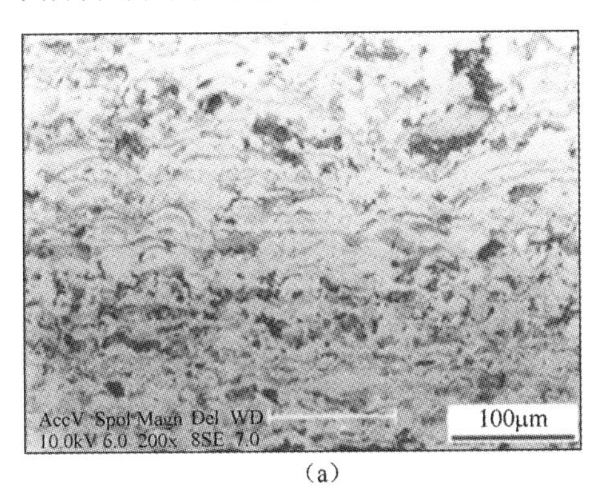

(a)

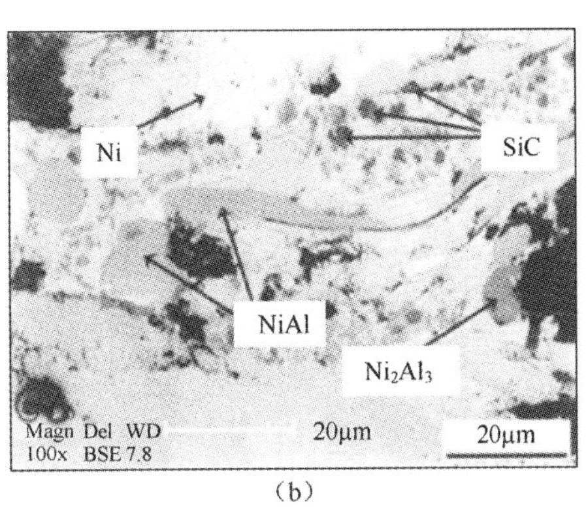

(b)

图 7.16　不同放大倍数下等离子喷涂 Ni-Al-SiC 涂层截面 SEM 图像

Horlock 等采用平板球磨法合成了 50wt%Ni（Cr）-40wt%Ti-10wt%C 粉末。该粉末在 HVOF 喷涂过程中，每个粉末颗粒内部都会发生反应生成 TiC，导致在纳米复合涂层的 Ni 基体中含有大量的 TiC 颗粒。涂层的 TiC 颗粒（见图 7.17）尺寸为 50～200nm。通过 HVOF 制备涂层的截面 SEM 图像显示其具有较低的孔隙率，纳米级 TiC 颗粒（箭头所示）镶嵌在白亮的金属基体中。

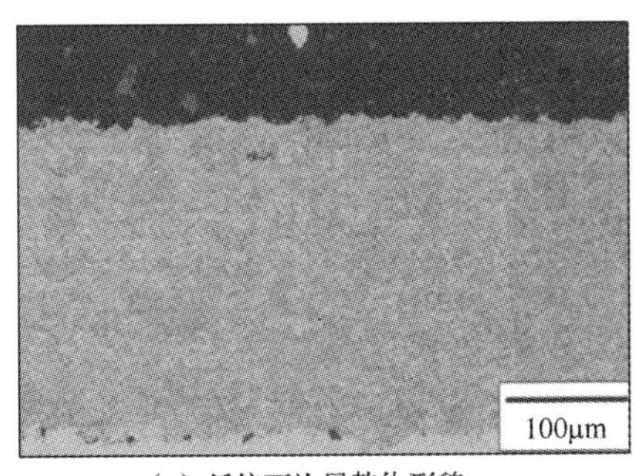

（a）低倍下涂层整体形貌

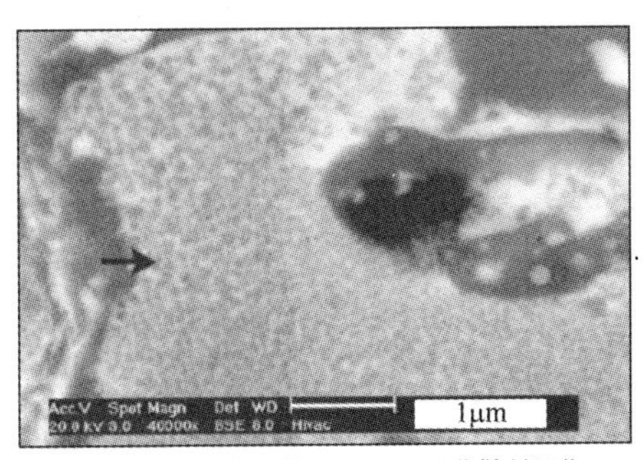

（b）高放大倍数下的Ni (Cr) -TiC背散射图像

图 7.17　HVOF 制备 50wt%Ni（Cr）-40wt%Ti-10wt%C 涂层截面 SEM 图像

在 Horlock 等人的研究中，使用了一种预合金化的 Ni（Cr）粉末作为具有耐腐蚀和抗高温氧化性能的复合粉末的金属基体，而 TiC 是一种具有高硬度和化学稳定性的陶瓷。他们设计使每个粉末中都包含 Ti、Ni（Cr）和 C 等组分，以减少高活性 Ti 表面与游离 C 接触的概率。因此，喷涂过程中 TiC 中的 Ti 被氧化的可能性大大降低。所制备涂层的 XRD 图谱如图 7.18 所示，其中包括富 Ni 固溶体相和 TiC 的主峰，以及对应于 NiTi、TiO_2 和 $NiTiO_3$ 的强度较低的衍射峰。

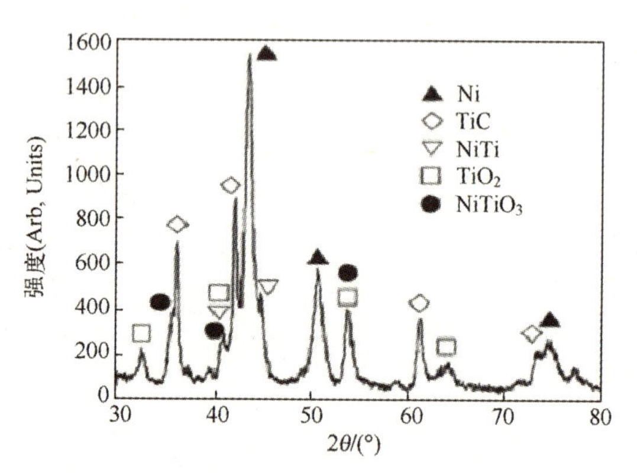

图 7.18　HVOF 喷涂 Ni（Cr)-TiC 涂层 XRD 图谱

Eigen 等人研究了在高能球磨机上规模化生产热喷涂用 Ni 基纳米复合粉末。X 射线衍射分析表明（见图 7.19)，随着研磨时间的增加，粉末物相在大约 20h 后达到稳定状态，硬质相和黏合剂的晶粒尺寸都得到了细化。

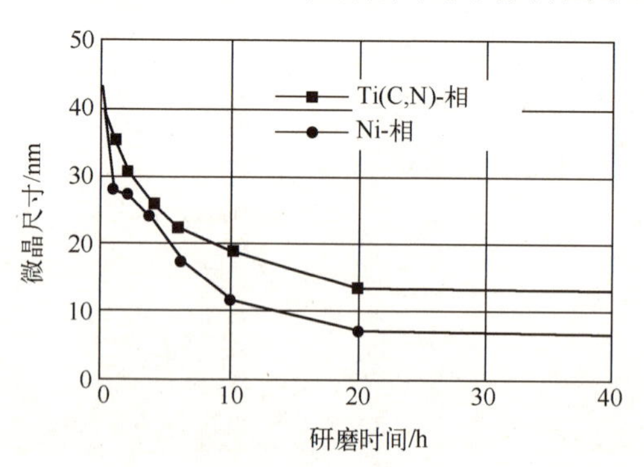

图 7.19　研磨时间与黏结相和硬质相晶粒尺寸关系曲线（采用振动研磨，BPR23:1，采用 Scherrer 法表征晶粒尺寸）

相应地，可以通过 SEM 观察到物相的混合与细化（见图 7.20)。在研磨的早期阶段（见图 7.20（a）），易延展的黏合剂颗粒会变形为片状颗粒，而硬质颗粒则先被压入黏合剂颗粒的表面并盖住它们。在随后的研磨阶段中，发生致密化，即硬相颗粒完全嵌入基体中，并且基体被完全冷焊（见图 7.20（b））。在图 7.20（c）中所示的最后阶段，碳化物颗粒的尺寸范围在 20nm～500nm（见图 7.19）。

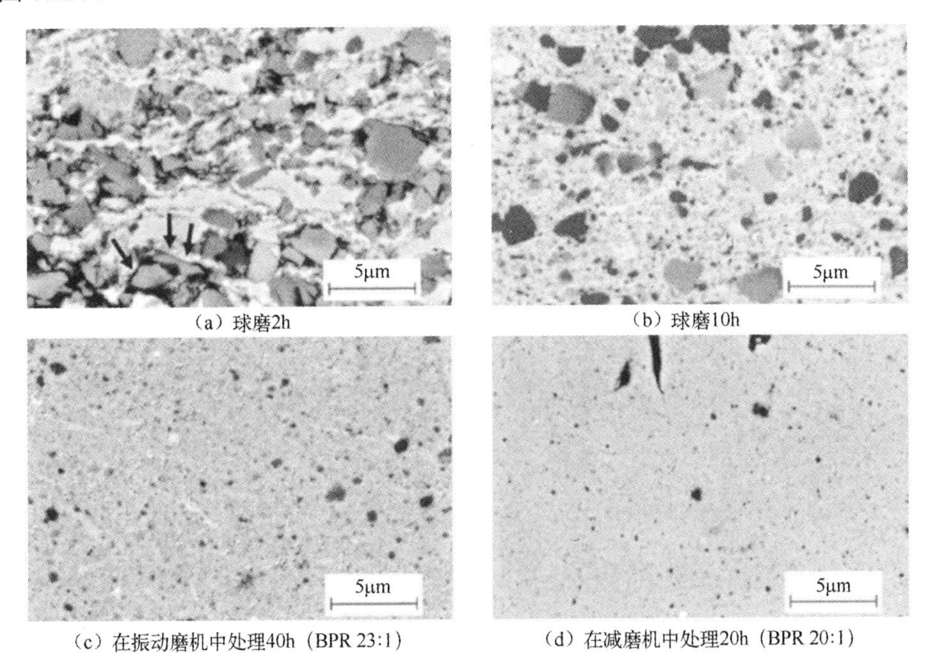

（a）球磨2h　（b）球磨10h

（c）在振动磨机中处理40h（BPR 23:1）　（d）在减磨机中处理20h（BPR 20:1）

图 7.20　晶粒细化后的相分布

He 等人研究了热喷涂用纳米复合粉末，所得粉末形成机理如图 7.21 所示。在纳米复合粉末（如 Cr_3C_2-NiCr 和 WC-Co）中，包含硬而脆的碳化物颗粒和延展性较好的金属黏合剂。硬而脆的碳化物颗粒被破碎成棱角尖锐的碎片，并嵌入金属黏合剂中。硬度较低的金属颗粒经过磨球以及硬质相颗粒的作用实现了强化。随着研磨时间的增加，碳化物碎片会不断地嵌入金属黏合剂中。金属黏合剂和多晶复合材料会经历连续的重叠、冷焊和断裂，最后形成多晶纳米复合粉末，圆形纳米级碳化物颗粒均匀地分布在金属黏合剂中。图 7.22 给出了 Cr_3C_2-25（Ni20 Cr）多晶纳米复合粉末形貌，大量球形的碳化物颗粒被黏结相包裹着均匀地分布在 Ni-Cr 固溶体中。可以使用机械研磨来合成其他含有硬质颗粒和金属黏结相双相复合粉末，包括 WC-NiCr、TiC-NiCr、TiC-Ti 和 SiC-Al

等。图 7.23 展示了常规和纳米结构 Cr_3C_2-25（Ni20Cr）涂层的微观结构。与常规 Cr_3C_2-25（Ni20Cr）涂层相比，在纳米结构涂层的微观结构更加均匀致密。

（a）初始阶段　（b）NiCr基体重叠变形，Cr_3C_2断裂并嵌入NiCr中　（c）黏结相变形、断裂和焊接，碳化物进一步断裂　（d）纳米复合粉末

图 7.21　双相结构粉末的研磨机理示意图

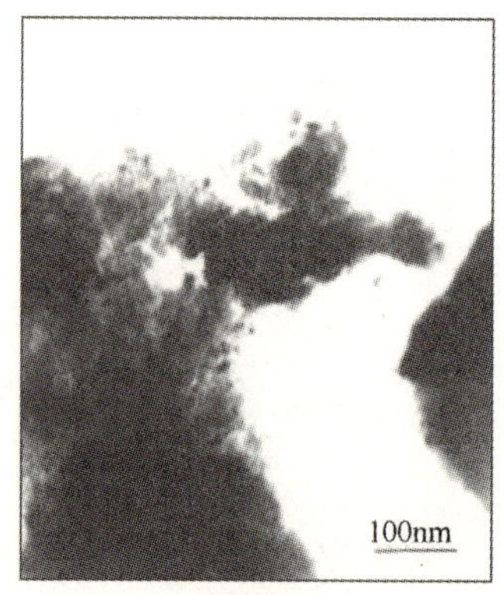

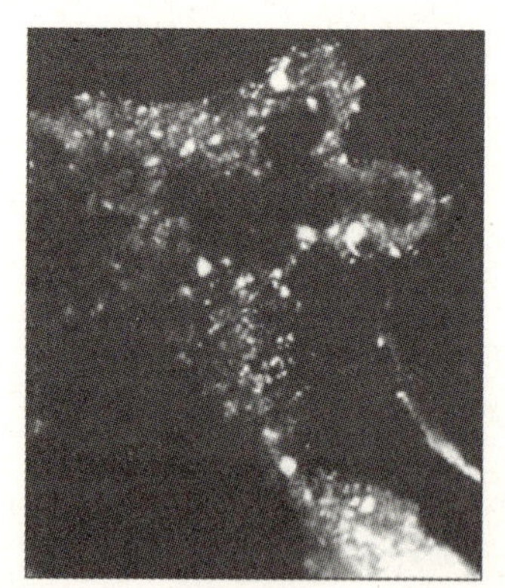

（a）明场图像　（b）暗场图像，白色颗粒是Cr_3C_2，深色颗粒是NiCr

图 7.22　研磨 20h 的 Cr_3C_2-NiCr 粉末

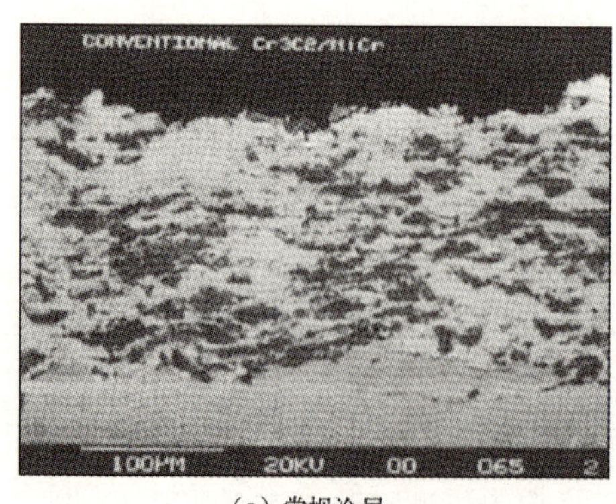

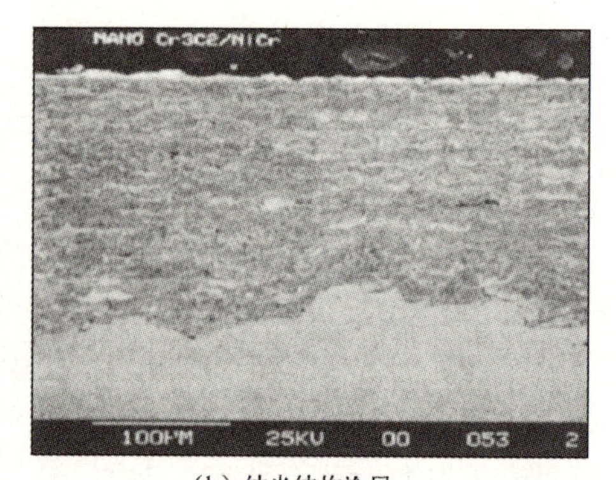

（a）常规涂层　（b）纳米结构涂层

图 7.23　Cr_3C_2-25（Ni20Cr）涂层的微观结构

7.3.3　非晶纳米材料

40 多年来，非晶态合金不仅成为基础研究的热点，而且有着很高的应用价值。非晶态结构已经在许多合金系统中得以实现，与它们的结晶态相比，具有各种独特的性能。这些性质与非晶态原子排列有关，包括高屈服强度、大弹性极限、高耐腐蚀性、良好的耐磨性和低杨氏模量。在原料粉末高能机械合金化过程中，在较低温度下沿界面发生的相互扩散反应以实现非晶化。MA 工艺形成的非晶相取决于设备提供的能量和合金系统的热力学性质。Schwarz 和 Johnson 讨论了通过固相合成或机械合金化实现非晶化的热力学和动力学原理。他们确定了 MA 在 A-B 二元体系中形成非晶态的两个规则：①原料混合过程中会释放大量的热，ΔH_{mix}。②各种元素的扩散系数具有不对称性。只有当非晶化反应比结晶相反应快得多时，才能获得非晶相。研究还表明，在均质晶态合金机械研磨期间，引入晶体缺陷会导致晶格的内能增加。当晶体结构的自由能超过非晶相的自由能时，晶体结构会转变为非晶相。

铁基非晶态合金和热喷涂涂层是最有可能获得应用的，原因是铁的成本低廉，并且铁基非晶态合金的强度和硬度相对较高。目前，科研人员已经对 Fe 基非晶合金的机械合金化进行了广泛的研究，包括二元 Fe-B、Fe-Cr 和 Fe-Zr 合金，三元 Fe-Zr-B、Fe-Si-B 合金和多组分 Fe-Ni-Si（P）-B、Fe-Al-P-C-B、Fe-Ni-Cu-Si-B 合金。Movahedi 等人研究了 70Fe-15Cr-4Mo-5P-5C-1MA-1Si-4B（wt%）的 MA 非晶化粉末，主要包含 4 种类型的元素：后过渡金属（Fe）、早期过渡金属（Cr，Mo）、准金属（B，P，Si）和石墨。这些元素的原子大小依次为 Mo（0.139nm）> Si（0.132nm）> P（0.128nm）> Cr（0.127nm）> Fe（0.126nm）> B（0.098nm）> C（0.091nm）。这种成分会产生新的 Fe-(Cr，Mo)、(Cr，Mo)-(B，P，Si)和 Fe-(B，P，Si)原子对，并产生不同的混合焓。这些性质表明 Fe-Cr-Mo-B-P-C-Si 组成具有较高的玻璃形成能力（GFA）和较好的热稳定性。

图 7.24 给出了高能球磨不同时间后粉末的 XRD 图谱。对于原料粉末，从中可以分辨出 Fe、Cr、Mo、B、C 和 Si 的衍射峰。由于其无定形性质，因此 X 射线衍射图上无法找到红磷的衍射峰。随着球磨时间的延长，XRD 图谱中的衍射峰逐渐变宽，强度相应降低。这些变化是由于晶粒尺寸的不断减小和原子级应变的增加而引起的，这是 MA 引发塑性变形的结果。球磨 15h 后，Cr、Mo、

Si、B 和 C 的衍射峰消失，其原因可能是以上元素固溶在铁基晶格中，以及晶粒发生变化。未检测到新相，表明在这个球磨阶段中，原料粉末之间没有明显的反应。继续球磨后，由于形成非晶相，在 XRD 衍射图谱中出现了一个宽化峰。同时，Fe 的衍射峰仍然保持着。这种物相组成在进一步球磨至 80h 后完全转变为非晶相。

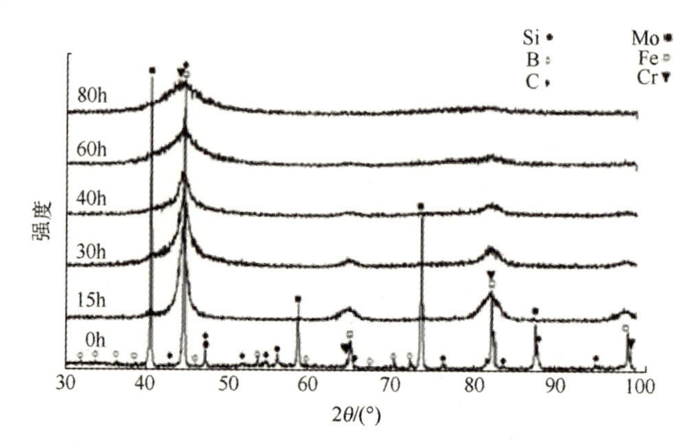

图 7.24　70Fe-15Cr-4Mo-5P-1C-1Si-4B 粉末在不同的球磨时间后的 XRD 图谱

Movahedi 等认为，在球磨过程中，Fe 的过饱和固溶体向非晶态结构的转变归因于高密度晶格缺陷的产生以及固溶导致晶体结构的内部能量的增加。铁晶格中存在不同大小的溶质原子，当结晶固溶体的自由能超过非晶态的自由能时，晶体结构在热力学上变得不稳定并且转变为非晶结构。也可以通过 Inoue 等人提出的相互作用参数来解释这种现象，该理论描述了三元 Fe-A-C 系统中 Fe-P-C 和 Fe-B-C 原子对之间结合能的差异。B 的添加能够增强晶格原子之间的引力。在具有负相互作用的 Fe-A-C 系统中，混合焓也为负。在这种情况下，Fe-A-C 固溶体的形成会通过降低系统混合焓的方式来减少系统的自由能。这些相互作用参数特征解释了第三种元素原子对机械合金化处理过程中，Fe-C 二元合金非晶转变的影响。

图 7.25 展示了球磨 2h、4h、10h、15h、30h 和 80h 后的粉末颗粒的截面 SEM 图像。在球磨的早期，由于球的碰撞和挤压，粉末颗粒在压缩力的作用下变得扁平。微锻作用使粉末颗粒发生塑性变形，并导致加工硬化和断裂。新鲜表面的产生使颗粒能够焊接在一起，从而产生由各种单一组元组成的典型层状结构。继续进行球磨后，层状结构逐渐细化（见图 7.25（d）～图 7.25（f））。在经历较长时间球磨后，当形成了铁基固溶体和随后的无定形相时，粉体组织

结构 SEM 上将不再产生新的变化。

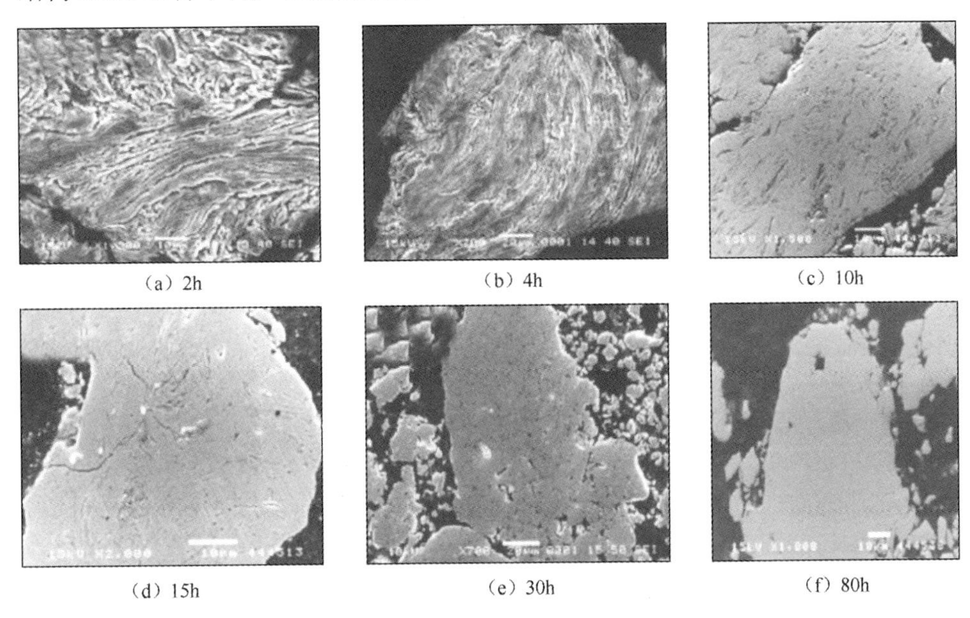

(a) 2h　(b) 4h　(c) 10h

(d) 15h　(e) 30h　(f) 80h

图 7.25　70Fe-15Cr-4Mo-5P-5C-1C-1Si-4B 粉末经过不同时间球磨后的截面 SEM 图像

球磨 15h 后，通过高分辨率电子显微镜（HRTEM）和选择区域衍射图（SADP）对粉末进行检测后证实其已经形成了纳米结构（见图 7.26（a））。球磨 40h 后，粉末中同时存在非晶相和纳米晶。图 7.26（b）表明，大多数非晶相出现在粉末颗粒的边缘，这表明非晶化转变首先开始于粉末边缘区域。

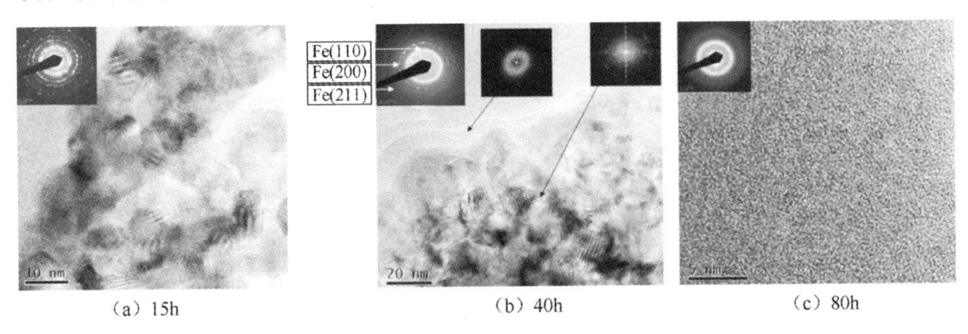

(a) 15h　(b) 40h　(c) 80h

图 7.26　不同研磨时间后 70Fe-15Cr-4Mo-5P-1C-1Si-4B 粉末的 HRTEM 显微照片、SADP 图和 FFT 图

随着 MA 的继续进行，非晶化转变逐渐向内部区域发展。图 7.26（b）中

的 SADP 显示非晶组织衍射环内的一些衍射点。此外，快速傅里叶变换（FFT）图像显示在粉末的边缘处出现宽化的扩散环，而在粉末的中心处出现结晶衍射点（见图 7.26（b）中的箭头），表明该样品同时包含非晶相和纳米晶相。图 7.26（c）是球磨 80h 后的机械合金化粉末的 HRTEM 显微照片和 SADP 图，显示出完全无定形的微观结构。

可以利用在金属基体上合成非晶和/或纳米晶来改善表面性能，例如提高耐磨性和耐腐蚀性。Greer 等人提出，非晶态合金具有很好的耐滑动磨损性能，涂层的摩擦系数也很低。热喷涂工艺是沉积非晶涂层的技术之一，由于工艺实施过程中粉末颗粒瞬时冷却，抑制了长距离扩散和结晶，能够使涂层保留非晶结构。与基材碰撞时，粉末颗粒会变形形成层状结构，冷却速率为 10^7～10^8 K/s。许多研究人员已经尝试采用大气等离子喷涂（APS）、低压等离子喷涂（LPPS）和真空等离子喷涂（VPS）来沉积金属玻璃涂层。 Kishitake 等人发现，在 APS 和 LPPS 涂层中获得了混合的无定形晶体结构。近年来，HVOF 喷涂工艺的应用越来越广泛。一般来说，在设计金属玻璃涂层时，需要其临界冷却速度尽量低，而具有高玻璃形成能力（GFA）的合金将有利于通过 HVOF 工艺形成非晶相涂层。

非晶相涂层虽然表现出特有的性能，然而当其加热到结晶温度以上后会引发晶化转变并产生非晶-纳米晶体混合结构。由于结晶的驱动力非常高，并且在结晶温度下固体中的扩散速率非常低，因此导致极高的成核频率。在相邻的晶粒之间发生接触之前，其生长时间有限，最终形成纳米级晶体结构。一些研究人员发现，通过 LPPS、高能等离子体喷涂（HPS）和 HVOF 工艺喷涂气雾化粉末可以实现铁基非晶涂层的制备。如前所述，近年来 Movahedi 等人首先通过机械合金化合成具有高 GFA 的 70Fe-15Cr-4Mo-5P-4B-1C-1Si（wt%）的非晶粉末，然后通过 HVOF 和等离子喷涂工艺将其制备成非晶-纳米晶涂层。

图 7.27 给出了机械合金化的 Fe-Cr-Mo-P-B-C-Si 原料粉末和喷涂的 HVOF 涂层的 XRD 图谱。XRD 图谱上存在宽化峰，表明用于 HVOF 喷涂的原料 MA 粉具有非晶结构。HVOF-G1 涂层的 XRD 图谱仍存在宽化峰特征，表明该涂层含有类似于原料 MA 粉的非晶结构。但是在 HVOF-G2 中，在非晶相衍射峰的顶部出现了一个结晶峰，表明该涂层是非晶相和晶相的混合物。HVOF-G3 涂层的结构主要由结晶相组成，例如α-Fe、$Fe_{23}(C,B)_6$ 和 Fe_5C_2。

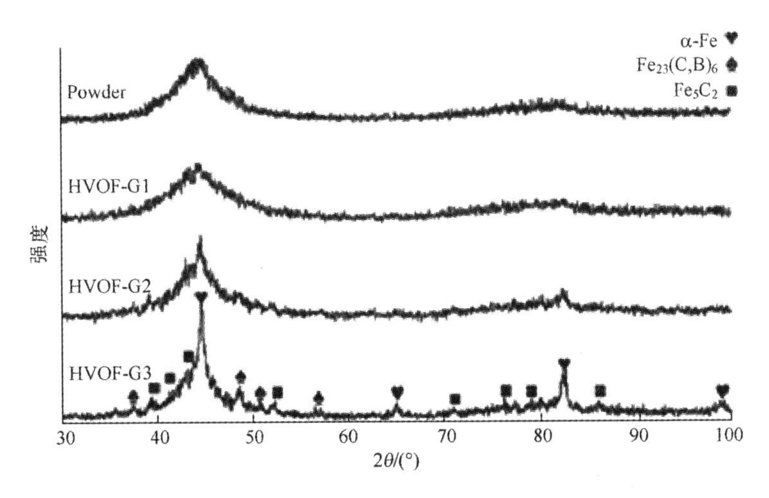

图 7.27 机械合金化的原料粉末和 Fe-Cr-Mo-P-B-C-Si HVOF 涂层的 XRD 图谱

Movahedi 等从衍射图推断出，通过调节 HVOF 参数，尤其是燃料与氧气比值的变化，可以获得从完全非晶态到完全晶化的涂层（见表 7.2）。他们认为，玻璃化分数的差异与冷却速度，和不同燃料与氧气比值 HVOF 火焰中单个颗粒的重熔机制有关。通过增加燃料与氧气的比值，火焰温度升高，粉末颗粒的速度同时提高。因此，粉末颗粒在 HVOF 火焰中完全重熔，然后迅速凝固并在冷基板上骤冷，形成非晶结构。通过降低燃料与氧气的比值，颗粒并未完全熔化，而且颗粒的速度变低，促使粉末颗粒结晶，这也是 HVOF-G3 中结晶相百分比较高的原因。

表 7.2 不同涂层组织的 HVOF 喷涂参数

HVOF 参数	微观结构		
	非晶态（HVOF-G1）	非晶纳米晶体（HVOF-G1）	纳米晶（HVOF-G1）
氧气流量/SLPM	833	682	560
燃油（煤油）流量/SLPM	0.37	0.21	0.14
燃油/氧气/vol%	0.044	0.031	0.025
送粉量/$g \cdot min^{-1}$	35	35	35
喷涂距离/mm	300	300	300
扫描速度/$mm \cdot s^{-1}$	50	50	50
沉积厚度/μm	300	300	300
喷嘴长度/mm	100	100	100
压缩空气冷却	yes	yes	yes

Kishitake 等的研究成果表明，对于 Fe-17Cr-38Mo-4C 气体雾化粉末，通过 APS 可以获得非晶涂层，而通过 HVOF 则会形成非晶相和结晶相的混合物。分析认为，这种差异可能是由于 APS 和 HVOF 工艺之间的冷却速率差异所致的。Movahedi 等人选择的材料组分满足了 HVOF 和等离子喷涂过程中液滴急冷且形成稳定物相的 3 个条件，分别是高密度的无规堆积原子构型、较高的黏度以及较低的原子扩散率，这主要归因于该材料体系具有较高的 GFA。

HVOF 涂层的典型 SEM 截面形貌如图 7.28 所示。从图中可以看出，涂层的组织呈现非常细的片层结构。该片层结构光滑且致密，与基材的结合很好，没有开裂现象。此外，如图中箭头所示，在该涂层中只有极少量的孔隙。位于片层之间的大孔主要是由片层堆垛疏松或气孔现象引起的，而扁平颗粒内的小孔则主要是收缩孔隙。显然，涂层的孔隙率按 HVOF-G3、G2 和 G1 的顺序逐渐减小，并且增加燃料与氧气的比值会同时增加气流的热能和动能，因此大多数粉末颗粒更好地熔化并加速至更高的速度，在撞击时发生充分的变形以形成细长的薄片。由于火焰温度较低（最小燃料与氧气比值），在 HVOF-G3（见图 7.28（c））涂层中甚至可以清楚地看到一些未熔化的颗粒。

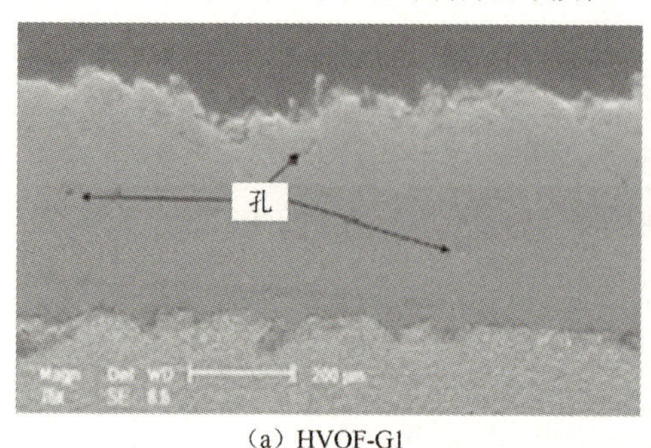

（a）HVOF-G1

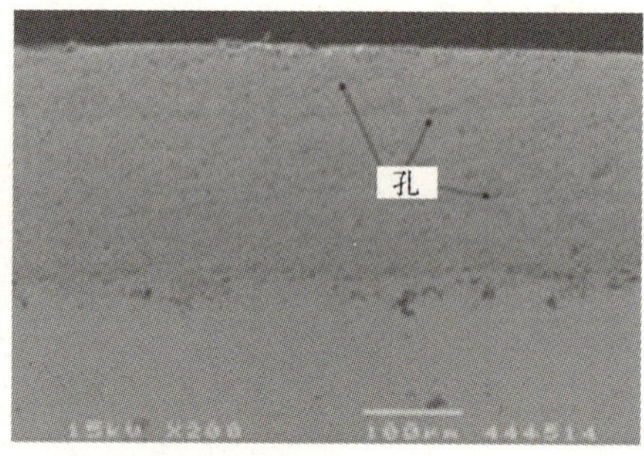

（b）HVOF-G2

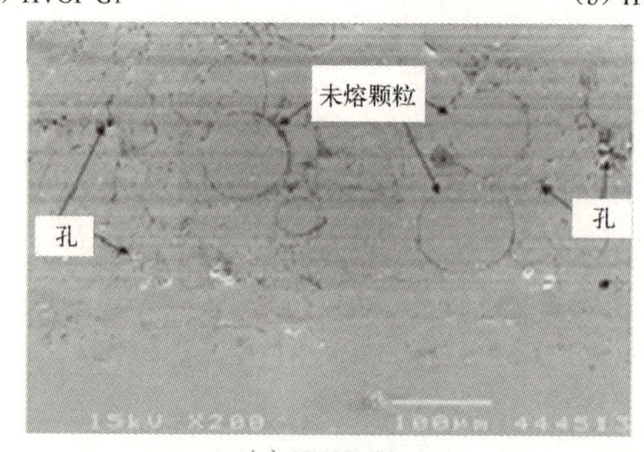

（c）HVOF-G3

图 7.28　不同工艺参数 Fe-Cr-Mo-P-B-C-Si 涂层截面形貌

HRTEM 检测结果如图 7.29 所示，证实了 HVOF-G1 涂层是完全非晶态的。如表 7.2 所示，当燃料与氧气比值最大时会出现此类组织结构。如图 7.30 所示，HVOF-G2 涂层由非晶相和纳米晶粒组成。图 7.30（a）中的电子衍射图案是在选定区域孔径位于非晶和纳米晶区域中心的情况下拍摄的，并且显示了具有衍射斑点的漫射非晶晕，衍射斑点来自尺寸范围为 5～30nm 的纳米晶粒。如图 7.30（b）所示，HRTEM 显微照片和快速傅里叶变换（FFT）证实了非晶相中存在纳米晶粒的混合物。在这种情况下，燃料与氧气的比值适中（HVOF-G2），其形成原因可能是高温的半熔融颗粒撞击到低温的基体表面时产生了淬火效应。一些未熔化的颗粒在 HVOF 火焰中结晶，从而产生了纳米晶粒，并且嵌入非晶相中。在 HVOF-G3 涂层的情况下，可获得具有等轴纳米颗粒的纳米晶体结构（见图 7.30（c））。在该条件下，燃料与氧气的比值最小，而 HVOF 火焰温度最低，因此大多数粉末在 HVOF 火焰中未熔化并发生结晶。此外，由于冷却速率足够高，因此可以避免晶粒粗化并产生纳米晶体结构。

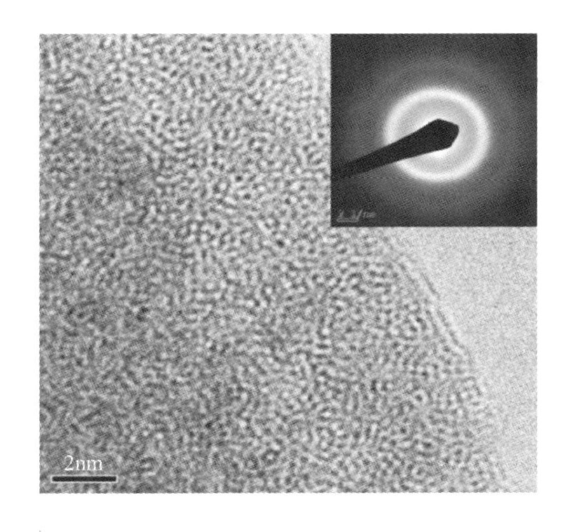

图 7.29　非晶 Fe-Cr-Mo-P-B-C-Si HVOF 涂层（HVOF-G1）的 HRTEM 显微照片和 SADP

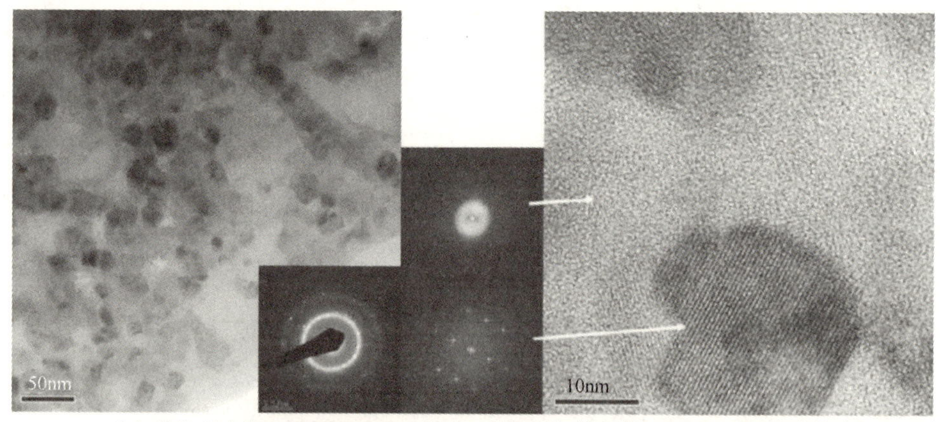

（a）非晶-纳米晶Fe-Cr-Mo-P-B-C-Si涂层（HVOF G2）TEM

（b）非晶-纳米晶Fe-Cr-Mo-P-B-C-Si涂层（HVOF G2）HRTEM显微照片（包含SADP和FFT）

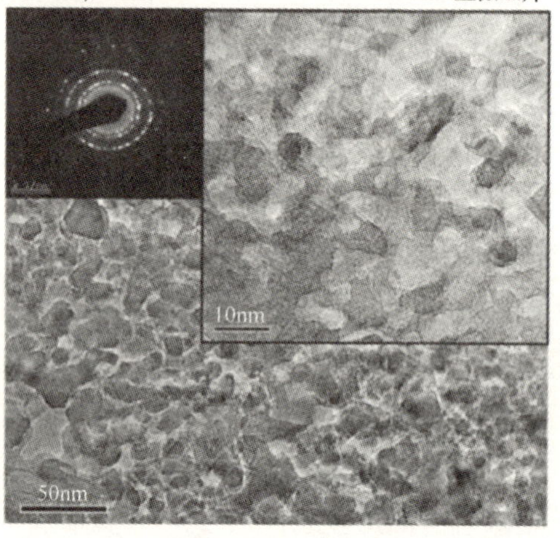

（c）纳米晶Fe-Cr-Mo-P-B-C-Si涂层（HVOF G3）TEM、HRTEM显微照片和SADP

图 7.30　Fe-Cr-Mo-P-B-C-Si HVOF 涂层观测结果

Movahedi 等人发现，3 组 HVOF 涂层的硬度值差异主要归因于非晶相和纳米晶相的体积分数差异，与双相非晶-纳米晶体涂层（950 HV）相比，全非晶涂层的硬度(830 HV)较低。完全纳米晶的涂层具有最高的显微硬度(1230 HV)，这可能是结晶过程中某些碳化物（如 $Fe_{23}(C, B)_6$ 和 Fe_5C_2）的析出所致。一些研究人员认为，非晶态铁基涂层在结晶后会增加硬度。相反，Kishitake 等人认为，由非晶和纳米晶结构组成的双相组织结构比完全非晶或纳米晶结构具有更高的硬度，该差异主要归因于结晶期间非晶相的分解差异。

7.4　结论

本章介绍了各种热喷涂中使用的原料粉末的固相合成和表征，以及与非晶态纳米结构相关涂层的加工和表征。研究结果表明，机械研磨可以有效地用于合成高级材料和纳米复合粉末。另外，无论是复合粉末还是单相起始粉末，机械研磨都会在一定的研磨条件下导致纳米晶结构的形成。

参 考 文 献

[1] Atzmon M. In Situ Thermal Observation of Explosive Compound-Formation Reaction During Mechanical Alloying[J]. Physical Review Letter, 1990, 64: 487-490.

[2] Berndt C. Materials Production for Thermal Spray Processes, Education Module on Thermal Spray[C]. Ohio: ASM International, 1992.

[3] Boldyrev V V, Tkacova K. Mechanochemistry of Solids: Past, Present and Prospects[J]. Journal of Materials Synthesis and Processing, 2000, 8(3): 121-132.

[4] Branagan D J, Swank W D, Haggard D C, et al. Wear-Resistant Amorphous and Nanocomposite Steel Coatings[J]. Metallurgical and Materials Transcation A, 2001, 32(10): 2615-2621.

[5] Branagan D J, Breitsameter M, Meacham B E, et al. High Performance Nanoscale Composite Coatings for Boiler Applications[J]. Journal of Thermal Spray Technology, 2005, 14(2): 196-204.

[6] Chen T, Hampikian J M, Thadhani N N. Synthesis and Characterization of Mechanically Alloyed and Shock-Consolidated Nanocrystalline NiAl Intermetallic[J]. Acta Materialia, 1999, 47(8): 2567-2579.

[7] Chen Q J, Fan H B, Shen J, et al. Critical Cooling Rate and Thermal Stability of Fe-Co-Zr-Y-Cr-Mo-B Amorphous Alloy[J]. Journal of Alloys and Compounds, 2006, 407(1): 125-128.

[8] Chen Q J, Fan H B, Ye L, et al. Enhanced Glass Forming Ability of Fe-Co-Zr-Mo-W-B Alloys with Ni Addition[J]. Materials Science and Engineering A, 2005, 402(1): 188-192.

[9] Chung C Y, Zhu M, Man C H. Effect of mechanical alloying on the solid state reaction processing of Ni-36.5 at.% Al alloy[J]. Intermetallics, 2002, 10(9): 865-871.

[10] Deevi S C, Sikka V K, Swindeman C J, et al. Reactive Spraying of Nickel Aluminide Coatings[J]. Journal of Thermal Spray Technology, 1997, 6(3): 335-344.

[11] Eigen N, Klassen T, Aust E. Production of Nanocrystalline Cermet Thermal Spray Powders for Wear Resistant Coatings by High-Energy Milling[J]. Materials Science & Engineering A, 2003, 356(1-2): 114-121.

[12] Eigen N, Gartner F, Klassen T, et al. Microstructures and Properties of Nanostructured Thermal Sprayed Coatings Using High-Energy Milled Cermet Powders[J]. Surface & Coatings Technology, 2005,195(2-3): 344- 357.

[13] El-Eskandarany M S. Mechanical Alloying for Fabrication of Advanced Engineering Materials: 1st[M]. England: William Andrew, 2001:1-268.

[14] Enayati M H, Karimzadeh F, Tavoosi M, et al. Microstructural Characterization of Nanostructured NiAl Coatings Prepared by Mechanical Alloying and HVOF Technique[J]. Journal of Thermal Spray Technology, 2011, 20(5): 440-446.

[15] Enayati M H, Sadeghian Z, Salehi M. The Effect of Milling Parameters on the Synthesis of Ni_3Al Intermetallic Compound by Mechanical Alloying[J]. Materials Science & Engineering A, 2004, 375(1): 809-811.

[16] Enayati M H, Karimzadeh F, Anvari S Z. Synthesis of Nanocrystalline NiAl by Mechanical Alloying[J]. Journal of Materials Processing and Technology, 2008, 200(1): 312-315.

[17] Filho A F, Bolfarini C, Xu Y, et al. Amorphous Phase Formation in Fe6.0wt%Si Alloy by Mechanical Alloying[J]. Scripta Materialia, 2000, 42(2):213-217.

[18] Greer A L, Rutherford K L, Hutchings, et al. Wear Resistance of Amorphous Alloys and Related Materials[J]. International Materials Review, 2002, 47(2): 87-112.

[19] Goldenstein H, Silva Y N,Yoshimura H N. Designing a New Family of High Temperature Wear Resistant Alloys Based on Ni3Al-IC: Experimental Results and Thermodynamic Modeling[J]. Intermetallics, 2004, 12(7): 963-968.

[20] He J, Ice M, Lavernia E J. Synthesis and characterization of nanostructured Cr_3C_2-NiCr[J]. Nanostructured Materials, 1998, 10:1271-1283.

[21] Hearley J A, Little J A, Sturgeon A J. The Effect of Spray Parameters on the Properties of High Velocity Oxy-Fuel NiAl Intermetallic Coatings[J]. Surface & Coating Technology, 2000, 123(2-3):210-218.

[22] Hearley J A, Little J A, Sturgeon A J. The Erosion Behaviour of NiAl Intermetallic Coatings Produced by High Velocity Oxy-Fuel Thermal Spraying[J]. Wear, 1999, 233(7): 328-333.

[23] Cavaleiro A, Hosson J. Nanostructured Coatings[J]. Materials Science & Engineering A, 2002, 336(1): 274-319.

[24] Horlock A J, Sadeghian Z, McCartney D G, et al. High-Velocity Oxyfuel Reactive Spraying of Mechanically Alloyed Ni-Ti-C Powders[J]. Journal of Thermal Spray Technology, 2005, 14(1): 77-84.

[25] Houben J M, Zaat J H. Investigations into the Mechanism of Exothermically Reacting Nickel-Aluminum Spraying Materials[C]. Ohio: Welding Institute, 1973.

[26] Inoue M, Suganuma K, Nihara K. Fracture Mechanism of Ni3Al Alloys and their Composites with Ceramic Particle at Elevated Temperatures[J]. Intermetallics, 2000, 8(4): 365-370.

[27] Inoue A, Wang X M. Bulk Amorphous Fc20(Fe-C-Si) Alloys with Small Amounts of B and Their Crystallized Structure and Mechanical Properties[J]. Acta Materialia, 2000, 48(6):1383-1395.

[28] Gang J, Elkedim O, Grosdidier T. Deposition and Corrosion Resistance of HVOF Sprayed Nanocrystalline Iron Aluminide Coatings[J]. Surface & Coating Technology, 2005, 190(2): 406-416.

[29] Kim Y S, Kim K T, Kim B T, et al. Microstructure and Wear Behavior of Thermally Sprayed Fe-based Amorphous Coating[J]. Key Engineering Materials, 2007, 353- 358(Pt2): 848-851.

[30] Kishitake K, Era H, Otsubo F. Thermal-Sprayed Fe-10Cr-13P-7C Amorphous Coatings Possessing Excellent Corrosion Resistance[J]. Journal of Thermal Spray Technology, 1996, 5(4): 476-482.

[31] Koch C C. Synthesis of Nanostructured Materials by Mechanical Milling: Problems and Opportunities[J]. Nanostructured Materials, 1997, 9(1-8): 13-22.

[32] Kobayashi A, Yano S, Kimura H, et al. Mechanical Property of Fe-base Metallic Glass Coating formed by Gas Tunnel Type Plasma Spraying[J]. Surface & Coating Technology, 2008, 202(12): 2513-2518.

[33] Knotek O, Lugscheider E, Eschnauer H R. Reactive Kinetic Observations for Spraying with Ni-Al Powder[C]. Ohio: Welding Institute, 1973.

[34] Lee D B, Kim D. The Oxidation of Ni3Al Containing Decomposed SiC Particles[J]. Intermetallics, 2001, 9(1): 51-56.

[35] Maric R, Ishihara K N, Shingu P H. Structural changes during low energy ball milling in the Al-Ni system[J]. Journal of Materials Science Letter, 1996, 15(13): 1180-1183.

[36] Mashreghi A, Moshksar M M. Partial Martensitic Transformation of Nanocrystalline NiAl Intermetallic During Mechanical Alloying[J]. Journal of Alloys and Compounds, 2009, 482(1): 196-198.

[37] Minic D M, Maricic A, Adnadevic B. Crystallization of α-Fe Phase in Amorphous Fe81B13Si4C2 Alloy[J]. Journal of Alloys and Compounds, 2009, 473: 363-367.

[38] Morris D G. Possibilities for High-Temperature Strengthening in Iron Aluminides[J]. Intermetallic, 1998, 6(7): 753-758.

[39] Morsi K. Reaction Synthesis Processing of Ni-Al Intermetallic Materials[J]. Materials Science & Engineering A, 2001, 299(1-2): 1-15.

[40] Movahedi B, Enayati, M H, Salehi M. Thermal Spray Coatings of Ni-10wt.%Al Composite Powder Synthesis by Low Energy Mechanical Milling[J]. Surface Engineering,2009, 25(4): 276-283.

[41] Movahedi B, Enayati M H, Salehi M. Synthesis of Ni-Al Composite Coating in Thermal Spray Applications by Utilizing Low Energy Ball Milling Powder, Proceeding of Ninth Iranian Metallurgical Engineering Society Conference[C]. Shiraz University, Shiraz, Oct. 2005

[42] Movahedi B, Enayati M H, Salehi M. Investigation of Adhesion Strength Thermal Spray Coating of Mechanical Alloying Ni-Al Powders, Proceeding of Eighth Heat Treatment and Surface Engineering National Conference[C]. Isfahan University of Technology, Isfahan, May, 2005

[43] Movahedi B, Enayati M H, Wong C C. Study on Nanocrystallisation and Amorphisation in Fe-Cr-Mo-B-P-Si-C System during Mechanical Alloying[J]. Journal of Materials Science and Engineering B, 2010, 172(1): 50-54.

[44] Movahedi B, Enayati M H, Wong C C. On the Crystallization Behavior of Amorphous Fe-Cr-Mo-B-P-Si-C Powder Prepared by Mechanical Alloying[J]. Materials Letter, 2010, 24(9):1055-1058.

[45] Movahedi B, Enayati M H, Wong C C. Structural and Thermal Behavior of Fe-Cr-Mo-P-B-C-Si Amorphous and Nanocrystalline HVOF Coatings[J]. Journal of Thermal Spray Technology, 2010, 19(5): 1093-1099.

[46] Movahedi B, Enayati M H. Fe-Based Amorphous-Nanocrystalline Thermal Spray Coatings[M]. USA: The Minerals, Metals & Materials Society, 2011:17-24.

[47] Ni H S, Liu X H, Chang X C, et al. High Performance Amorphous Steel Coating Prepared

by HVOF Thermal Spraying[J]. Journal of Alloys and Compounds, 2009, 467(1-2):163-167.
[48] Olofinjana A O, Tan K S. Thermal Devitrification and Formation of Single Phase Nano-Crystalline Structure in Fe-Based Metallic Glass Alloys[J]. Journal of Materials Processing and Technology, 2007, 191(1): 377-380.
[49] Otsubo F, Era H, Kishitake K. Formation of Amorphous Fe-Cr-Mo-8P-2C Coatings by the High Velocity Oxy-Fuel Process[J]. Journal of Thermal Spray Technology, 2000, 9(4): 494-498.
[50] Pawlowski L. The Science and Engineering of Thermal Spray Coatings: 2nd ed[M]. England: The Science and Engineering of Thermal Spray Coatings, 2008.
[51] Pang S J, Zhang T, Asami K et al. Synthesis of Fe-Cr-Mo-C-B-P Bulk Metallic Glasses with High Corrosion Resistance[J]. Acta Materialia, 2002, 50(3): 489-497.
[52] Rickerby D S, Matthews A. Advanced Surface Coatings: A Handbook of Surface Engineering: 1st[M]. New York: Chapman and Hall, 1991:1-381.
[53] Sauthoff G. Intermetallics[M]. VCH, Germany,1995.
[54] Sampath S, Gudrnundsson B, Tiwari R, et al. Plasma Spray Consolidation of Ni-Al intermetallics, Thermal Spray Research and Applications[C]. Ohio: ASM International, 1990.
[55] Sampath S, Jiang X Y, Matejicek J. Role of Thermal Spray Processing Method on the Microstructure, Residual Stress and Properties of Coatings: an Integrated Study for Ni-5wt.%Al Bond Coats[J]. Materials Science & Engineering A, 2004, 236(1-2): 216-232.
[56] Schmalzried H. Chemical Kinetics of Solids[J]. Wiley-VCH, Weinheim,1995.
[57] Schuh C A, Hufnagel T C, Ramamurty U. Mechanical Behavior of Amorphous Alloys[J]. Acta Materialia, 2007, 55(12): 4067-4109.
[58] Shin D I, Gitzhofer F, Moreau C. Properties of Induction Plasma Sprayed Iron Based Nanostructured Alloy Coatings for Metal Based Thermal Barrier Coatings[J]. Journal of Thermal Spray Technology, 2007, 16(1): 118-127.
[59] Stein A, Keller S W, Mallouk T E. Turning Down the Heat: Design and Mechanism in Solid-State Synthesis[J]. Science, 1993, 259(5101):1558-1564.
[60] Stoloff N S, Liu C T, Deevi S C. Emerging Applications of Intermetallics[J]. Intermetallics, 2000, 8(9):1313-1320.
[61] Totemeier T C. Effect of High-Velocity Oxygen-Fuel Thermal Spraying on the Physical and Mechanical Properties of Type 316 Stainless Steel[J]. Journal of Thermal Spray Technology,

2005,14(3): 369-372.

[62] Steenkiste T H, Smith J R, Teets R E. Aluminium Coatings via Kinetic Spray with Relatively Large Powder Particle[J]. Surface & Coating Technology, 2002, 154(2-3): 237-252.

[63] Schwarz R B, Johnson W L. Formation of an Amorphous Alloy by Solid-State Reaction of the Pure Polycrystalline Metals[J]. Physical Review Letter, 1983, 51(5):415-422.

[64] Sunol J J, Clavaguera N, Cavaguera-Mora M T. Comparison of Fe-Ni-P-Si Alloys Prepared by Ball Milling[J]. Journal of Non-Crystalline Solids, 2001, 287(1):114-119.

[65] Suryanarayana C. Mechanical Alloying and Milling[J]. Progress in Materials Science,2001, 46(1-2): 1-184.

[66] Suryanarayana C. Mechanical Alloying and Milling: 1st ed[M]. CRC Press: Boca Raton, 2004:1-488.

[67] Wu Y, Lin P, Xie G, et al. Formation of Amorphous and Nanocrystalline Phases in High Velocity Oxy-Fuel Thermally Sprayed a Fe-Cr-Si-B-Mn Alloy[J]. Materials Science & Engineering A, 2006, 430(1-2): 34-39.

[68] Zhang Q, Li C J, Wang X R, et al. Formation of NiAl Intermetallic Compound by Cold Spraying of Ball-Milled Ni/Al Alloy Powder Through Post Annealing Treatment[J]. Journal of Thermal Spray Technology, 2008,17(5-6): 715-720.

[69] Zhang D L, Liang J, Wu J. Processing Ti3Al-SiC Nanocomposites High Energy Mechanical Milling[J]. Materials Science & Engineering A, 2004, 375-377(1-2): 911-916.

[70] Zhang D L. Processing of Advanced Materials Using High-Energy Mechanical Milling[J]. Progress in Materials Science, 2004, 49 (3-4): 537-560.

第 8 章　溶液等离子喷涂或悬浊液等离子喷涂制备纳米涂层

P. Fauchais, A. Vardelle
SPCTS，UMR 6638，利莫日大学，利莫日欧洲陶瓷中心，法国

8.1　引言

用不同的材料制备涂层主要是为了满足以下需求：①改善零件性能；②通过减少摩擦、腐蚀和/或侵蚀引起的损伤来延长零件寿命；③通过将磨损的零件修复到其原始尺寸来延长零件寿命；④通过在其上涂覆高性能但更昂贵的涂层来改善低成本材料的性能。涂层技术可以大致分为薄膜技术和厚膜技术。可以通过化学气相沉积（CVD）或物理气相沉积（PVD）等工艺制备厚度小于 20μm 的薄膜，它们可提供出色的表面性能，如用于光学、电子设备或切削工具。然而，这些薄膜技术大多需要真空环境，因此，基体的尺寸和形状受到限制且价格非常昂贵。

厚膜层的厚度可能超过 20μm 甚至会达到几毫米。当膜层性能取决于厚度（如在热障涂层中），高腐蚀或侵蚀条件导致零件磨损以及部件寿命取决于涂层厚度或者必须将零件修复至原始尺寸时，就需要有厚膜层。厚膜层的制备方法包括化学/电化学电镀、钎焊、堆焊和热喷涂。J.R.Davis 研究发现，热喷涂工艺是一种行之有效的表面处理方法，旨在通过片层的堆垛形成涂层，这些片层是由熔融颗粒的撞击、铺平和凝固而形成的。“热喷涂是一系列涂层制备工艺的总称，总体来说，都是令金属或非金属材料以熔融或半熔融状态沉积以形成涂层。涂层材料可以是粉末、棒材、金属丝或熔融材料。”

热喷涂系统由 5 个子系统组成：

（1）高温、高速射流发生器，包括喷枪、电源、供气系统和相应的控制系统。

（2）涂层材料系统，即制备粒度分布和形态可控的粉末，由载气注入高能气体射流并转变成熔融粉末射流。

（3）环境气氛，即大气、可控气氛（包括湿度控制）、真空等。

（4）基材的材质及表面处理。

（5）用于控制射流和基体间相对运动的机械设备。

研发热喷涂方法涂层的主要目标是提高沉积效率（每小时可以用几十千瓦的等离子枪喷涂几千克原料）、降低成本。热喷涂工艺包括火焰喷涂、等离子喷涂、电弧喷涂和等离子转移电弧（PTA）沉积。由于对可喷涂材料的限制很少，对基材的材料、尺寸和形状的限制也较低，等离子喷涂是所有热喷涂工艺中用途最广泛的一种方法。热喷涂涂层已经用于众多工业领域，例如航空和陆基涡轮燃机领域（如热障涂层、耐磨密封件等）、生物医学领域（如在人造假体上制备的羟基磷灰石生物材料涂层）、造纸行业（如耐磨和耐腐蚀涂层）。涂层是由熔融颗粒撞击到基体表面后铺展凝固并堆垛在一起而形成的，形成高度各向异性的片层结构。此外，涂层结构中的缺陷主要位于变形颗粒之间，如孔隙等，这些孔隙有可能与涂层表面的缺陷连通（形成互连空隙或敞开的空隙）。

常规的热喷涂工艺使用粒度为 10～100μm 的粉末。所制备涂层主要表现出微米结构特征，这是由于粉末颗粒撞击基体后所形成的片层为几微米，直径从几十到几百微米。在过去的 30 多年中，开发和研究具有纳米级特征而不是微米级特征的热喷涂涂层一直是一个重要的方向。与微米结构涂层相比，纳米涂层性能获得进一步提高。将涂层结构尺寸减小到纳米级，可以提高涂层的强度、韧性和热膨胀系数，同时降低密度、杨氏模量和导热率等。通过热喷涂技术直接喷涂纳米级粉末颗粒的主要缺点之一是难以将其注入高温高速射流的中心，其原因是颗粒注入力必须与气流的力相同：$S \cdot \rho_g \cdot v_g^2$，其中 S 是注入粒子的横截面，ρ_g 是等离子体的比质量，v_g 是等离子体速度。当然，最后两项沿着粉末颗粒在等离子射流中的轨迹变化。注入粒子的力与其质量（取决于其直径的立方）和载气的速度成正比，一旦粒径减小，载气流的速度就必须显著增加。但是，一旦载气流量超过等离子体形成气体质量流量的 1/5，就会破坏等离子射流。因此，热喷涂过程中实际上不可能注入尺寸小于 5～10μm 的颗粒。

为了避免这种缺陷，通常有 4 种可能的方法。具体包括：

（1）喷涂由纳米颗粒制成的微米级团聚粉体，使用常规的载气输送方式注入。与直径相同且完全致密的颗粒相比，团聚粉末颗粒的熔融速度减慢，必须对喷涂参数加以调整。粉末颗粒固化后，其中的熔融部分（如细小的颗粒或单质大尺寸颗粒的外壳）在涂层中形成微米组织区域，从而确保了涂层的内聚力，而未熔融的颗粒（内核部分）则保持了纳米尺度结构。这种涂层结构通常被称为“双态”。

（2）对金属玻璃涂层而言，临界冷却速率较低的复杂合金（5～10 种成分）在热喷涂时会形成非晶涂层。喷涂后将非晶涂层加热至高于其结晶温度时会发生晶化转变（铁合金通常为 $0.4\sim0.7T_m$，T_m 为熔化温度）。由于在转变温度下固态的扩散速率非常低，因此形成了纳米级的微观结构。

（3）纳米颗粒的悬浮液热喷涂方法，即载气被液体替代（悬浮热喷涂：STP）。纳米颗粒通过分散剂分散到液体中，悬浮液经过雾化后以流体或液滴形式注入等离子体内。依据注入条件及等离子射流状态，流体或液滴受到流动剪切力作用而发生破碎并汽化。

（4）溶液中的前驱体在飞行过程中形成纳米级颗粒（溶液前驱体热喷涂：SPTS）。这极大地提高了纳米级颗粒使用过程中的安全性（如 Singh 等人在 2009 年的研究成果），解决了悬浮液稳定性不足的问题，尤其是在异质材料（如金属合金和氧化物）混合在一起的情况下。

以下将依次讨论：用于悬浮液或溶液喷涂的等离子喷枪；等离子射流与液体的相互作用；悬浮液和溶液的制备；采用悬浮液和溶液制备的涂层；纳米结构涂层表征及其应用。

8.2　用于悬浮液或溶液喷涂的等离子喷枪

8.2.1　传统的直流等离子喷枪

除了射频喷涂，大多数喷涂工艺都是在大气环境中进行的。图 8.1（a）展示了带有杆形阴极的传统直流等离子喷枪（90%以上的工业用等离子喷枪功率都在 50kW 以下）。阴极由 Th（2wt%）W 合金制成，阳极喷嘴由高纯无氧铜制成。阳极喷嘴形成圆柱形内腔，内径（i.d.）在 5～8mm，烧结而成的钨阴极位于阳极内腔中。弧柱（见图 8.1（a）中的 3）在锥形阴极尖端（见图 8.1（a）中的⊖）和阳极之间形成，将一部分用于形成等离子体的气体电离（见图 8.1（a）中的 1），未电离的气体会沿阳极壁流动（见图 8.1（a）中的冷边界层 2）。最常用的等离子气体是 Ar、Ar-He、Ar-H_2、N_2、N_2-H_2，有时候也可以使用更复杂的混合物，如 Ar-He-H_2。Ar 和 N_2 是形成等离子体的主气，辅气（He 和 H_2）的引入主要是由于其特有的热性能。例如，在温度为 4000K 时，Ar 中加入 25%

的 H_2 将会使 Ar 的平均热导率提高 8 倍。与 H_2 相比，He 增强了等离子体的导热性，并且在高达约 14000K 时仍能保持高黏度，延缓了周围空气与等离子射流的混合。

电弧形成后与阳极接触（见图 8.1（a）中的 4），但是电弧的长度和位置会发生持续波动。这是由于在冷边界层（见图 8.1（a）中的 2）中流动气体的力学作用引起了弧柱运动。电弧腔中压力的波动、电弧上游的 Helmholtz 振动、磁流体力学，所有这些都会导致电弧上下游短路。随着弧斑区域冷边界层厚度的变化，相应的瞬态电压表现出重起弧（锯齿形）、稳定模式（规则周期性变化）或混合模式，其值可以达到一定时间内平均电压的±75%。对于包含双原子气体的等离子体，最可能采用重起弧模式，而稳定模式主要发生在单原子气体中，这些现象会因 Helmholtz 振动而大大增强。

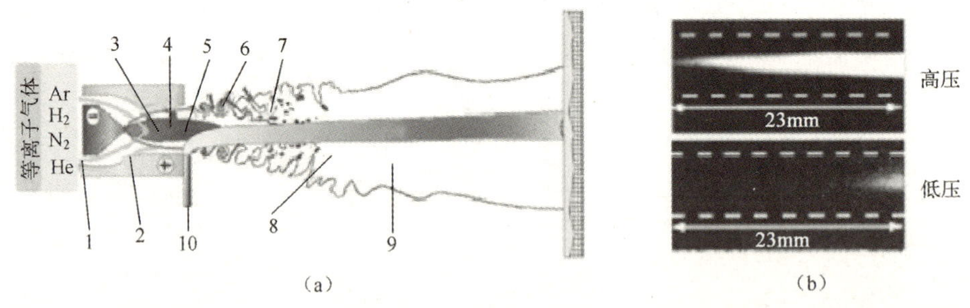

图 8.1（a）常规直流等离子枪示意图，其中：⊖—棒型 Th/W 合金阴极；⊕—阳极喷嘴；1—等离子体气体；2—阳极壁冷边界层；3—弧柱；4—连接弧柱；5—等离子射流；6—涡流；7—卷入的环境气体；8—等离子气流；9—粉末射流；10—送粉嘴。（b）在最大和最小电压时 10^{-4} s 快门摄制的等离子射流照片（PTF4 等离子喷枪，Ar-H_2 流量（45～15slm），阳极喷嘴的内径 6mm，电流 600A）

因为弧根处的热流密度可达 10^9～10^{10}W・m^{-2}，因此，必须将电弧根在局部的停留时间限制在 150μs 以内，因此弧根运动其实是有助于保持阳极完整性的。电压波动特征通过比率 $\Delta V/V_m$（ΔV 是波动幅度，V_m 是平均电压）进行表征，该比率可以在 0.25（在稳定模式的最佳条件下）～1.5（在重起弧模式的最差条件下）范围内变化。同样，由于恒定电流条件下弧柱的长度和位置以 2000～8000Hz 的频率不断变化，导致电弧电压不断波动，进而引起电弧中消耗的能量与产生的热焓不断变化，这些变化最终取决于冷边界层的厚度。在图 8.1（b）的实例中，分别在最高电压（80V）和最低电压（40 V）下拍摄了 Ar-H_2（25vol%）直流等离子射流的照片。随着等离子体焓值的波动，射流中给定位置的动量密度（$g \times vg^2$）随时间变化范围很大。对于 $\Delta V/V_m = 1$ 的情况，等离子流平均比重 g（取决于 T）变化小于 30%，而因子 V 可以是 2 或 3。对于常规粉末颗粒（直径为几十微米）而言，载气给予的推力无法使其和弧根一起以几千赫兹的频率波动。因此，粉末颗粒的总体轨迹也相应地波动，并且粒子的温度和速度变化频率与弧根的波动频率相同。Bisson 等人发现，这对传统涂层的形态有着显著的影响，与具有相同焓的更稳定的等离子喷枪相比，高度波动的等离子喷枪制备的涂层密度较低、孔隙率较高。

当等离子射流中注入的原料呈液态（悬浮液或溶液）时，波动对涂层的影响更大（请参阅 8.3 节）。因此，尽管功率低于双原子气体的等离子体，但通常会使用产生波动较小的 Ar-He 混合气体来喷涂液态原料。大多数等离子射流的温度和速度测量值都是在一定时间范围内的积分结果。在这些条件下，无论等离子气体种类或阳极喷嘴内径如何，喷枪出口的等离子体温度都在 14000～8000K 范围内，而射流速度随这两个不同参数，在 800～2200ms^{-1} 范围内变化。

8.2.2　其他类型直流等离子喷枪

为了喷涂悬浮液或溶液，于 20 世纪 90 年代开发出另外两种类型的直流等离子喷枪。

（1）具有 3 个相互绝缘的阴极，且每个阴极连接独立电源的等离子喷枪，其代表是 Sulzer-Metco.公司的 Triplex®系统。电能通过 3 个平行的电弧分布在一个阳极上，阴极和阳极之间通过绝缘环实现绝缘，喷嘴的内径（i.d.）在 6～8mm（见图 8.2（a））。与传统的直流等离子喷枪相比，三阴极等离子喷枪产生的电弧更长，使得喷枪电压波动百分比显著降低 4～5 倍。其中，电压对于长电弧喷枪的重要性与传统等离子喷枪是相似的，甚至对于一些阳极部件来说重要性还会低一些。图 8.2（b）展示了由 Triplex II 等离子喷枪产生的 Ar-He 等离子射流，并展示了其稳定性（与图 8.1（b）相比）。另外，3 个均布的送粉器可以对准等离子射流的最热或最冷的部分，以实现喷涂原料的最优化注入。

（2）由 3 个阴极和 3 个阳极组成的等离子喷枪，分别由 3 个电源（总功率为 50～150kW）进行控制，例如 Mettech 的 AxialIII®等离子喷涂系统。该喷枪可以将喷涂原料沿喷枪轴向注入 3 个等离子弧中，因此，可以大大改善颗粒在高温区中的停留时间。

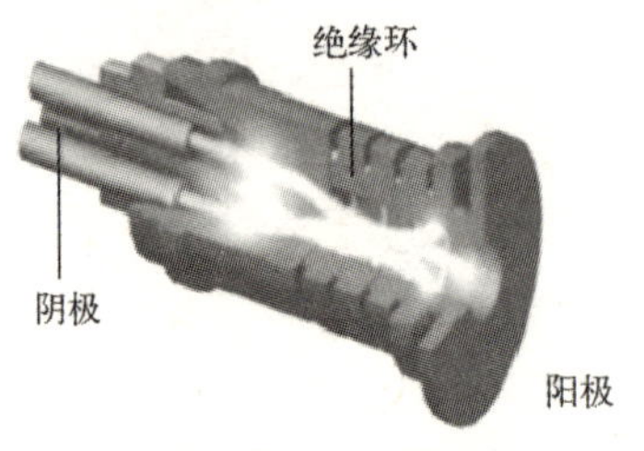

（a）Triplex[II] 等离子喷枪结构

（b）等离子射流照片：曝光1.5μm，拍摄间隔时间130μs

图 8.2 三阴极等离子喷枪示意图

8.2.3 感应等离子喷枪

与直流等离子喷枪相比，用于喷涂的感应等离子喷枪内径为 35～60mm，功率低于 100kW，射流速度不超过 100m·s^{-1}，喷涂原料采用轴向注入方式。如图 8.3 所示，粉末注入位于感应线圈的中间。由于感应线圈和产生的等离子体主要位于靠近管壁的环形间隙中，因此靠近等离子枪中心的气体只能通过对流-传导的方式加热，并且水冷式送粉针可以轴向定位而避免收到感应线圈的作用。在 TECKNA（RF 等离子体喷枪的唯一工业供应商）提供的 RF 等离子体喷枪中，用导热率更高的陶瓷管代替了老式感应等离子体喷枪中常用的石英管。

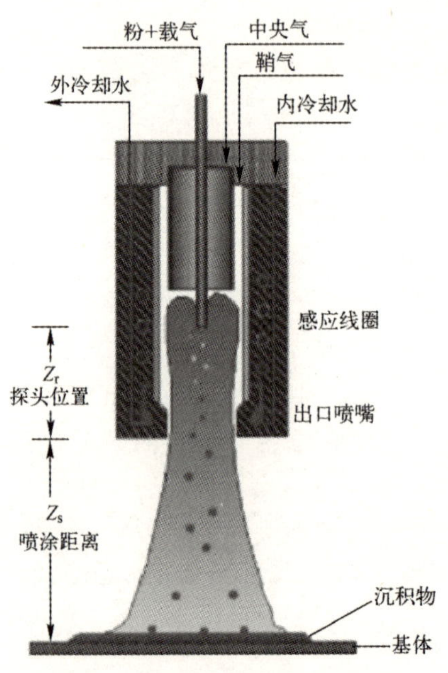

图 8.3 感应等离子体喷涂的原理

感应线圈插入喷枪枪体中，具有很高的对准精度，感应线圈与放电电弧之间存在一个间隙，从而实现二者更好的耦合。通过精细的气动设计并配以高速水冷技术，可以确保整个系统在高功率条件下稳定地工作。功率级别高达 100kW 的喷枪通常在 3.6MHz 下运行。由于气体速度大致与等离子喷枪内径的平方成反比，感应等离子气体速度低于 $100m \cdot s^{-1}$，相应粒子速度低于 $60m \cdot s^{-1}$，在高温区停留时间延长至数十毫秒。尽管热导率很低，但在该条件下仍可以用 Ar 熔化直径达 200μm 的金属颗粒。使用 Ar 作为等离子体形成气体可在较低功率下发生感应电离。但是，保护气也可以是纯 O_2，可以喷涂对氧损失非常敏感的材料，如钙钛矿材料等。

8.3　等离子射流与液体的相互作用

8.3.1　测量与建模

液体原料和等离子流之间相互作用的可视化对于更好地理解这一过程是非常重要的。Etchart-Salas 等人率先提出了一种方案，即采用 Spray Watch（Oseir® 公司）在线监测器的高速快门相机与激光（808nm 波长）薄片闪光灯相结合的方式。当瞬态电压达到某个阈值时触发图像记录（见图 8.4（a））。由于图像大小和像素数（600×600）的限制，一个像素代表约 $30\mu m^2$ 的面积，用这种装置不可能观察到直径在 5～6μm 以下的液滴。为了获得有关等离子射流与液体流相互作用的更多信息，在消除了等离子体射流的影像之后，将在相同条件下（约 1s 内）拍摄 10 张照片叠加在一起。最终得到的图像可以确定注入液体流在等离子射流中的两个特征角：分散角（θ）和偏离角（α），如图 8.4（b）所示。

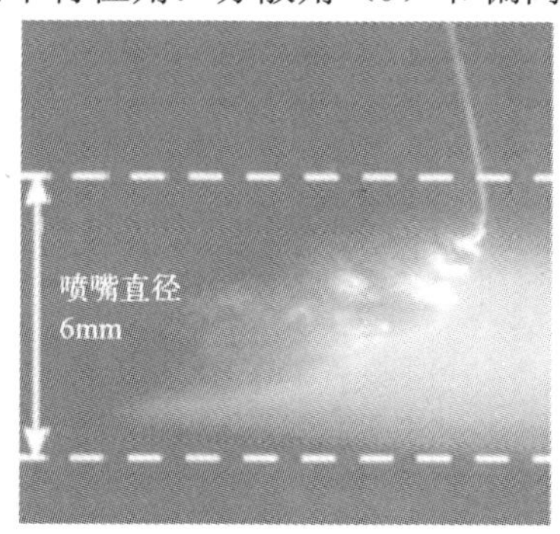

（a）以 $33.5m \cdot s^{-1}$ 的速度注入Ar-He（30~30slm）等离子射流（700A，40V，阳极喷嘴直径6mm）的乙醇悬浮液激光闪光照片

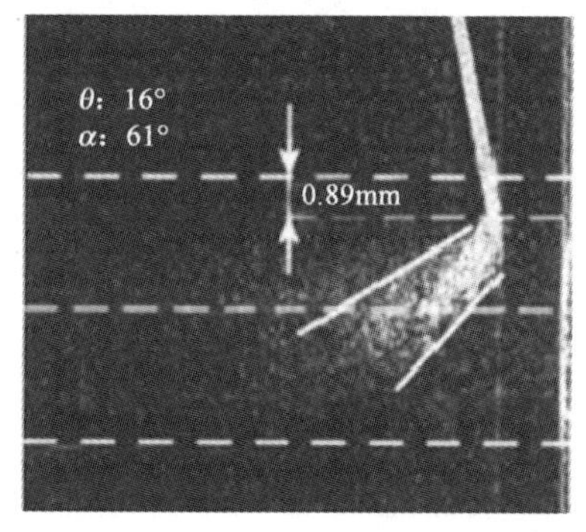

（b）相同条件下10张照片叠加后获得的图像

图 8.4　注入等离子体液体照片

采用更先进的设备，如阴影图技术结合粒子图像测速（PIV）技术，还可以观察等离子射流中的液滴并测量其数量、大小和速度。Nd:YAG 双脉冲激光（波长 532nm，脉冲持续时间为 8ns）背光可照亮液体材料。该检测系统由两台 1376 像素×1040 像素和 12 位分辨率的 CCD 摄像机组成，由一个可编程的硬件控制激光与相机之间的同步性。使用该系统，可以观察到 3～5μm 的液滴，并且得到较小空间范围内（2.5mm×2mm×1.5mm）液滴的速度和粒径分布。该技术对等离子喷涂过程中模型预测验证和参数变化监控是非常有用的。但是，对于结果必须谨慎分析并且需要与高温计测量结合对应。

Fazilleau 等人在研究结果中提到，液体注入对等离子射流温度的影响可以通过发射光谱法进行测量。然而，等离子射流的轴向对称性在注入区被破坏，并且只能在液体被破碎和蒸发后才恢复，因此层析成像是非常必要的。

Caruyer 等人开发了液体射流与等离子体之间相互作用的数值模拟。他们关注了液体的分散性，以了解注入条件对涂层质量的影响。他们提出了一个原始模型来处理三维空间内等离子射流与液体之间的相互作用。采用了一个可压缩模型，该模型能够表示不可压缩两相流和可压缩运动。将预测值与实验阴影图形数据进行的比较显示，在液体注入的最初时刻，实验结果与预测结果一致性较好。

8.3.2 液体注入

液体注入涉及两种主要技术：喷雾雾化和机械注入。

1. 喷雾雾化

Rampon 等人已将该方法用于悬浮液和溶液等离子喷涂，通常使用同轴雾化方式。主要过程包括在喷嘴内部低速注入液体，然后通过喷嘴内膨胀的气体（主要是密度较高的 Ar）将其雾化。对于黏度在几十分之一到几十毫帕·秒之间的液体，液滴分散的程度取决于 Weber 数，该数表示流动对液体施加的力和液体自身表面张力的竞争作用。这意味着对于具有给定表面张力的液体，喷雾雾化取决于气体速度和比重。喷雾雾化还在一定程度上取决于包括液体黏度影响在内的 Ohnesorge 数。Webe、*We*、Ohnesorge、*Z* 的无量纲数字定义如下：

$$We = \rho_g \cdot u_r^2 \cdot \frac{d_l}{\sigma_l} \qquad Z = \mu_l / \sqrt{\rho_l d_l \sigma_l}$$

式中，g 是气体质量密度；μ_l 是液体黏度；u_r 是气体和液体之间的相对速度；d_l 是液滴的直径；σ_l 是液相的表面张力。

如果黏度太高（> 0.8mPa • s），则可能会出现进料困难。测量表明雾化过程受以下参数影响：喷嘴中液体与气体之间的相对速度、气体与液体体积进给速度之比（称为 RGS（通常超过 100））或气液质量比（称为 ALR（小于 1））、液体的性质（密度、表面张力、动态黏度）。例如，采用酒精，其平均液滴直径在 18～110μm 变化时，雾化过程取决于 Ar 的雾化流速。同样，对于相同的注入参数，将乙醇（在 293K 下 $\sigma_{th} = 22.10^{-3}$ N • m^{-1}）转变为水（$w = 72.10^{-3}$N • m^{-1}）时，液滴平均直径从 70μm 变为 200μm。增加雾化气体会导致液滴射流收缩，并且还会干扰等离子射流。考虑到 RGS 的影响，会获得相似的结果，液滴的大小随着 RGS 的增加而减小。将 RGS 增加 4 倍将导致液滴尺寸减小 10 倍，并允许获得更窄的高斯曲线。另外，悬浮液中固体的重量百分比增加会使粒度分布范围变宽。Jordan 等人使用 3 种不同类型的雾化器来注入溶液：①窄角液压雾化扇形喷嘴；②具有较大喷射角的气帽鼓风雾化喷嘴；③一种自制的管状雾化器，其液体从一个细管中流出，从而被与液流呈 90°的气体雾化。气帽雾化器得到的液滴尺寸分布最宽，而细管雾化器具有粒径分布最窄的液滴尺寸，从而获得性能最佳的涂层。

2．机械注入

机械注入主要有两种方式：要么把液体放在一个加压的储液罐中，从那里它被强制注入一个给定内径的喷嘴；要么在喷嘴背面增加一个磁致伸缩棒，它以可变频率（高达几十千赫）施加脉冲压力。

例如，法国 Limoges 大学 SPCTS 实验室开发的第一台设备由 4 个储罐组成，分别存储了不同的悬浮液和一种溶剂，单个储罐或其中任意两个均可连接到由不锈钢管组成的注入装置中，该不锈钢管带有激光加工喷嘴，并且已经经过校准。以下公式表示液体以速度 v_l（m/s）通过直径为 d_i 的孔，该速度与不可压缩的液体质量流量（kg • s^{-1}）之间的关系如下：

$$\Delta p = f \cdot \rho_l v_l^2 / 2$$

$$m_l^0 = \rho_l v_l S_i$$

式中，ρ_l是液体的比重（$kg \cdot m^{-3}$）；S_i是喷口的横截面积（m^2）。假设液体是无黏度理想液体，根据伯努利方程，v_l 取决于在储罐和周围大气之间的压降 p，其中，f 是摩擦和黏性校正因子（0.6～0.9）。例如使用内径为 150μm 的喷嘴，储罐压力在 0.2～0.6MPa 范围内变化，以实现 22～34m·s^{-1} 的注入速度。为了获得与 d_i=50μm 喷嘴相同的注射速度，使用 d_i=150μm 的喷嘴，储罐压力为 0.5MPa 时，应将压力乘以 81 并达到 40.5MPa，这需要配备适当的设备并采取特殊的措施。用 CCD 相机观察到的从喷嘴喷出液体以液体射流运动，其直径在 1.2～1.5 倍，具体取决于容器压力和喷嘴形状。当喷嘴距离达到 d_i 的 100～150 倍后，Rayleigh-Taylor 不稳定性导致液体射流雾化成液滴，液滴直径为射流直径的 1.3～1.6 倍。喷嘴出口与等离子射流的相对位置（径向注入）恰当时，可以将液体射流或液滴注入等离子流中。

Blazdell 和 Kuroda 使用了连续喷墨打印机部件进行液滴注入，该打印机通过将周期性脉冲施加在高速墨流上而产生均匀的墨滴。他们使用了 50μm 的喷嘴 （d_i）和频率 f 为 74MHz 的脉冲，雾化效率可以达到每秒 64000 个液滴。Oberste-Berghaus 等在喷嘴的后部安装了电磁伸缩驱动杆（Etrema AU-010，Ames，爱荷华州），工作频率高达 30kHz，产生了直径约为 400μm 的液滴，每个液滴之间的时间间隔为 10μs，飞行速度为 20m·s^{-1}。

3．液体渗入等离子体流

在传统的颗粒原料喷涂中，粉末颗粒飞行的动力几乎全部来自等离子射流，并且获得最佳的粒子飞行轨迹（请参见工艺简介）。对于液体射流或液滴注入方式，当其渗注入等离子射流中时，会发生逐渐雾化，其体积和表观表面会变小。相应地，液滴的质量以及由等离子射流施加的力将会减小。至此，液滴在等离子射流中的进一步注入迅速停止。为了实现液体射流或液滴较好的注入，需要满足 $\rho_l v_l^2 \gg \rho_g v_g^2$。例如，将氧化锆分散在乙醇中制得悬浮液，当其向 Ar-He 直流等离子射流中注入时，为了更好地进入等离子射流中，液体射流的速度应为 33.5m·s^{-1}，而不是 27m·s^{-1}。在第一种情况下，液体喷射动量密度为 0.96MPa，而等离子射流的动量密度平均值为 0.02MPa（在注射速度为 27m·s^{-1} 的情况下，液体喷射动量仍为 0.6MPa）。

4．液体射流与液滴的雾化或汽化

注入等离子流后，液滴或液体射流会产生两种相应方式：①由于等离子射流作用而受到很大的剪切应力，雾化成较小的液滴；②承受很高的温度，使得液体蒸发。因此，雾化时间 t_f 与汽化时间 t_v 的相对大小成为非常重要的影响因素，通过该因素可判断以上两种现象是否可以单独存在。还有一种方法是采用复杂模型进行预测，例如 Caruyer 等人提出的模型，具有以下 3 个特点：①湍流等离子射流及其与周围大气混合过程的瞬态或静态 3D 描述；②恰当地描述注入等离子射流中的液体射流、液滴或雾滴；③对控制等离子射流中液体材料处理效果的可能机制进行准确描述（机械雾化、热雾化、合并）。Lee 和 Reitz 已经研究了低温气体垂直撞击液体射流后，造成液滴或液体射流雾化的过程。尽管没有考虑热效应，这些结果也被认为是最接近热气体或等离子体与液体相互作用的结果。但是，如果要证明冷气与模型能够用于解释所要研究的现象，则应使用热气进行试验加以验证。雾化效果取决于无量纲的 Weber 数（标识为 *We*）（见 8.3.2 节），根据其数值可以划分为不同的阶段。

（1）当 $12<We<100$ 时，雾化过程被称为“袋状雾化”：主要呈现液滴的变形，呈袋状结构，在气体流动方向上被拉伸和吹走。

（2）当 $100<We<350$ 时，雾化过程被称为“剥离雾化”：从变形液滴的外层雾化出液滴。

（3）当 $We>350$ 时，雾化过程被称为“破坏型雾化”，对应着复合雾化机制。

实际上，*We* 随着液滴与射流之间的相对速度 *Ur* 以及液滴尺寸的增加而增加。根据 Ohnesorge 值的不同，*We* 的不同极限值可以有小量修正。

（1）对于气体流速低于 $100\text{m}\cdot\text{s}^{-1}$ 的射频等离子体，轴向注入的液滴尺寸在 20～30μm 时，极不可能发生雾化，主要现象是液体被直接汽化，而后悬浮液中的颗粒或者溶液液滴形成的颗粒被继续加热。

（2）液体沿径向注入直流电等离子射流的情况与以上大不相同。例如当 $We>12$ 时，除了注入的液滴将会小于几十微米，液体射流到达热等离子体高温区之前，就会在等离子射流边缘发生雾化，如图 8.5（a）所示。如下文 8.5 节所述，在直流等离子射流边缘发生雾化过程的主要问题是，雾化的液滴仍会汽化，并且固体物质被加热到足以黏附到涂层表面，但是会在涂层中产生大量的缺陷。当然，当雾化的液体的尺寸和速度分布范围过大时，液滴在等离子射流中的注入状态难以控制，也会在涂层内产生大量缺陷，如

图 8.5（b）所示。

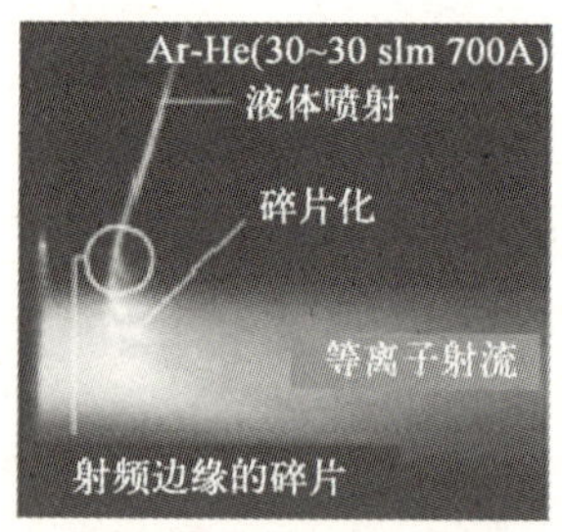

（a）直径约300μm的乙醇射流的雾化（起始于直流电的边缘。等离子射流参数(Ar-He：30~30slm，700A，40V，阳极喷嘴内径6mm))

（b）$Ar-H_2$等离子射流与雾化乙醇液滴的相互作用

图 8.5　液体射流在直流等离子射流中的雾化照片

需要关注的一点是，雾化时间 t_f 相对于汽化时间 t_v 的值。假定液体表面张力等于等离子流的拉力，可以雾化成尺寸最小的液滴，并且可以大致计算出雾化时间。Fazilleau 等人研究了乙醇液滴在 $Ar-H_2$ 直流等离子射流（工作参数：$Ar-H_2$ 流量 45～15slm，500A，$V_m = 65V$，阳极喷嘴内径 6mm）中沿其运动轨迹雾化的过程。为了计算雾化和蒸发时间，考虑了等离子射流的温度和速度。其温度和速度可以通过观察大尺寸的原始液滴以及由其雾化出的小液滴而间接推断。他们还考虑了由于液相汽化引起的缓冲效应和 Knudsen 效应，研究结果总结在图 8.6 中。必须明确的是，这些计算过程没有考虑由于液相汽化而引发的等离子射流温度下降。因此，雾化液滴直径沿等离子射流半径不断减小的趋势可能被高估了。然而，可以明显地看出，在等离子射流边缘区域，液滴直径由于雾化作用开始减小，并且由于溶液汽化，所得液滴的尺寸非常迅速地收缩。无论原始液滴直径如何，雾化时间和汽化时间至少相差两个数量级。还必须注意的是，直径为 300μm 的液滴的蒸发时间比直径为 3μm 的液滴的蒸发时间高 4 个数量级，尽管后者直径比前者小 100

倍。液滴的快速雾化（<1μs）和随后液滴的快速汽化（~1μs）时间的差异决定了 $Ar\text{-}H_2$ 等离子射流中液滴进入后连续变化的顺序。Fazilleau 等人首先将等离子射流分成两个部分，这两个部分分布在由喷枪轴线和注入喷嘴轴线形成平面的两侧，然后在注入喷嘴出口下游 15mm 处恢复轴对称性。一旦液滴雾化成小尺寸液滴，就会非常快速地蒸发，液相蒸汽会迅速转化成等离子体。假设没有蒸发，那么位于喷枪中心线上的 2μm 水滴，预计飞过 15mm 距离需要的时间约为 10μm。这些时间特征清楚地表明，液滴在等离子流的热芯中已完全蒸发，因为大约 1s 就足以蒸发直径为 2μm 的液滴，并且水蒸气转化为等离子体。

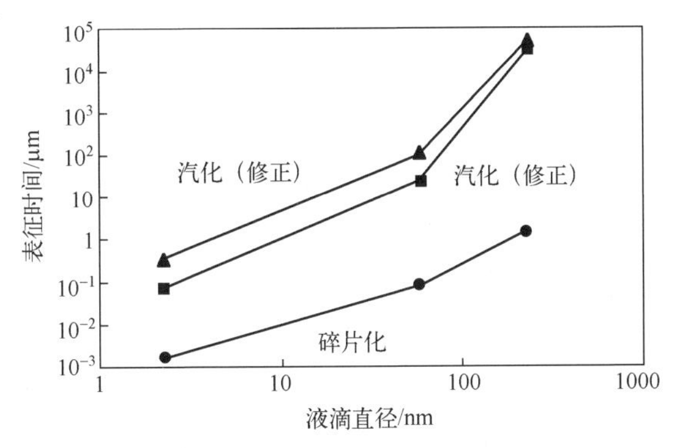

图 8.6　修正过的与未修正的乙醇液滴的雾化/汽化时间随液滴直径变化的曲线
（修正时考虑了固定状态下（$V = 65$V，$I = 600$A，喷嘴内径 6mm）$Ar\text{-}H_2$ 等离子射流）

5. 等离子射流波动的影响

弧根波动对液体注入的影响高于对粉末颗粒注入的影响。例如，$Ar\text{-}H_2$ 等离子射流（$Ar\text{-}H_2$ 45～15slm，500A，$V_m = 65$V，阳极喷嘴内径 6mm）在重燃模式下工作时，且电弧电压在 40V 和 80V 之间切换时，等离子射流长度的变化很大，如图 8.7（b）所示。电弧电压相差 40V，对应于射流平均速度变化约为 800m・s^{-1}，导致气体动量密度变化（$\rho_g \cdot v_g^2$）达到约 320%。这些变化导致悬浮液流在等离子射流中的注入形式产生很大差异，如图 8.7 所示。电弧电压为 40V 时液体射流的分散角（θ）为 64°，电弧电压为 80V 时液体射流的分散角约为 33°，而偏离角（α）几乎恒定。因此，Ar-He 等离子射流具有较低的电弧电压波动，即使电弧功率水平较低，也往往比 $Ar\text{-}H_2$ 等离子气体更受青睐，但三阴极等离子喷枪除外。

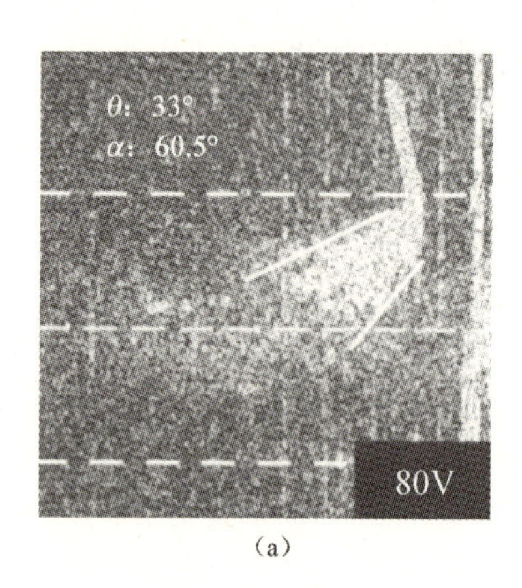

(a)

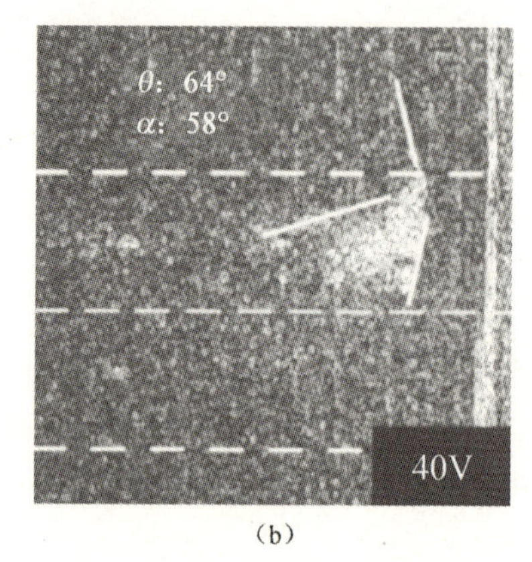

(b)

图 8.7　电弧电压为（a）80V 和（b）40V 时注入射流雾化照片（悬浮液喷射速度为 26.6m • s^{-1}，喷射器尖端与割炬中心线轴之间的距离为 20mm）

6．液体注入速度的影响

为了抵消雾化机制对液滴穿过等离子射流时液滴直径急速减小的影响，必须提高液体的注入速度。例如，使用图 8.4（b）中的 Ar-He 等离子射流，以 33.5m • s^{-1} 速度注入的液体在射流场中运动 0.89mm 而没有雾化，并穿过了喷枪轴线，而当以 27m • s^{-1} 的速度注入时，液体射流在等离子射流中运动 0.58mm 后开始雾化，雾化射流的可见部分几乎无法达到喷枪轴线。

7．液体汽化的影响

液体汽化过程以及汽化后形成等离子体会消耗等离子射流能量并使其温度下降。例如，当质量流量为 3.6×10^{-4}kg • s^{-1}（液体注入的典型流量）的液体射流注入质量流量为 1.36×10^{-4}kg • s^{-1} 的 Ar-H_2（25vol%）等离子射流中时，Fazilleau 等人研究发现等离子射流热焓为 32MJ • kg^{-1}，比未注入时降低了近 9MJ • kg^{-1}。相应地，温度超过 8000K 的等离子射流高温芯长度减少了 25%。光谱测量表明，在液体注入点下游约 15mm 处，射流的对称性得以恢复。液体在注入位置被分割成两部分：大部分液体蒸发并转化为等离子体，其余液滴均匀分布在等离子射流内。当然，由于乙醇蒸发能量较低，对等离子体的冷却效应较弱。但是通常情况下，当汽化能降低时，表面张力也会降低，这有利于等离子射流中的液体雾化。

8.4　悬浮液和溶液的制备

8.4.1　悬浮液的制备

1. 浆料法

制备悬浮液的最简单方法是制备含有颗粒和液相的浆料，颗粒大小从几十纳米到几微米不等。最常使用的液体是乙醇、水或二者的混合物。浆料搅拌后通过沉降测试来测试悬浮液的稳定性。浆料稳定性的典型值是几十分钟到几小时，并且稳定性随质量负载而增加。但是，对于超过 15～20 wt%的质量负载，喷涂时固体颗粒的熔融状态较差。Fauchais 等人采用这种方法制备了含有 TiO_2、ZrO_2、Al_2O_3 和 ZrO_2-Al_2O_3 的浆料。然而，应该注意的是，即使搅拌悬浮液，纳米级氧化物颗粒也具有团聚或聚集的趋势。通过使用合适的分散剂可以部分或完全解决该问题，这些分散剂吸附在颗粒表面上并通过静电、空间或电荷空间斥力有效地分散颗粒。例如，一种结合了静电斥力和空间斥力来分散颗粒的磷酸酯已被用于氧化锆浆料制备。分散剂的含量必须进行调节以使其表现出剪切稀释效果，并且获得最小黏度。这意味着当等离子射流作用到液体的切应力较低时，悬浮液黏度较高；当切应力增大时，液滴将更深地运动到等离子射流中，悬浮液黏度会急剧下降。pH 调节也是悬浮液制备的重要特点。在含有 WC-Co 颗粒的悬浮液中，问题变得更加复杂，因为两种组元的酸/碱性质不同。实际上，WC 或更确切地说 WO_3 的表面呈现 Lewis 酸性，而 CoO 是碱性。因此，必须在分散剂和悬浮液的 pH 之间找到平衡。例如，必须将后者调整为碱性条件，以防将 Co 溶解掉。对于 Ni 颗粒来说也存在类似的问题。当悬浮液中粉末的质量百分比增加时，其黏度也增加。

Rampon 等人研究发现，可以将不同的产品添加到液相中来改变其黏度和/或表面张力。例如，添加沸点为 200℃的黏性乙二醇会改变悬浮液的黏度，但是会以增加等离子体额外的热负荷为代价，Oberste-Berghaus 等人发现在加入黏结剂调节悬浮液的黏度时几乎可以不考虑对分散性的影响。

还有几点需要注意：①确定悬浮液中的颗粒尺寸分布时要考虑到后期在等离子体中热传递的问题；②与常规等离子喷涂一样，限制粒度分布范围的大小以减少颗粒轨迹的分散；③避免使用通过化学法制备的具有团聚或聚集趋势的纳米颗粒，尤其是氧化物颗粒。

2．化学法

另一种制备悬浮液的方法称为 Prosol 工艺，例如，通过在水性介质中中和氯化氧锆，随后进行水热结晶来制备氧化锆溶胶，Wittmann-Ténèze 等人将混合物置于容器中加热至 170℃以上并施加 2 MPa 以上的压力，保持 20h 后结晶氧化物以单斜晶相和四方晶相的混合物相形式析出。之后采用过量的 NH_4OH 洗涤，将颗粒与水混合，加入 HCl 以形成悬浮液。

3．非晶颗粒

Chen 等人发现，使用分子混合的无定形粉末作为悬浮等离子喷涂原料是沉积组分均匀分布的复合陶瓷涂层的理想选择。

通过在低于结晶温度的条件下对分子混合的化学溶液前驱体进行热处理，可以制备出分子混合的 Al_2O_3-ZrO_2 非晶态粉末。首先，按照摩尔体积比将硝酸铝和乙酸锆溶解在去离子水中，以生成 Al_2O_3-40 wt%ZrO_2 的陶瓷成分。将所得溶液加热至 80℃并连续搅拌以使溶胶转化为干燥的凝胶。将干燥的凝胶粉末以 10℃・min^{-1} 的加热速率加热到 750℃，然后在该温度下保持 2h。XRD 图谱表明所得粉末是非晶态的。Al_2O_3-ZrO_2 颗粒的粒径分布（d_{10}～d_{90}）为 0.71μm，平均粒径为 0.5μm。

8.4.2 溶液的制备

制备喷涂用溶液的前驱体包括：①硝酸盐混合物溶于水/乙醇形成的溶液；②硝酸盐和金属有机化合物前驱体溶于异丙醇（混合溶胶）形成的前驱体；③柠檬酸盐/硝酸盐混合溶液（聚合物络合物）前驱体；④共沉淀后形成的溶胶（凝胶分散在水/乙醇中）。

与其他热喷涂技术相比，使用分子层级混合的原料进行溶液等离子喷涂可实现涂层的化学均匀性的显著提升。值得注意的是，水溶液能够获得比有机溶液更高的浓度，生产成本更低，储存和处理起来更容易、更安全。例如，水已被用作锆、钇和铝等盐类溶液的溶剂。

前驱体溶液浓度可以在较大范围内调控，最高可以达到饱和浓度。确定饱和浓度的一种简单方法是将溶液置于室温下的蒸发器中，直到发生沉淀为止。Chen 等人在研究 7YSZ 溶液时，考虑了两种不同浓度的前驱体溶液，分别是高摩尔浓度（2.4M）溶液和低摩尔浓度（0.6M）溶液。当初始 7YSZ 前驱体溶液水浴加热浓缩 4 次时，溶液黏度从 1.4×10^{-3}Pa・s 增加到 7.0×10^{-3}Pa・s，表面张力从 5.93×10^{-2}N・m^{-1} 减小到 4.82×10^{-2}N・m^{-1}。两种前体均在 450℃以下热解并在约 500℃时结晶，Chen 等人发现溶液浓度对前驱体热解和结晶温度影响很小。虽然前驱体浓度的变化几乎对溶液的密度和表面张力没有影响，但是会导致溶液黏度发生较大变化。Chen 等人还研究了液相对于等离子流中溶液加热的影响，并获得了与悬浮液非常相似的结果，即具有高表面张力和高沸点的液滴在等离子射流中经历了不完全的液相蒸发，而具有低表面张力和低沸点的液滴则发生快速液相蒸发。

8.5　采用悬浮液和溶液制备的涂层

8.5.1　纳米或亚微米颗粒飞行特征

涂层的微观结构首先取决于等离子射流与微米或亚微米液滴之间的相互作用，其次取决于等离子射流与悬浮液或溶液中的颗粒之间的相互作用。这些颗粒的尺度在亚微米或纳米范围内，加热后通过撞击基材形成涂层。可以通过阻力系数 C_D 估算颗粒与等离子射流之间的动量和热传递，该阻力系数 C_D 可以量化流体环境中的颗粒阻力。而热传递系数可以通过 Nusselt 数（Nu）进行计算，即通过颗粒边界处对流传热和传导传热的比率来计算。阻力系数和传热系数都必须进行修正，主要考虑以下因素：①气体与颗粒表面之间的温度梯度，该修正与颗粒大小无关，可以使 C_D 和 Nu 最多降低 30%；②液滴和颗粒蒸发产生的缓冲作用，通常只考虑 Nu，并且与颗粒大小无关，对于在等离子射流中剧烈蒸发的液体原料，这种修正特别重要；③当气体分子的平均自由程与粒径 d_p 之比小于 1 时发生稀疏效应或 Knudsen 效应，对于纳米和亚微米尺寸的颗粒（例如悬浮液中包含的颗料或溶液中形成的颗粒），此修正尤为重要。

1．Knudsen 效应

当等离子体分子、原子、离子、λ 的平均自由程的数量级等于或小于颗粒直径 d_p 时，非连续效应尤为重要。根据 Boulos 等人的评论，在 $0.01 < Kn < 1.0$ 时，应着重考虑 Knudsen 效应，其中 $Kn = \lambda/d_p$。由于 λ 约为 0.4μm，即便对于粒径 40nm 的小颗粒，室温下的 Knudsen 效应也相当低。但是，在热等离子体条件下，λ 在 10000K 下只有几微米（一级近似为 $\lambda \sim T/p$），Knudsen 效应变得很重要。例如，当粉末颗粒在 10000K 的 $Ar\text{-}H_2$ 等离子体中加热至 1000K，粒径从 1μm 减小到 0.1μm 时，阻力系数的修正方式是系数值除以 3，而 Nu 增大

10 倍。因此，传递给小颗粒的热量和动量大大减少了。此外，这些具有非常低的惯性的小颗粒速度下降得会非常快，并且可能会随着撞击基材后偏转的气流流失。例如，在电流 600A 下，喷嘴内径为 6mm 产生的 Ar-H_2（45～15slm）等离子体中，等离子射流在喷嘴出口处的速度为 2200m • s^{-1}，在射流下游 15mm 处射流速度降低到 1500m • s^{-1}。在大致相同的距离，在靠近喷嘴出口处注入的 100nm 氧化锆粒子的速度最大初速度为 500m • s^{-1}，由于粒子惯性低，它在喷嘴出口下游 35mm 处速度降低到 350m • s^{-1}。当各种条件都满足时，颗粒会撞击基材（请参阅“Stokes 效应”内容）。

2．汽化效果

等离子射流的热通量对液滴或粒子的蒸发有很大影响，原因是它可使部分颗粒表面温度达到材料汽化温度，而且这种效果几乎与粒径无关。

3．热泳效应

通常情况下，阻力是流体中颗粒所受到的最主要作用力。但是，在具有大温度梯度的区域内（例如在等离子高温内核及其羽流之间的界面处），热泳力可能是小于 0.1μm 的颗粒获得加速的主要原因。等离子体高温内核大致对应于出口区域，在该区域温度超过 8000K，对于 He 之外的大多数等离子体气体，其电导率都超过 1kA • V^{-1} • m^{-1}。如图 8.8 所示，热泳效应倾向于将小颗粒推送至等离子射流的羽流区，而等离子射流羽流区中的温度和速度相对较低。

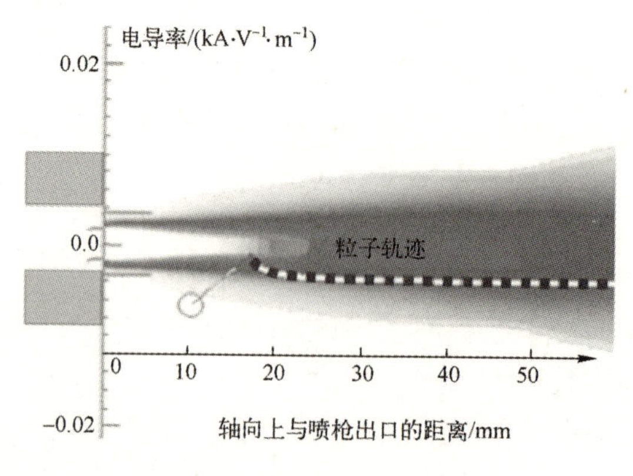

图 8.8　热泳效应示意图

4．Stokes 效应

由于惯性低，小颗粒可以随着平行于基体表面的气流运动而不会对其产生影响。为了撞击基体，颗粒必须穿过基体表面形成的边界层。Stokes 数（*St*）代表着悬浮在流体中的颗粒的行为。其定义如下：

$$St = \frac{\rho_p \cdot d_p^2 \cdot v_p}{\mu_g \cdot l_{BL}}$$

式中，p 和 g 分别与颗粒和气体有关；ρ 是比重（$kg \cdot m^{-3}$）；d 是直径（m）；v 是速度（$m \cdot s^{-1}$）；μ_g 为分子黏度（Pa • s）；l_{BL} 表示基体前部流动边界层的厚度（m）。当 *St* 大于 1 时，表示颗粒速度足够高，颗粒会从等离子射流中脱离并撞击基体表面。

假设在基体表面流动边界层厚度约为 0.1mm，对于经常用到的 $Ar\text{-}H_2$ 等离子体，假设其速度达到 $300m \cdot s^{-1}$ 时，直径 0.3μm 的颗粒的 *St* 等于 1。因此，尤其当它们的尺寸减小到亚微米或纳米级时，颗粒在撞击基体之前恰好具有很高的速度。由于小颗粒的惯性非常低并且随着基体表面的边界层厚度减小，在第一近似中，惯性与颗粒速度平方根的倒数相关，因此基板必须位于割炬喷嘴的短距离出口处。例如，对于圆柱形阴极等离子喷枪，通常使用 30～50mm 的喷涂距离。因此，如图 8.9 所示，等离子射流施加在基体上的热通量非常高。当喷涂距离为 100～120mm 时，喷涂微米级粉末过程中，基体上承受的热通量低于 $2MW \cdot m^{-2}$，而悬浮液等离子喷涂具有更高的热通量（最高为 $40MW \cdot m^{-2}$）时，则有助于涂层特征的改变。

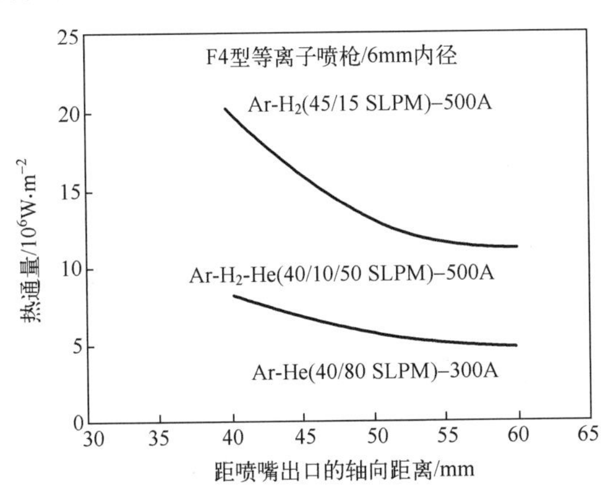

图 8.9　棒状阴极等离子喷枪（6mm 阳极-喷嘴内径）不同喷涂距离向基体表面传递的热流密度曲线

8.5.2 感应耦合射频等离子喷涂

1．悬浮液

Bouyer 等人率先提出使用悬浮等离子喷涂（SPS）的技术制备羟基磷灰石（HA：$Ca_{10}(PO_4)_6(OH)$）涂层。

该过程涉及将 HA 材料以雾化胶体悬浮液的形式注入感应耦合射频等离子体中心。该工艺是一种无粉（胶体悬浮液）等离子喷涂技术。HA 悬浮液通过蠕动泵供给的气体雾化头进入等离子中心。如前所述，液体注入速度太小（$<50m\cdot s^{-1}$）时无法使液滴雾化（$<100\mu m$）。后者随后被快速干燥、熔融、沉积在待喷涂的基体表面或在飞行中形成球形颗粒被收集起来。该过程充分利用了感应等离子体的固有特征，从而为液滴的干燥和熔融留出了足够的时间。液滴轨迹的初始阶段发生在传热较低的 Ar 等离子体中，因此以后阶段中双原子气体进入等离子体中心会导致传热增加。图 8.10（a）显示了 HA 涂层制备的 3 种主要途径，而图 8.10（b）显示了 HA 针状悬浮液。到目前为止，SPS 法是最简单、成本最低的方法，同时还消除了涂层制备过程中的许多潜在污染步骤。研究表明，悬浮等离子喷涂 HA 涂层沉积速率很高（$>150\mu m\cdot min^{-1}$），并且具备球化粉末生产的可行性。射频等离子射流还有可能使用 O_2 作为鞘层气体。等离子体处理过程中，HA 的分解可以通过使用适当的气体（具有中等焓和高氧化性的等离子体鞘层气体）来避免或抑制。例如，H_2 对羟基磷灰石的稳定是有害的，而 O_2 是有益的。此外，悬浮液中的水蒸发后使得喷涂腔室中维持较高的水蒸气分压，有助于磷灰石结构在高温处理期间抑制分解。

Schiller 等人使用 MnO_2 反应前驱体粉末和含有 $LaCl_3$ 的乙醇溶液制备了钙钛矿粉末和涂层。粉末在等离子体中完全熔化，形成 $LaMnO_3$ 钙钛矿相作为主相的涂层。涂层中还存在一定数量的杂质相（La_2O_3 等）。钙钛矿涂层的纯度可以通过使用具有高氧含量（80%）的等离子体进行后处理来进一步提高。然而，仍然需要开展深入研究工作来彻底防止 La_2O_3 的形成，控制涂层的孔隙率并实现 Sr 掺杂 $LaMnO_3$。

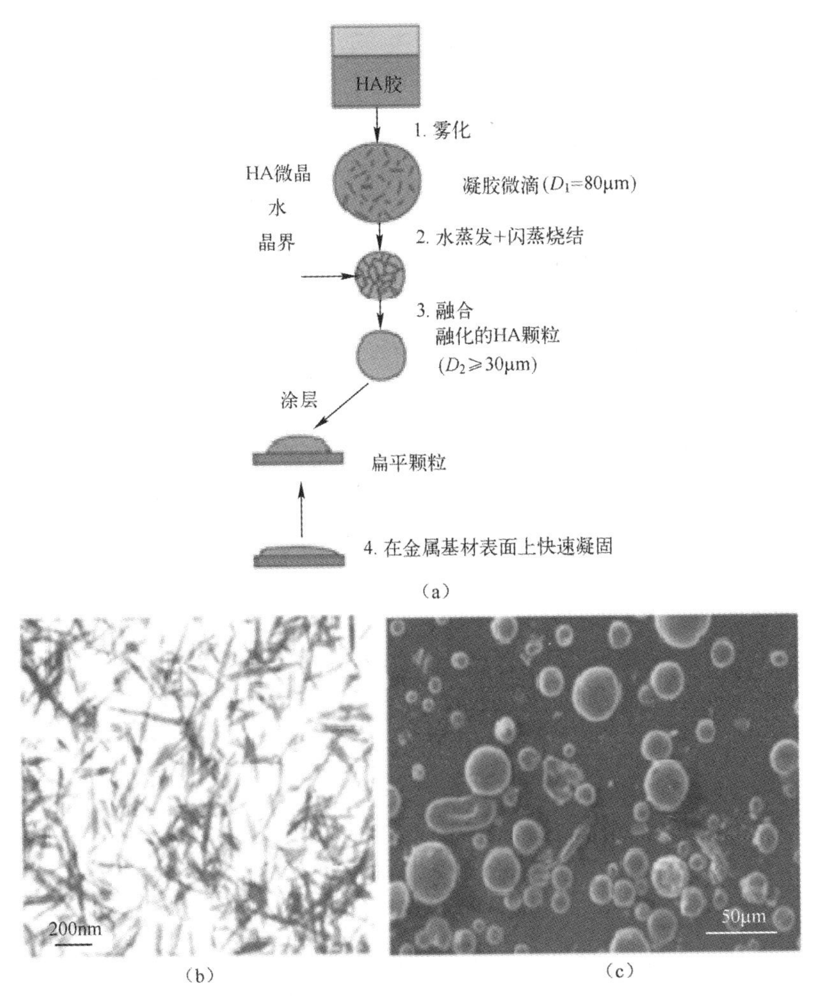

图 8.10 （a）感应耦合射频等离子射流通过注入悬浮液进行 HA 涂层沉积的示意图；（b）HA 针状悬浮物；（c）反应腔室中收集的球形颗粒

Bouchard 等人使用了这种喷涂技术来生产钙钛矿阴极材料（$La_{0.8}Sr_{0.2}MnO_{3-\delta}$、$La_{0.8}Sr_{0.2}FeO_{3-\delta}$和 $La_{0.8}Sr_{0.2}CoO_{3-\delta}$），并精确控制了阴极化学计量。等离子体合成粉末的粒径尺寸约为 63nm，平均晶粒尺寸为 20nm。等离子体合成的粉末几乎呈球形，其 BET 比表面积约为 $26m^2 \cdot g^{-1}$，约为用其他工艺制备的粉末的 2 倍。通过感应射频等离子体喷涂由平均大小为 0.6μm 的 GDC 颗粒制成的悬浮液，所得涂层（见图 8.11（a））由直径为 0.2～2μm 的片层堆垛形成，展平比小于 2.7。

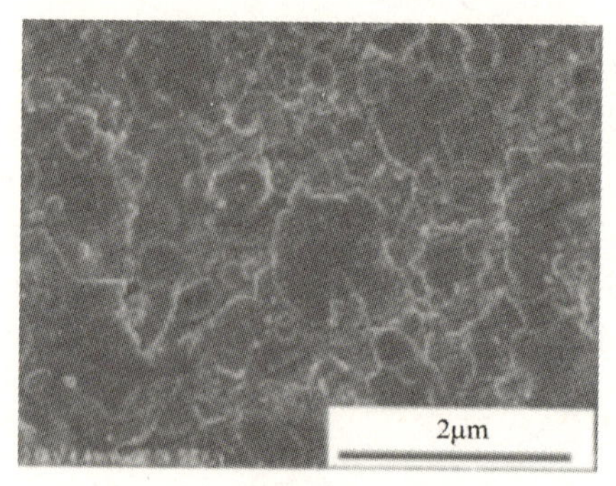

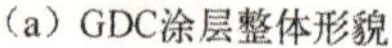
（a）GDC涂层整体形貌

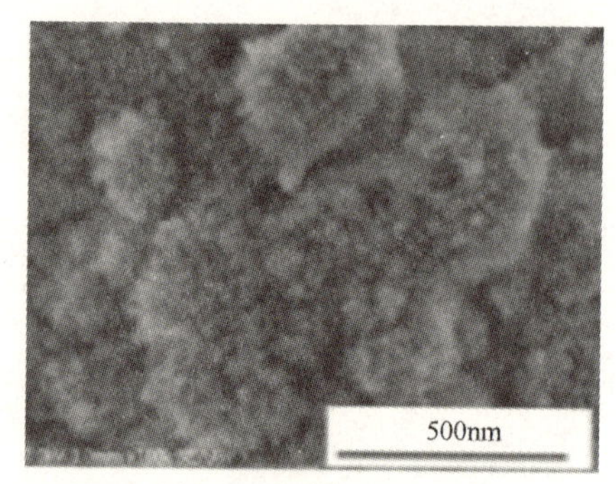

（b）GDC涂层变形颗粒形貌

图 8.11　感应耦合射频等离子喷涂制备涂层形貌

2．溶液

溶液感应耦合射频等离子喷涂被 Jia 和 Gitzhofer 称为 SolPS 工艺，在喷涂过程中六水合硝酸盐的 GDC 溶液在等离子体中发生完全蒸发。纳米结构的 GDC 颗粒是在飞行过程中由过饱和的前驱体蒸汽通过均形核形成的，并在撞击基体时形成具有高孔隙率的涂层（见图 8.11（b））。在本研究的整个试验过程中均观察到了球状 GDC 涂层。相似地，Shen 等人也用感应耦合射频等离子体喷涂了镧锶钴铁氧化物（LSCF：$La_xSr_{1-x}Co_yFe_{1-y}O_{3-\delta}$）和 GDC，在没有长时间的原料机械混合的前提下，获得了混合均匀的纳米复合 GDC/LSCF 粉末。纳米粉末具有钙钛矿结构、萤石结构和分离的 GDC 和 LSCF 相。

当使用低溶液进料速率时，通过调节前驱体溶液中的金属硝酸盐浓度就可以很容易合成具有不同组成的纳米级粉末。所有合成的粉末均为球形，粒径范围在 10～60nm，无论其组成如何，沉积的涂层都具有均匀的纳米花菜结构，如图 8.11（b）所示，平均孔隙率达到 51%。

8.5.3　直流等离子喷涂

在直流等离子喷涂中，如 8.2.3 节所述，颗粒粒径大约为 10μm，这取决于等离子射流的速度，径向注入液体原料的雾化时间比汽化时间小几个数量级，此时 $We<12$。

8.5.3.1　悬浮液

1．飞行中的固体颗粒

一旦液滴或液体射流注入等离子射流中，当 $We>12$ 时，液体会雾化成细小的液滴，液滴的大小会随着它们在等离子射流中的深入而减小。液体注入位置

（靠近阳极喷嘴出口或下游位置）对雾化过程有着重要影响，因为雾化状态取决于液体注入位置处等离子射流的动量密度（$\rho_g \cdot v_g^2$）和气体 v_g，这些参数随与喷枪口距离的增加而迅速降低。液体雾化产生的液滴在等离子射流内广泛分布、轨迹发散。一旦液相完全汽化，每个液滴中包含的固体颗粒就会在等离子射流边缘或射流的内核中形成不同的轨迹，并且在高温内核区域中飞行的液滴可以从中喷出，如图 8.8 所示。沿着这些轨迹，固体颗粒被热等离子射流加热、加速。它们的初速度是其完全蒸发之前的速度。当形成团聚粉体时，存在液相完全汽化时引起的爆破现象，尤其是悬浮液中含有化学法制备的纳米级颗粒。Delbos 等人发现这种现象会增加构成团聚粉体颗粒的分散性。对短时间内（如十分之几秒）喷涂到基体表面的涂层进行观察可以发现，在喷涂区域中心部分能够观察到变形片层，而在周边区域只能观察到球形颗粒和未熔颗粒。球形颗粒来源于在等离子流中已经熔融但在其撞击基体之前重新凝固的颗粒，而未熔颗粒主要是由等离子射流中物化的液滴造成的，液滴中包含的固体颗粒未得到充分加热，不过也足以附着到基体表面或者形成涂层了。显然，必须采取其他研究方法才能进一步表征液相汽化后得到的颗粒组织。

与 Mettech 等离子喷枪一样，将悬浮液轴向注入等离子射流中（参见 8.2.2 节），由于流动湍流和热泳效应，液滴同样高度分散在整个等离子射流中，甚至包括流体的冷边界层中。Xiong 和 Lin 的数值模拟研究结果表明，为了达到“最佳”涂层性能，用于轴向注入悬浮等离子喷涂的 Al_2O_3 粒径应该控制在 1.5μm 左右。在该条件下，在适当的喷涂距离下，颗粒可以在完全熔融的状态下高速撞击到基体表面。有些小颗粒（<500nm）不能有效地发生铺展变形是因为它们的动量较低，并且由于它们的惯性低，可能在撞击前重新凝固。相比之下，大颗粒和团聚体（> 2.5μm）保持着部分熔融或未熔融状态。

2．颗粒形成

线扫描喷涂试验可以评估颗粒的熔化程度，它可以分辨出是由于粉末束流经过一次喷涂而产生的简单颗粒，还是由于粉末射流经过多次喷涂而产生的重叠颗粒。变形颗粒的厚度取决于等离子喷枪自身参数以及相对于基体移动速度、喷涂次数、悬浮液流速、注入参数和悬浮液中粉末颗粒的质量负载、颗粒的尺寸分布。变形颗粒轮廓通常与高斯轮廓非常吻合。

为了研究喷雾干燥造粒机理，利用静电分散剂将 d_{50} = 0.5μm 角位单晶的 α-Al_2O_3 的氧化铝颗粒制备成悬浮液，悬浮液中的粉末质量分数为 10wt%。用等离子射流将 304L 不锈钢基体预热到 300℃，以消除表面吸附物和冷凝物的影响，然后采用等离子喷涂进行涂层制备。与预期的结果一样，喷雾造粒参数和基体参数影响了变形颗粒的形态。

可以在图 8.12 所示的喷雾造粒颗粒中发现两种不同的组织，分别对应着变形颗粒附着的沉积物和颗粒状沉积物。位于喷涂区域边缘的颗粒状沉积物对应于在等离子射流的低温区域注入的溶液，喷涂区域的中心部分相对较密，由变形颗粒组成，不过也含有少数球形颗粒，这些球形颗粒是在飞行重新凝固的颗粒，有棱角的未融化颗粒则主要分布在低温区域中。而变形颗粒则对应于在等离子射流中被充分熔化的颗粒。在喷涂区域的过渡区，涂层的致密性较低，带有许多未熔融的颗粒，并且在其边缘处完全是粉末状的组织。

为了获得具有良好内聚力的涂层，在喷涂区域的中心，熔融颗粒或半熔融颗粒尽可能多。

在图 8.12 所示的示例中，在 30mm 的喷涂距离处获得了最致密的涂层，此时到达基体的等离子体热通量达到 30MW $\cdot$ m^{-2}。当悬浮液的质量负载从 5wt% 增加至 10wt%，涂层的致密度有所下降。由于引入了更多的未处理颗粒，喷涂距离为 40mm 时，基体上的涂层厚度较大，但是致密度较低。

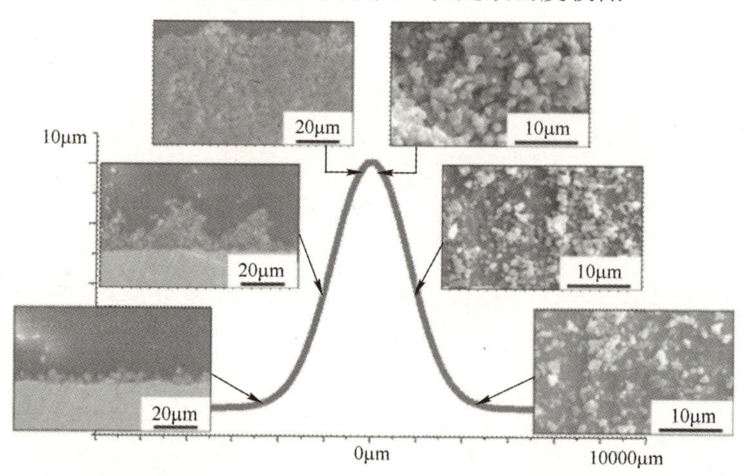

图 8.12　采用两种颗粒固含量（5wt%和 10wt%）和 3 个不同喷涂距离（30mm、40mm、50mm）利用溶液等离子喷涂制备的 Al_2O_3 涂层的微观结构

悬浮液中所用粉末的特性对颗粒的熔化也有很大的影响，特别是其粉体粒径分布和团聚行为可以用团聚物的大小和粉体强度来表征。

悬浮液中所用颗粒的特性可通过团聚体的大小和强度来表征，其粒度分布及其团聚行为严重影响了颗粒的熔化过程。在悬浮等离子喷涂中，当喷涂距离较短时，涂层表面温度达到 700～800℃，这是通过红外测温仪当等离子炬在基材上连续两次测得的。值得注意的是，液滴在到达基体之前如果没有完全蒸发，则会在高温的涂层表面蒸发。因此，如果这些液滴中包含的固体颗粒在涂层表面不反弹，那么将被掺入涂层中并产生缺陷。如下文所介绍的，这种温度也会影响飞溅的特征，进而影响涂层的形成。

此外还发现，如果输入等离子体的功率没有增加，则在悬浮液等离子喷涂制备涂层过程中，使用水作为液相会比使用乙醇作为液相能够形成更多的孔隙。

3．涂层形成

当喷涂区域在喷涂过程中相互重叠时，通常区域边缘处状态比较差的颗粒，即未熔融颗粒、局部熔融颗粒和再结晶颗粒等，会在沉积过程中嵌入涂层里。因此，不同的道次间可能会被多孔且黏结力差的区域隔开，这可能会在涂层中引起孔洞和分层，如图 8.13（a）所示。图 8.14（a）中对其进行了解释，根据喷涂原理，穿过等离子射流边缘区域的熔融较差的颗粒沉积在上一个道次中被加热的表面上，并且当表面温度在 800～900℃时可能会形成颗粒并与表面黏附。紧接着，在等离子射流的高温区域熔融良好的颗粒会撞击到熔融较差颗粒形成的涂层上，从而形成较为致密的薄层。值得注意的是，第一道次沉积时基体的温度通常低于 300℃，熔融不良的颗粒几乎无法黏附到基体表面。因此，与下一道次变形颗粒之间的界面相比，基体与第一道次涂层之间的界面相对清洁。当调整喷涂方式，特别是降低涂层的表面温度时，可以去除道次之间的熔融状态较差的颗粒，从而获得厚度较大且致密的涂层，如图 8.13（b）所示。

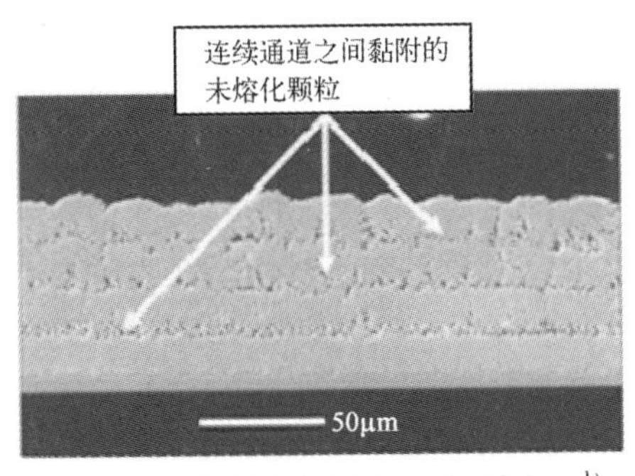

（a）Ar-He（30~30slm，700A，vinj = 33.5m·s^{-1}）参数下得到的分层状态涂层

（b）经过工艺优化后得到的致密厚 Y-PSZ（8wt%）涂层

图 8.13　用相同的 Et-OH 悬浮液 Unitec 0.02（英国 Unitec Ceram 公司，烧结破碎后得到的粉末颗粒，d_{50} = 0.39μm）采用 Plasma-Technik F4 型等离子喷枪（喷嘴内径 6mm）制备的 Y-PSZ 涂层（4～5 道次）

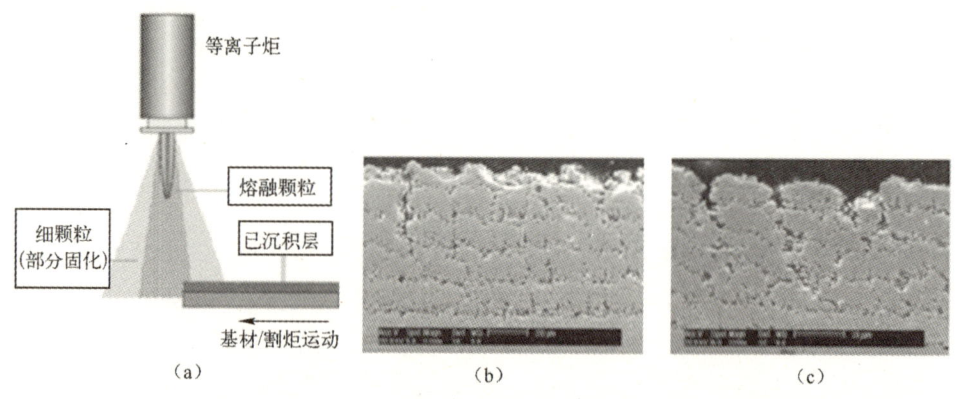

图 8.14 （a）粉末单道次沉积示意图；（b）与图 8.13 相同工艺制备的 YSZ 涂层（4～5 道次）；（c）Ar-H_2（45～15slm，500A，v_{inj}=26.6m • s^{-1}）工艺制备的涂层

当悬浮液以高波动特性的 Ar-H_2 等离子射流进行喷涂时（Ar-H_2 等离子射流为 $\Delta V/V_m$～1，而 Ar-He 等离子射流为 0.25），在喷涂道次之间会沉积更多的颗粒状物质，并且孔隙率水平较高，如图 8.14（b）所示。如图 8.14（c）所示，当以较低的注入速度将悬浮液注入 Ar-H_2 等离子体中时，这种情况会由于未充分熔融的颗粒的沉积而变得更糟，其原因是低速注入速度导致悬浮液难以达到等离子射流中的高温核心区，如图 8.14（c）所示。当悬浮液中颗粒尺寸分布范围在 0.01～5μm，且易于发生团聚时，涂层组织状态甚至更糟。每个道次的结构由柱状结构或山脊状凸起组成，直径为 10～20μm 的柱状组织由小的片层和颗粒组成。

等离子射流施加到基体和涂层的高瞬态热通量（见图 8.9）会影响涂层的组织。实际上，这种热通量导致涂层表面的温度瞬间超过 1500℃。当 Y-PSZ 变形颗粒以 1m • s^{-1} 的速度撞击并附着在与射流方向垂直的基体表面时，颗粒铺展度低于 2，甚至在大多数情况下会小于 1.5。而对于尺寸在 10～50μm 的陶瓷颗粒，铺展度通常为 4～5。导致铺展度较低的原因是，细小颗粒的惯性较低而表面张力较高。要强调的另一个重要现象是，直径小于 2μm 的小尺寸变形颗粒不再因淬火应力的发生而产生微裂纹。根据热喷涂涂层形成机理，通常认为悬浮等离子喷涂的涂层具有类似于由微米颗粒形成的常规涂层的层状结构。但是实际上，二者的涂层结构是不同的，例如在 Y-PSZ 悬浮液等离子喷涂中，厚度约为 400nm 的第一层沉积层呈现出柱状结构，而随后的沉积层中则呈现出颗粒状结构（见图 8.15）。

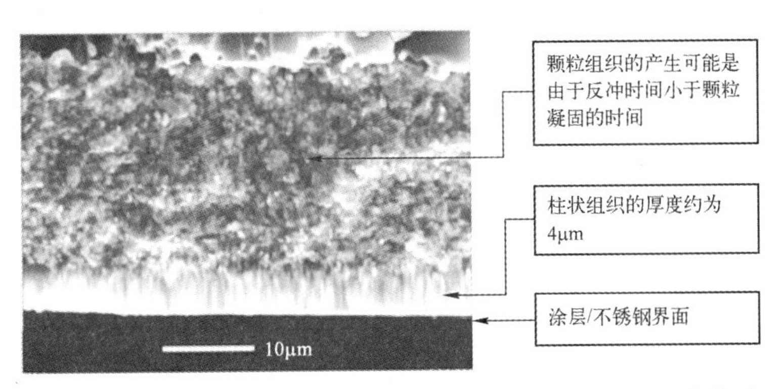

图 8.15　喷涂距离为 40mm 悬浮液等离子喷涂 Y-PSZ 悬浮涂层的截面
（悬浮液由亚微米级的研磨颗粒（0.2～3μm）和乙醇组成，
并用 $Ar\text{-}H_2\text{-}He$ 等离子射流进行喷涂）

这可以解释为撞击粒子在变形后至凝固前，由于表面张力效应引起的反冲现象，对于亚微米尺寸的粒子来说，这一点尤为重要。另外，由于瞬态热流的存在，变形颗粒的冷却被延迟了。在 Al_2O_3 悬浮液中观察到了相似的结果，Darut 等人在涂层结构中观察到颗粒状和片层状结构。尽管大多数颗粒在撞击时会形成片层，但涂层物相是 α 相和 γ 相组成的混合相（各约占 50%）。在大多数主要为 γ- Al_2O_3 相常规涂层中，当涂层加热到 1000℃以上时，会发生这种相的转变，相变一般需要几秒钟时间。

如同常规热喷涂工艺，基体表面的粗糙度必须与悬浮液的固体颗粒的尺寸匹配。Limoges 大学 SPCTS 实验室研究结果表明，涂层组织对基体表面粗糙度非常敏感。当基体表面粗糙度高于喷涂粉末颗粒的平均粒径时，由于在涂层沉积过程中的“阴影”效应（见图 8.16（a）），会在基体表面的凹坑处产生大的柱状缺陷，甚至贯穿整个涂层（见图 8.16（b））。为减少沉积缺陷以提高涂层致密度（气密性），就需要喷涂到经过抛光加工的光滑表面上。例如，对于 Y-PSZ 悬浮液等离子喷涂制备的涂层，当基体的表面粗糙度 Ra 与原料颗粒的平均直径 d_{50} 的比值从 75 降低到 2 时，气体渗透率从 $0.5\text{MPa}\cdot\text{L}\cdot\text{s}^{-1}\cdot\text{m}^{-1}$ 降低到 $0.02\text{MPa}\cdot\text{L}\cdot\text{s}^{-1}\cdot\text{m}^{-1}$。尽管当 $Ra/d_{50}=2$ 时，在 Y-PSZ 悬浮液等离子喷涂制备涂层的 SEM 图像上未观察到明显的缺陷（见图 8.16（c）），但这并不意味着它们不存在，而且这已经由明显的气体渗透所证实。因此，必须在粉末颗粒平均粒径 d_{50} 和基体表面粗糙度 Ra 之间找到合适的匹配关系，以消除这些涂层的缺陷。

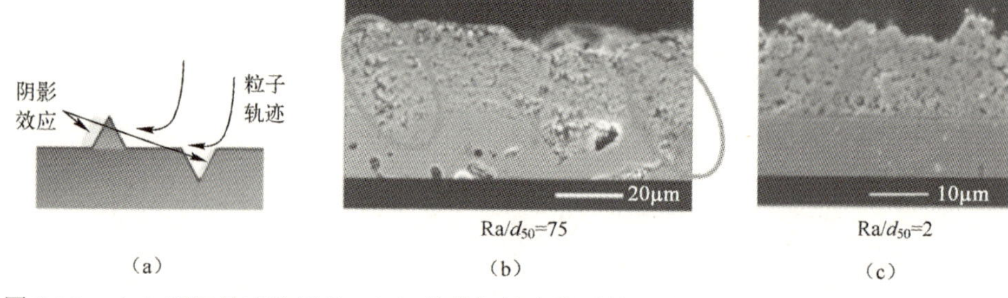

图 8.16 （a）阴影效应的原理；（b）基体粗糙度是原料颗粒平均直径（Ra/d_{50}）的 40 倍时 Y-PSZ 涂层中的柱状堆积缺陷；（c）当 Ra/d_{50}=2 时未出现阴影效应的涂层截面

8.5.3.2 解决方案

1．飞行中的液滴

Ozturk 和 Cetegen 对注入高温等离子体中的单个液滴的行为进行了建模分析。轴向或径向注入气流的液滴所经历的过程可以分为 3 个不同的阶段：第一阶段是气体动力引起液滴破裂阶段，就悬浮液液滴而言，这取决于 Weber 数和 Ohnesorge 数（参见 8.3.2 节）。第二阶段是等离子射流中的液滴加热和表面蒸发阶段，液相的蒸发导致溶液浓缩，当溶质浓度达到过饱和水平时，逐渐沉淀出固体颗粒。根据 Saha 等人的均质凝结假设，超过饱和浓度的液滴或整个空间雾化液滴都可能出现溶质析出。根据液滴的大小和液滴内的传质特性，可以获得不同的沉淀物形态：中空壳层型形态或球型形态。与孔洞含量测算原理不同，壳层型粉体可以根据均相成核假说预测壳的厚度。第三阶段是析出颗粒撞击基体表面之前在等离子射流中的加热阶段。

颗粒的形态取决于等离子射流中的不同轨迹液滴所经历的不同加热过程。根据 Saha 等人的说法，颗粒形态包括实心固体颗粒、空心壳层颗粒和壳层碎片颗粒。如图 8.17（a）所示，具有高溶质扩散性的小液滴倾向于沉淀，并形成实心固体颗粒。蒸发速率高、溶质扩散率低以及尺寸比较大的颗粒，可导致液滴表层的溶质浓度显著增加，从而导致表面析出并在液滴的液芯周围结壳。但是外壳的孔隙率存在差异，具有低孔隙率的壳通常由于内部压力增加而破裂形成壳层碎片（见图 8.17（b）中的路径Ⅰ）。通过图 8.17（b）中的路径Ⅲ可以观察到完全不透水的壳体破裂和截留液芯的二次雾化。对于具有高孔隙率的壳体，蒸汽通过孔隙排放可释放粉体内部压力，从而形成空心壳体（见图 8.17（b）中的路径Ⅱ）。在特定的前驱体中也可以观察到弹性膨胀以及随后的壳层塌陷、破裂（见图 8.17（c））。因此，有液滴产生的颗粒形态对溶质化学性质、质量扩散系数、溶质溶解度、液滴尺寸、热历史、输入类型和速度均非常敏感。总而言之，根据 Saha 等人的研究，最终涂层的微观结构取决于液滴的大小，而不取决于液滴轨迹是穿过了等离子射流高温核心区域还是偏转后进入低温边缘区域。总之，直径尺寸为 5μm 或 10μm 的液滴在到达基体之前已完全热解，而直径为 20μm 及更大的液滴只是部分被热解。然而，初始溶液浓度在液滴热解中起着关键作用。高于或接近于饱和浓度的液滴往往会产生大量析出物。Chen 等人在其论文中显示了室温下采用低浓度溶液和高浓度溶液等离子喷涂 YSZ 涂层的微观结构。在低浓度溶液喷涂束斑周围未观察到任何碎片，主要由破裂的泡状组织和少量的实心球体（<0.5μm）组成。由高浓度溶液制成的束斑中心区域主要由重叠在一起的片层组成，平均直径在 0.5～2μm，还有少量未熔化的实心球（<0.5μm）。低浓度溶液和高浓度溶液中沉积的束斑边缘都是由未热解成分组成的，含有大量的水。束斑边缘出现的裂纹是由于液相在基体上蒸发后导致固相收缩造成的。

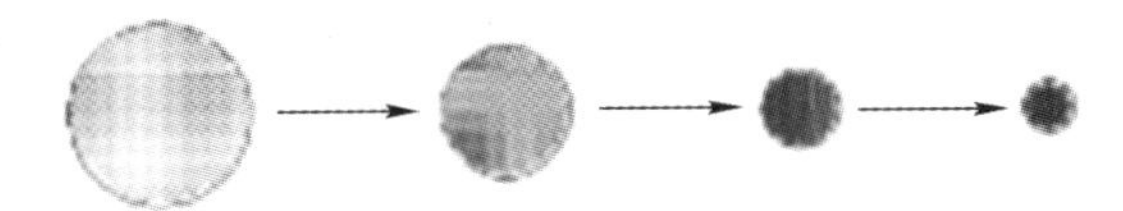

（a）溶质均匀的液滴通过液相蒸发形成实心颗粒

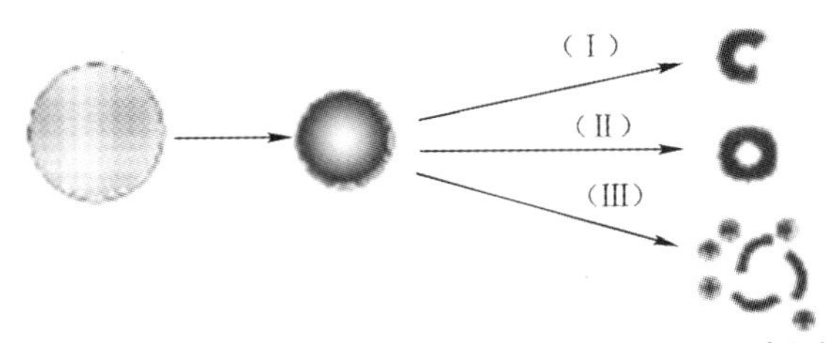

（b）表层形成过饱和溶液区：①高致密壳层易发生破碎；②低致密壳层不会发生破碎；③完全致密壳层导致内部液体加热、升压和破裂

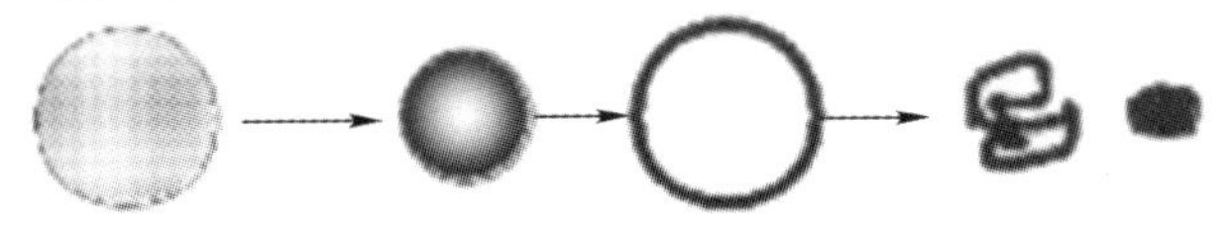

（c）固体固结引起膨胀和收缩的弹性壳形成

图 8.17　液滴汽化和实现固体沉淀经历的不同过程

2．涂层形成

Xie 等人研究了 YSZ 溶液喷涂时的喷涂区域，该溶液经由等离子喷枪在经过抛光的基材前经过喷涂一遍而产生，并且由于连续运动而产生重叠。所得的

喷雾颗粒可以分为对应于等离子射流的高温区域和低温区域，高温区域为片层附着沉积物（束斑中央部分）和粉状沉积物（束斑边缘）。Chen 等人明确了 4 种沉积机理：①尺寸较小的液滴会加热至完全熔融状态，并在撞击后结晶形成超细变形颗粒（平均直径为 0.5～2μm）。②在一定的喷涂距离下，液滴在撞击到基体之前会重新凝固并结晶。③穿过等离子射流的低温区域的液滴在吸收足够的热量后引起溶质挥发，从而导致沉积在基体上的凝胶相的形成。一些液滴还会形成一个热解壳，其中包含未热解的溶液，该壳层在沉积过程中会破裂。④一些溶液液滴可以不经过上述过程而以液体的形式到达基体。

大多数与溶液等离子喷涂有关的工作都使用雾化方式将溶液注入等离子射流中（如 8.3.2 节所介绍的），以获得尺寸、速度和轨迹分布不同的液滴，特征分布较窄的液滴可以获得性能较好的涂层。Chen 等人指出，首先，高浓度的前驱体（接近饱和浓度）对于促进液滴脱水，从而形成熔融颗粒及高致密度涂层很重要。其次，液相的类型也起着关键作用：具有高表面张力和高沸点液相的液滴在等离子射流中会经历液相不完全蒸发过程，并在撞击基体时形成裂纹，从而形成多孔涂层。由低表面张力和低沸点液相产生的液滴在等离子射流中经历快速的液相蒸发、溶质沉淀、热解、熔融过程，并在撞击基材时形成飞溅，涂层致密度较高。最后，喷涂过程中的基材和涂层温度也非常重要。当基体温度高于前体热解温度时，未热解的物质在基体表面热解并发生团聚。Chen 等人通过等离子喷枪连续地对涂层进行加热也会发生热解现象。例如，含有高表面张力和高沸点液相溶液形成的多裂纹涂层，在高温等离子射流的重复处理下，残留液相在基体表面蒸发、热解和结晶，并形成多孔涂层。总而言之，未发生热解的液相可以通过调节喷涂参数来控制，主要包括液/气流喷射动量密度、喷雾液滴尺寸范围和溶液浓度。

8.6 纳米结构涂层表征

无论应用方式和制备工艺如何，对纳米涂层结构特征和功能特性的了解都是重要的基础。隔热涂层的高温力学性能以及热障涂层所具有的隔热性能主要与孔隙结构或孔隙网络有关。

目前，主要问题如下：用于研究热喷涂制备常规微米涂层的方法是否适合纳米涂层？有关此问题的详细解答，可以参阅 Fauchais 等人的论文。下面简要介绍几种可能性。

（1）通过 SEM 结合适当的图像处理和统计模型来观察涂层的横截面，可以根据孔隙尺寸进行孔洞含量的估算，甚至可以采用一些特定模型来实现孔洞形状、裂纹密度和取向的统计。需要注意的是，观测区域的大小应是孔隙尺寸的 10～15 倍，以确保满足基本体积（REV）要求并且结果具有代表性。实际上，SEM 平均分辨率仅能满足尺寸大于 0.1μm 的识别观测，这远远不能满足纳米涂层表征的要求。另外，纳米涂层的切割和抛光也较为困难，因为它们的韧性是传统涂层的 4～8 倍。

（2）阿基米德孔隙率法和电化学阻抗谱法都是基于液体向涂层内部渗透的方法。然而，通过去离子水滴在涂层中渗滤的简单测试（见图 8.13（b）的顶部）可以发现，液体向涂层渗入时，存在孔洞开口口径的下限。例如，在大气压（约 10^5Pa）下，纯净水可渗入等效直径等于或大于 1.5μm 的敞开孔洞中，该直径远远大于纳米涂层中的大多数敞开孔洞。

（3）压汞孔隙率法（MIP）的优点是检测范围可以覆盖几纳米到几十微米，并已广泛用于量化纳米涂层内部孔隙网络尺寸分布范围。

（4）气体比重测定法，通常使用氦气，基于一个体积恒定的空间内气体压力变化来测量，检测空间内有样品和无样品状态下的压力均需要测量，这种非破坏性技术能够检测涂层开口孔隙含量。该技术已经成功应用于纳米颗粒悬浮液等离子喷涂涂层。

（5）小角中子散射（SANS）是评价热喷涂涂层孔隙特性的一种先进技术，包括比表面积分布和取向分布。该技术已经应用于等离子喷涂传统微米 YSZ 热障涂层。基于检测能力，这项纳米结构技术可以进行纳米孔隙分布的检测。

（6）超小角度 X 射线散射（USAXS）是一种无损表征技术，可记录由成分和结构不均匀性引起的 X 射线的弹性散射。USAXS 已成功地用于量化 YSZ（d_{50}：50nm）悬浮等离子喷涂涂料中的孔隙尺寸分布，结果表明约 80%的孔隙的特征尺寸小于 30nm，而涂层中最大的孔隙尺寸约为几百纳米。总孔隙含量在 12.9%～20.6%，中位径范围在 270～400nm，并且大多数孔隙（数量）尺寸小于 20nm，这与微米原料等离子喷涂涂层相反，微米涂层中不包含小于 20nm 的纳米孔隙。这种检测结果很难从其他检测技术中获得，因为 USAXS 没有能力以非常高的分辨率处理整个散射特征集（本例中为孔洞），而对其特征不敏感（开放、连接或闭合）。

8.7　应用领域

对于所有新工艺来说，平均成熟时间在20～25年，因此，可以认为处于开发中的溶液/悬浮液等离子喷涂工艺本质上具有潜在的应用可能性。它们主要涉及以下领域：耐磨、隔热、耐腐蚀、生物活性、光催化和电化学功能涂层。这里提供了一些不同应用领域的案例。

1．热障涂层（TBC）

目前，已有关于通过溶液和/或悬浮液喷涂沉积 Y_2O_3 稳定或部分稳定 ZrO_2 涂层（YSZ 或 Y-PSZ）的研究。Ben-Ettouil 等人研究了 Y-PSZ 悬浮液等离子喷涂涂层（原料颗粒 d_{50} = 50nm）的抗热震性能，发现对于裂纹密度较低的涂层，它们的耐高温和抗热震性更高。在大气环境下测得的涂层热扩散率在20℃时为 $0.015mm^2 \cdot s^{-1}$，到250℃时为 $0.025mm^2 \cdot s^{-1}$。该值比具有纳米和微米尺寸特征双重结构特征的 YSZ 涂层低 10 倍，后者是由大气等离子喷涂纳米团聚粉体制成的。

对于悬浮液等离子喷涂的 YSZ TBC，Vassen 等人的研究结果表明，通过优化工艺参数，可以获得均匀的微观组织和均匀分布的孔隙网络。此外，在适当的喷涂条件下，涂层表现出较高的裂纹密度（每毫米范围内大约有 11 个裂纹）和适中孔隙率（23%）（见图 8.18（a）），并且在热循环测试中展现出较好的性能。

Gell 等人研究了通过溶液等离子喷涂制成的YSZ涂层的性能和抗热冲击寿命。他们设计了各种液体雾化系统，将溶液注入等离子射流。图 8.18（b）展示了用传统的流体雾化器制造的 YSZ 涂层，该涂层产生的液滴尺寸分布范围较宽（$5 < d_p < 120\mu m$），并且大部分液滴穿过了等离子射流（$Ar\text{-}H_2$）。涂层的维氏硬度约为 450 HV_{3N}，孔隙率约为 17%。涂层中的垂直裂纹是由于包裹在涂层内的未热解材料在高温下热解而形成的，从而导致涂层内部收缩产生拉应力。在图 8.18（b）中，可以观察到超细片层组成的致密区域，同时存在尺寸较小且分散均匀的孔隙和未熔颗粒。在热循环过程中，与相同黏结涂层和基体上采用 APS 制备的涂层相比，热循环寿命提高了 2.5 倍，与采用高能电子束物理气相沉积（EB-PVD）制备涂层相比，其循环寿命提高了 1.5 倍。通过激光闪射技术，在 100～1000℃测得的涂层热导率为 $1.0 \sim 1.2W \cdot m^{-1} \cdot K^{-1}$，该值低于 EB-PVD 涂层的值，但高于常规空气等离子喷涂（APS）涂层的值。

悬浮液等离子喷涂的 YSZ 涂层的另一个潜在应用是制备黏结层涂层，该涂层可将常规 YSZ 涂层喷涂在无法通过常规喷砂方法毛化处理的光滑薄壁（1mm）合金基体上。

2．固体氧化物燃料电池

在固体氧化物燃料电池（SOFC）领域中，已对溶液/悬浮液等离子喷涂涂层开展大量的研究工作，目的是采用相同的工艺来生产电池的各个组件——阳极、电解质和阴极等。开展探索工作的涂层包括用于阳极的多孔 Ni-YSZ 金属陶瓷涂层，用于电解质的高致密度薄 YSZ 涂层（<15μm）和钙钛矿涂层，用于阴极的掺 Sr 镧铁钴酸盐（LSCF）涂层或掺 Sr 镧锰铁矿（LSM）涂层。

对于电解质用涂层的研究工作，Brousse 等人虽尚未成功，但悬浮液等离子喷涂 Y-PSZ 涂层已经取得了很大的进展，其泄漏量设置低于无渗透涂层的指标。Jordan 等人专门设计了毛细管雾化器，并通过溶液等离子喷涂获得了致密的 YSZ 涂层。Marchand、Michaux、Wang 等人研究了悬浮液/溶液等离子喷涂沉积阳极 NiO-YSZ 涂层。Marchand 等人尝试将悬浮液等离子喷涂 La_2NiO_4 涂层用于阴极。

3．耐磨涂层

用于耐磨涂层的材料主要是 Al_2O_3、Al_2O_3-TiO_2 和 Al_2O_3-YSZ。对于悬浮液等离子喷涂制备的 Al_2O_3 涂层，Darut 等人认为，该悬浮液中使用的小尺寸颗粒（低至 d_{50} = 0.3μm）会导致 Al_2O_3 的摩擦系数较低，大约为 0.2。通过在 Al_2O_3 基体中添加 SiC 也可以降低摩擦系数。在悬浮液等离子喷涂过程中，添加剂不会分解，而大气等离子喷涂微米颗粒的过程中，添加剂通常会部分分解。Tingaud 等人发现，Al_2O_3-ZrO_2 复合涂层比纯 Al_2O_3 涂层具有更高的耐磨性。

Tarasi 等人研究了用 Axial Ⅲ等离子喷枪制备 Al_2O_3-YSZ 涂层中的相组成。结果表明，颗粒速度是获得稳态或亚稳态相的关键参数。低速撞击颗粒制备出稳态相涂层，而亚稳态相则来自于高速颗粒。Darut 等人获得了致密且黏结良好的 Al_2O_3-TiO_2 涂层。Chen 等人首先制备了非晶 Al_2O_3- ZrO_2 粉末，然后将其分散在乙醇中进行悬浮喷雾。所得涂层由 α-Al_2O_3 和四方 ZrO_2 相组成，与通过悬浮液或常规 APS 喷涂结晶粉末的涂层相比，其显示出非常均匀的相分布。

4．生物活性涂料

羟基磷灰石（HA）是一种生物活性陶瓷材料，具有与人体骨骼相似的化学组成和晶体结构。它用于制备将植入体整合到骨组织中的涂层。Jaworski 等人介绍了悬浮液等离子喷涂 HA 涂层的最新进展，该涂层的涂层厚度在 10～

50μm。涂层相分析表明，HA 颗粒经过高温等离子射流后，由于 HA 的分解，涂层中会存在 HA 晶体和多个物相。这些物相的种类及含量非常重要，决定了涂层的生物学行为，例如涂层在体内的溶解性等。Huang 等人的研究表明，HA 溶液在喷涂过程中分解程度较小。这归因于水溶剂的挥发降低了颗粒在喷涂过程中的温度。此外，涂层具有较高的 OH-基团含量，表明涂层结构完整性非常好。

5．光催化涂层

TiO_2 涂层不仅可以用作光催化来降解有机污染物，还可以用作发光器件的电子发射器。TiO_2 的光催化性质取决于涂层的相组成。通常认为，锐钛矿比金红石具有更高的光催化活性，并且 65vol%的锐钛矿结构是实现光催化性能的必要条件之一。此外，诸如孔隙率和比表面积之类的微观结构特征也是非常重要的。Toma 等人发现，原料中锐钛矿含量约为 80vol%，而悬浮液等离子喷涂制备涂层中锐钛矿含量范围在 67%～80%（此时可能是未熔化的原料）。

Vaßen 等人使用平均粒径为 60nm 的锐钛矿作为原料，通过悬浮液等离子喷涂制备了 TiO_2 光伏 Graetzel 电池。涂层沉积在低位基体上，获得了高孔隙率 TiO_2 涂层，其锐钛矿含量约为 90%，微晶尺寸远低于 50nm。然而，光伏电池的设计仍须进一步优化以获得更高的效率。

8.8 结论

特别是在过去的 6～7 年中，发表了许多关于以液体为原料等离子喷涂制备涂层的学术论文和会议论文。所有这些工作都是基于 20 世纪 90 年代后期的相关研发结果开展的，这些研究工作使制备纳米结构（约十至数百微米）涂层成为可能，这些涂层具有许多特有的性能，如良好的隔热性和耐热冲击性、优异的耐磨性和改善催化行为等。涂层制备的两个主要环节如下。

（1）悬浮液中的纳米或亚微米级颗粒制成悬浮热喷涂用原料。

（2）用溶液制成的原料对液体前驱物进行热喷涂。

与传统的等离子喷涂相比，溶液等离子喷涂和悬浮液等离子喷涂要复杂得多，其原因如下。

（1）为了对液滴或液体射流在等离子射流中的运动进行良好的控制，它们应具有尽可能窄的速度分布范围和尺寸分布范围，这是很难实现的，尤其是在雾化过程中。此外，液体性质应确保等离子射流不会被干扰。

（2）液体物化在很大程度上取决于悬浮液和溶液的制备。对悬浮液来说，溶剂、分散剂、固体颗粒质量负荷、颗粒尺寸分布、颗粒制备过程、颗粒结晶状态（结晶或非晶）都起着关键作用。对于溶液，主要参数是液滴尺寸、液相的表面张力和沸点、溶质化学性质、溶解度和质量扩散率等。

（3）等离子射流中产生的小颗粒的行为在很大程度上取决于其尺寸大小。对于纳米尺寸的颗粒，Knudsen 效应急剧增加，并且惯性非常低。因此，它们的初始速度对于颗粒撞击基体非常重要（根据 Stokes 效应），并且取决于原始液滴的速度。最后，借助热泳效应，一旦小颗粒到达温度梯度非常大的区域，它们就会从高温等离子射流中喷出。

（4）由于喷涂距离可短至 30mm，因此传至基体的热量非常高，从而导致基体表面热通量高达 $40MW \cdot m^{-2}$，必须加以控制（冷却系统和喷涂方式）。

（5）基体的粗糙度必须与喷涂颗粒的尺寸匹配，这意味着 Ra/d_{50} 必须小于 2，以避免堆积缺陷。

（6）最后要强调的是，该工艺沉积效率要比传统等离子喷涂工艺低 4～8 倍。

目前，该领域中仍有两个问题未解决，分别是颗粒在飞行过程中的测量和纳米结构涂层的表征。

悬浮液等离子喷涂和溶液等离子喷涂涂层与常规喷涂涂层相比，仍具有不同的微观结构，并且通常具有性能改善的效果。目前，其潜在的应用领域主要在能量转换领域，如 TBC、SOFC、光催化涂层、生物活性涂层以及耐磨和耐腐蚀涂层。在这些涂层出现在商业应用中之前，需要进一步研究以更好地理解、控制涂层形成及相关性能。这需要开发新的专用等离子喷涂方式，提高功率以补偿液体蒸发中损失的能量，并且特别适用于液体的处理（更稳定的等离子流、专用液体注入系统和在线控制液体注入、安全问题等）。

8.9　专用术语

d_l	液体喷射，滴或液滴直径（m）
d_p	粒径（m）
l_{BL}	边界层厚度（m）
ml	液体质量流量（$kg \cdot s^{-1}$）
St	斯托克斯数（$St = (\rho_p \cdot d_p^2 \cdot v_p) \cdot (\mu_g \cdot l_{BL})^{-1}$）（–）
u_r	气体–液体相对速度（$m \cdot s^{-1}$）

v_g 气体速度（m • s^{-1}）
v_l 液体速度（m • s^{-1}）
v_p 颗粒速度（m • s^{-1}）
We We 数（$We = (\rho_g \cdot u_r^2 \cdot d_l)/\sigma_l(-)$）
Z Ohnesorge 数($Z = \mu_l(\rho_l \cdot d_l \cdot \sigma_l)^{-0.5}$)(−)

希腊符号
μ_l 液体黏度（Pa • s）
ρ_g 等离子密度（kg • m^{-3}）
ρ_l 液体密度（kg • m^{-3}）
σ_l 液体表面张力（N • m^{-1} 或 J • m^{-2}）

缩略语
BL 边界层
d.c. 直流电
i.d. 内径（m）
PIV 粒子图像测速
r.f. 无线电频率
SOFC 固体氧化物燃料电池
SPTS 解决方案前体热喷涂
STS 悬浮液热喷涂
TBC 热障涂层
Y-PSZ 氧化钇部分稳定的氧化锆
YSZ 氧化钇稳定的氧化锆

参 考 文 献

[1] Bacciochini A, Montavon G, Ilavsky J, et al. Porous architecture of SPS thick YSZ coatings structured at the nanometer scale (~50nm)[J].Thermal Spray Technology, 2010, 19(1): 198-206.

[2] Bacciochini A, Ben-Ettouil F, Brousse E, et al. Quantification of void network architectures of as-sprayed and aged nanostructured yttria-stabilized zirconia (YSZ) deposits[J]. Surface

and Coatings Technology 205, 2010(3):683-689.

[3] Basu S, Jordan E H, Cetegen B.M. Fluidmechanics and heat transfer of liquid precursor droplets injected into high-temperature plasmas[J]. Thermal Spray Technology, 2008, 17(1):60-72.

[4] Ben-Ettouil F, Denoirjean A, Grimaud A, et al. Sub-micrometer-sized YSZ thermal barrier coatings manufactured by suspension plasma spraying[C]. Ohio: ASM International, 2009.

[5] Bisson J F, Gauthier B, Moreau C. Effect of plasma fluctuations on in-flight particle parameters[J]. Thermal Spray Technology, 2003,12(1):38-43.

[6] Blazdell P, Kuroda S. Plasma Spraying of Submicron Ceramic Suspensions Using a Continuous Ink Jet Printer[J]. Surface & Coatings Technology, 2000,123(2-3): 239-246.

[7] Bouchard D, Sun L, Gitzhofer F, et al. Synthesis and Characterization of La0.8Sr0.2MO3-δ (M = Mn, Fe, or Co) Cathode Materials by Induction Plasma Technology[J]. Journal of Thermal Spray Technology, 2006, 15(1) 37-45.

[8] Boulos M I, Fauchais P, Vardelle A, et al. Fundamentals of Plasma Particle Momentum and Heat Transfer[M]. UK: World Scientific Publishing, 1993:3-57.

[9] Boulos M, Fauchais P，fender E. Fundamentals and Applications[C]. London, 1994.

[10] Bouyer E, Gitzhofer F, Boulos M I. Suspension Plasma Spraying of Hydroxyapatite[C]. Proceedings of the 12th International Symposium of Plasma Chemistry,1995, (ed.) J.V. Heberlein et al., (Minneapolis, MN: Organizing Committees of the 12th Int. Chem.,) 865-870.

[11] Bouyer E, Gitzhofer F, Boulos M I. The Suspension Plasma Spraying of Bioceramics by Induction Plasma[J]. JOM, 1997, 49(2): 58-62.

[12] Brousse E, Montavon G, Fauchais P, et al. Thin and dense yttria-partially stabilized zirconia electrolytes for IT-SOFC manufactured by suspension plasma spraying[C]. Germany: DVS Düsseldorf, 2008.

[13] Caruyer C, Vincent S, Meillot E. Modeling the first instant of the interaction between a liquid and a plasma jet with a compressible approach[J]. Surface & Coatings Technology, 2010, 205(4): 974-979.

[14] Chandra S, Fauchais P. Formation of solid splats during thermal spray deposition[J]. Thermal Spray Technology, 2009, 18(2):148-180.

[15] Chen D, Jordan E H, Gell M. The solution precursor plasma spray coatings: influence of solvent type[J]. Plasma Chemistry and Plasma Processing, 2010, 30(1): 111-119.

[16] Chen D, Jordan E H, Gell M. Suspension Plasma Sprayed Composite Coating Using

Amorphous Powder Feedstock[J]. Applied Surface Science, 2009, 255(11): 5935-5938.

[17] Chen D, Jordan E H, Gell M. Microstructure of suspension plasma spray and air plasma spray Al_2O_3-ZrO_2 composite coatings[J]. Thermal Spray Technology, 2009, 18(3):421-426.

[18] Chen D, Jordan E H, Gell M. Effect of solution concentration on splat formation and coating microstructure using the solution precursor plasma spray process[J]. Surface & Coatings Technology, 2008, 202(10):2132-2138.

[19] Chen D, Jordan E, Gell M. Thermal and crystallization behavior of zirconia precursor used in the solution precursor plasma spray process[J]. Journal of Materials Science, 2007, 42(14): 5576-5580.

[20] Coudert J F, Rat V, Rigot D. Influence of Helmholtz oscillations on arc voltage fluctuations in a dc plasma spraying torch[J]. Journal of Physics D Applied Physics, 2007, 40(23): 7357-7366.

[21] Darut G, Ben-Ettouil F, Denoirjean A, et al. Dry Sliding Behavior of Sub-Micrometer-Sized Suspension Plasma Sprayed Ceramic Oxide Coatings[J]. Journal of Thermal Spray Technology, 2010, 19(1-2):275-285.

[22] Darut G, Valette S, Montavon G, et al. Comparison of Al_2O_3 and Al_2O_3-TiO_2 Coatings Manufactured by Aqueous and Alcoholic Suspension Plasma Spraying[C]. Germany:DVS Düsseldorf, 2010.

[23] Darut G, Ageorges H, Denoirjean A, et al. Dry Sliding Behavior of Sub-Micrometer-Sized Suspension Plasma Sprayed Ceramic Oxide Coatings[J]. Journal of Thermal Spray Technology, 2009, 19(1):275-285.

[24] Davis J.R. Handbook of thermal spray technology[M]. Ohio: ASM International, 338, 2004.

[25] Delbos C, Fazilleau J, Rat V, et al. Phenomena implied in suspension plasma spraying. Part 2: zirconia particle treatment and coating formation[J]. Plasma Chemistry & Plasma Processing, 2006, 26(4):393-414.

[26] Etchart-Salas R. Direct current plasma spraying of suspensions of sub-micrometer sized particles. Analytical and experimental approach on phenomenon controlling coatings reproducibility and quality[D]. French: University of Limoges, 2007.

[27] Etchart-Salas R, Rat V, Coudert J F, et al. Influence of plasma instabilities in ceramic suspension plasma spraying[J]. Journal of Thermal Spray Technology, 2007, 16(5-6): 857-865.

[28] Fauchais P. Understanding plasma spraying: an invited review[J]. Journal of Physics D:

Applied Physics, 2004, 37(9):86-108.

[29] Fauchais P, Etchart-Salas R, Rat V, et al. Parameters controlling liquid plasma spraying: solutions, sols, or suspensions[J]. Journal of Thermal Spray Technology, 2008, 17(1):31-59.

[30] Fauchais P, Montavon G, Lima R. Engineering a new class of thermal spray nano-based microstructures from agglomerated nanostructured particles, suspensions and solutions: an invited review[J]. Journal of Physics D: Applied Physics 2011, 44:(9):885-896.

[31] Fauchais P, Vardelle A. Innovative and emerging processes in plasma spraying: from micro- to nano-structured coatings[J]. Journal of Physics D: Applied Physics, 2011, 44(19).

[32] Fazilleau J, Delbos C, Rat V, et al. Phenomena involved in suspension plasma spraying part 1[J]. Plasma Chemistry Plasma Processes, 2006, 26(4):371-391.

[33] Filkova I, Cedik P. Nozzle Atomization in Spray Drying[M]. New York: Hemisphere Pub. Corp., 1984:181-215.

[34] Gell M. Application opportunities for nanostructured materials and coatings[J]. Materials Science Engineering, 1995, 204(1):246-251.

[35] Gell M, Jordan E H, Teicholz M, et al. Thermal barrier coatings made by the solution precursor plasma spray process[J]. Journal of Thermal Spray Technology, 2008, 17(1): 124-135.

[36] Hammouda B. Probing Nanoscale Structures–the Sans Toolbox[J]. NIST Center for Neutron Research, 2010. 4 (22): 657p.

[37] Hermanek F J. Thermal Spray Terminology and Company Origins[M]. Ohio: ASM International, 2001.

[38] Huang Y, Song L, Huang T, et al. Characterization and Formation Mechanism of Nano-Structured Hydroxyapatite Coatings Deposited by the Liquid Precursor Plasma Spraying Process[J]. Biomedical Materials, 2010, 5(5):054113.

[39] Ilavsky J, Jemian P R, Allen A J, et al. Ultra-small-angle Y-ray scattering at the advanced photon source[J]. Journal of Applied Crystallography, 2009, 42(3):469-479.

[40] Jaworski R, Pawlowski L, Pierlot C, et al. Recent Developments in Suspension Plasma Sprayed Titanium Oxide and Hydroxyapatite Coatings[J]. Journal of Thermal Spray Technology, 2010, 19(1-2):240-247.

[41] Jia L, Gitzhofer F. Induction Plasma Synthesis of Nano-Structured SOFCs Electrolyte Using Solution and Suspension Plasma Spraying: A Comparative Study[J]. Journal of Thermal Spray Technology, 2010, 19(3):566-574.

[42] Jordan E H, Gell M, Bonzani P, et al. Making Dense Coatings with the Solution Precursor Plasma Spray Process[C]. Ohio: ASM International, 2007.

[43] Killinger A, Gadow R, Mauer G, et al.Review of New Developments in Suspension and Solution Precursor Thermal Spray Processes[J]. Journal of Thermal Spray Technology, 2011, 20(4):677-695.

[44] Landes K. Diagnostics in Plasma Spraying Techniques[J]. Surface & Coatings Technology, 2006, 201(5):1948-1954.

[45] Chang S L, Reitz R D. Effect of liquid properties on the breakup mechanism of high-speed liquid drops[J]. Atomization & Sprays, 2001, 11(1):1-19.

[46] Lima R S, Marple B R. Thermal Spray Coatings Engineered from Nanostructured Ceramic Agglomerated Powders for Structural, Thermal Barrier and Biomedical Applications: A Review[J]. Journal of Thermal Spray Technology, 2007, 16(1):40-63.

[47] Marchand O, Bertrand P, Mougin J, et al. Characterization of suspension plasma-sprayed solid oxide fuel cell electrodes[J]. Surface & Coatings Technology, 2010, 205(4):993-998.

[48] Marchand C, Vardelle A, Mariaux G. Modelling of the plasma spray process with liquid feedstock injection[J]. Surface & Coatings Technology, 2008, 202(18): 4458-4464.

[49] Mauer G, Guignard A, Vaßen R. Process diagnostics in suspension plasma spraying[J]. Surface & Coatings Technology, 2010, 205(4):961-966.

[50] Michaux P, Montavon G, Grimaud A, et al. Elaboration of Porous NiO/8YSZ Layers by Several SPS and SPPS Routes[J]. Journal of Thermal Spray Technology, 2010, 19(1-2): 317-327.

[51] Oberste-Berghaus J, Legoux J G, Moreau C. Injection Conditions and In-Flight Particle States in Suspension Plasma Spraying of Aluminia and Zirconia Nano-ceramics[C]. Germany: DVS Düsseldorf, 2005.

[52] Berghaus J O, Bouaricha S, Legoux J G, et al. Suspension plasma spraying of nanoceramics using an axial injection torch[C]. Switzerland: Basel, 2005.

[53] Oberste-Berghaus J, Marple B, Moreau C. Suspension plasma spraying of nanostructured WC-12Co coatings[J]. Journal of Thermal Spray Technology, 2006, 15(4): 676-681.

[54] Ozturk A, Cetegen B M. Modeling of axially and transversely injected precursor droplets into a plasma environment[J]. International Journal of Heat & Mass Transfer, 2005, 48(21-22): 4367-4383.

[55] Ozturk A, Cetegen B M. Modeling of axial injection of ceramic[J]. Materials Science &

Engineering, 2006, 422(1-2): 163-175.

[56] Pawlowski L. Finely grained nanometric and submicrometric coatings by thermal spraying: a review[J]. Surface & Coatings Technology, 2008, 202(18):4318-4328.

[57] Portinha A, Teixeira V, Carneiro J, et al. Characterization of thermal barrier coatings with a gradient in porosity[J]. Surface & Coatings Technology, 2005, 195(2-3):245-251.

[58] Rampon R, Filiatre C, Bertrand G. Suspension plasma spraying of YSZ coatings: suspension atomization and injection[J]. Journal of Thermal Spray Technology, 2008, 17(1):105-114.

[59] Rampon P, Filiatre C, Bertrand G. Suspension Plasma Spraying of YPSZ Coatings for SOFC: Suspension Atomization and Injection[J]. Journal of Thermal Spray Technology, 2008, 17(1): 105-114.

[60] Ravi B G, Sampath S, Gambino R, et al. Plasma spray synthesis from precursors: progress, issues and considerations[J]. Journal of Thermal Spray Technology, 2006, 15(4): 701-707.

[61] Rice R W. The porosity dependence of physical properties of materials: a summary review[J]. Key Engineering Materials, 1996, 115(none): 1-19.

[62] Saha A, Seal S, Cetegen B, et al. Thermo-physical processes in cerium nitrate precursor droplets injected into high temperature plasma[J]. Surface & Coatings Technology, 2009, 203(15): 2081-2091.

[63] Schiller G, Müller M, Gitzhofer F. Preparation of Perovskite Powders and Coatings by Radio Frequency Suspension Plasma Spraying[J]. Journal of Thermal Spray Technology, 1999, 8(3):389-398.

[64] Shan Y, Coyle T W, Mostaghimi J. Modeling the Influence of Injection Modes on the Evolution of Solution Sprays in a Plasma Jet[J]. Journal of Thermal Spray Technology, 2010, 19(1-2): 248-254.

[65] Shan Y, Coyle T W, Mostaghimi J. Numerical simulation of droptlet break-up and collision in solution precursor plasma spraying[J]. Journal of Thermal Spray Technology, 2007, 16(5-6): 698-704.

[66] Shen Y, Gitzhofer F. Preparation of Nano-composite GDC/LSCF Cathode Material for IT-SOFC by Induction Plasma Spraying[J]. Journal of Thermal Spray Technology, 2011, 20(1-2): 145-153.

[67] Singh, N.; Manshian, B.; Jenkins, G.J.S.; Griffiths, S.M.; Williams, P.M.; Maffeis, T.G.G.; Wright, C.J.; Doak, S.H. NanoGenotoxicology: The DNA damaging potential of engineered nanomaterials[J]. Biomaterials, 2009, 30: 3891–3914.

[68] Tarasi F, Medraj M, Dolatabadi A, et al. Phase Formation and Transformation in Alumina/YSZ Nanocomposite Coating Deposited by Suspension Plasma Spray Process[J]. Journal of Thermal Spray Technology, 2010, 19(4): 787-795.

[69] Tingaud O, Bertrand P, Bertrand G. Microstructure and Tribological Behavior of Suspension Plasma Sprayed Al_2O_3 and Al_2O_3-YSZ Composite Coatings[J]. Surface & Coatings Technology, 2010, 205(4): 1004-1008.

[70] Tingaud O, Grimaud A, Denoirjean A, et al. Suspension plasma-sprayed alumina coating structures: operating parameters versus coating architecture[J]. Journal of Thermal Spray Technology, 2008, 17(5): 662-670.

[71] Toma F L, Berger L M, Stahr C C. Microstructures and Functional Properties of Suspension-Sprayed Al_2O_3 and TiO_2 Coatings: An Overview[J]. Journal of Thermal Spray Technology, 2010, 19(1-2): 262-274.

[72] Vaßen R, Stuke A, Stöver D. Recent Developments in the Field of Thermal Barrier Coating[J]. Journal of Thermal Spray Technology, 2009, 18(2): 181-186.

[73] Vaßen R, Kaßner H, Mauer G. Suspension Plasma Spraying: Process Characteristics and Applications[J]. Journal of Thermal Spray Technology, 2010, 19(1-2): 219- 225.

[74] Vaßen R, Yi Z, Kaßner H. Suspension Plasma Spraying of TiO_2 for the Manufacture of Photovoltaic Cells[J]. Surface & Coatings Technology, 2009, 203(15): 2146-2149.

[75] Viswanathan V, Laha T, Balani K. Challenges and Advances in Nanocomposite Processing Techniques[J]. Materials Science & Engineering, 2006, 54(5-6): 121-285.

[76] Wang Y, Legoux J G, Neagu R, et al. Deposition of NiO/YSZ Composite and YSZ by Suspension Plasma Spray on Porous Metal[C]. DVS Düsseldorf, 2010.

[77] Vert R, Chicot D, Dublanche-Tixier C, et al. Adhesion of YSZ Suspension Plasma-Sprayed Coating on Smooth and Thin Substrates[J]. Surface & Coatings Technology, 2010, 205(4): 999-1003.

[78] Wittmann-Ténèze K, Vallé K, Bianchi L. Nanostructured zirconia coatings processed by PROSOL deposition[J]. Surface & Coatings Technology, 2008, 202(18): 4349-4954.

[79] Xie L, Ma X, Jordan E H, et al. Deposition mechanisms of thermal barrier coatings in the solution precursor plasma spray process[J]. Surface & Coatings Technology, 2004, 177-178(none): 103-107.

[80] Xiong H B, Lin J Z. Nano particles modeling in axially injection suspension plasma spray of zirconia and alumina ceramics[J]. Journal of Thermal Spray Technology, 2009, 18(4): 887-895.

第9章　大气等离子喷涂诱发接枝聚合制备阻燃丝

Dheerawan Boonyawan
清迈大学，泰国

9.1　引言

由于火灾事故会造成人员伤亡和财产损失，在许多情况下，需要提高纺织品的阻燃性，以最大限度地减少火灾隐患。人们已经在开发阻燃纺织品方面付出了巨大努力。丝绸因其外观华美而成为室内装饰最常用的纺织品之一，多用于室内装潢、窗帘和床上用品等。因此，进一步提高丝织物的阻燃性能具有重要的意义。阻燃织物通常采用阻燃剂通过化学处理织物来制备。卤素基阻燃剂是降低织物着火危险的有效阻燃剂之一。但是，由于其具有腐蚀性，含有二噁英和致癌物，一旦燃烧，所产生的烟雾会产生毒性，所以有法规限制卤素基阻燃纺织品的生产和使用，因此其逐渐被非卤素类阻燃剂所替代。在非卤族阻燃剂中，磷基化合物应用最为广泛。对于天然纺织品的研究，主要集中在棉织物和丝织物的阻燃特性上。结果表明，利用尿素和磷酸反应产物，通过轧/烘法处理丝织物时，可以提高其阻燃性。但是，处理过的丝绸的洗涤耐久性会有所下降。还有研究人员使用名为“Pyrovatex CP”的阻燃剂（N-羟甲基(3-二甲基膦酰基)丙酰胺（HDPP））来提升丝绸的阻燃性。但是，该化合物含有致癌物——甲醛，为此，研究人员又开发了使用无甲醛阻燃剂的丝织品精加工工艺。经处理的丝绸的阻燃性得到改善，但洗涤耐久性仍然很有限。尽管获得了不同程度的阻燃性，但是该试剂的水溶性导致丝织品的耐用性变成一个难以解决的问题。当纺织品是天然来源时，此类问题甚至更大。耐用的阻燃丝的开发具有很大的挑战性，而且必须考虑环保的要求。

等离子处理有望成为一种赋予丝织品阻燃特性的有效方法。等离子体中的反应性物质与丝织品表面原子或分子相互作用，并在不影响材料整体性能的情况下改变了丝织品的表面特性。有报道称，微波等离子已应用于阻燃处理过程中。但是，低压等离子体系统需要在真空下运行，反而增加了处理过程的成本和复杂性。大气等离子体系统有望替代低压等离子体系统用于丝织品的表面处理。目前已经开发出了几种不同的设备，并将其用于修饰材料的表面。由于不需要真空系统，该技术有望更早实现工业应用。

Chaiwong 等人利用大气压等离子射流将磷基阻燃剂接枝到丝绸上，将处理过的丝织物进行 45°可燃性测试，通过量子模拟和 X 射线能量散射谱（EDS）研究了磷的掺入，评价了处理的持久性。

9.2 试验设计

9.2.1 丝绸

蚕丝来源于蚕蛾，其重链主要由甘氨酸（44%）和丙氨酸（30%）组成。在使用之前需要洗净（脱胶）真丝以除去丝胶，丝胶是丝纤维上的胶状沉积物。几个研究小组使用约束最小二乘法完善了丝素蛋白的晶体结构。与 X 射线散射图一致性较好的模型是 Gly-Ala 或 Ala-Gly。尽管这些结构是较早明确的，但 Gly-Ala 结构是多态的，具有很强的灵活性以及可增加替代结构的能力。

本研究使用密度为 52.9 $g \cdot m^{-2}$ 的真丝织物（Grazie™），经纱密度和纬纱密度分别为 129 英寸$^{-1}$和 99 英寸$^{-1}$。空气渗透阻力为 98.4$cm^3 \cdot cm^{-2} \cdot s^{-1}$，表明该丝织物具有较高的空气阻抗特性。将织物切成 5cm×17cm 的样品，以适用于火焰蔓延测试。

9.2.2 等离子系统

图 9.1 中展示了所使用的自制等离子射流系统。内电极为中空结构，被石英管包围，且整体与外电极同轴。内电极连接到 50kHz、0～10kV 的电源，而外电极接地。采用高纯 Ar 作为产生等离子体的气体，流速的调节范围在 2～10slm，气流量由气流控制器控制。将工作电压设置为 8 kV，以保持对等离子体输入功率的恒定。

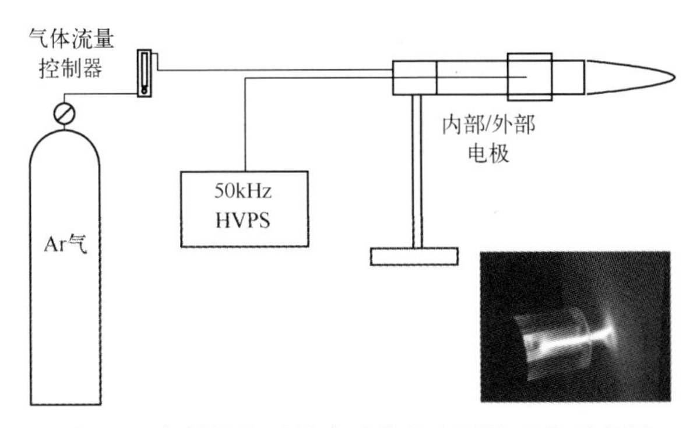

图 9.1　自制等离子射流系统和表面处理的示意图

Gly　Ser　Gly　Ala　Gly　Ala

化学式	结构	Z	R 因子	密度 /g·cm^{-3}	空间群	晶胞参数					
						a/A	b/A	c/A	α/(°)	β/(°)	γ/(°)
$C_6N_2O_3H_{14}$	AG	2	0.059	1.439	$P2_f$	5.28	11.81	5.51	90	101	90
$C_6N_2O_3H_{14}$	GA	4	0.045	1.549	$P2_f2_f2_f$	9.68	7.53	9.53	90	90	90

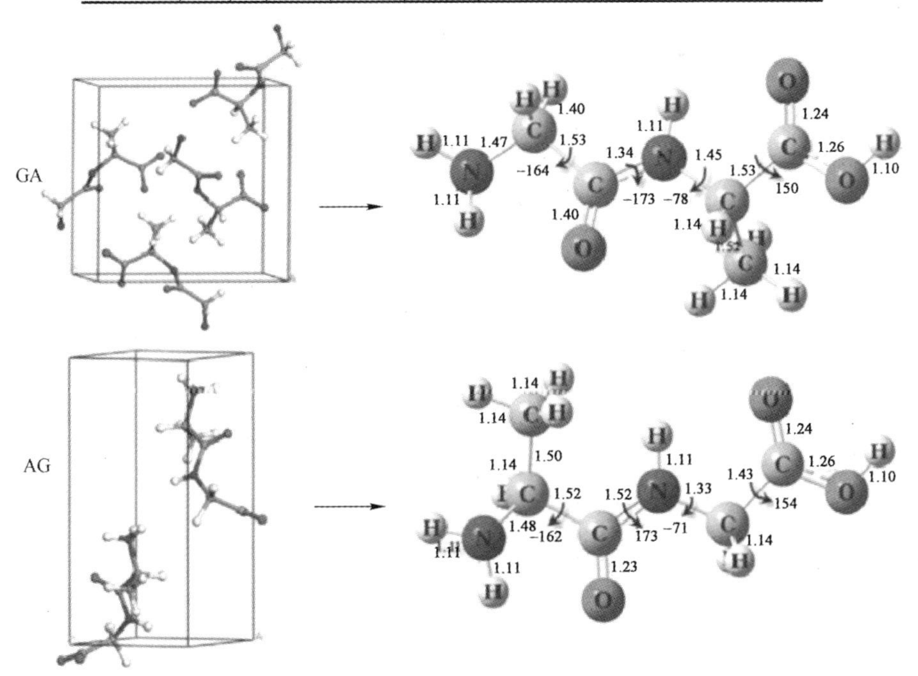

图 9.2　未经处理的 GA 和 AG 的晶体结构以及使用单晶 X 射线衍射技术得到的晶格参数

通过 S2000 光纤光谱仪（美国海洋光学公司）监控等离子射流状态。光纤探头与等离子射流轴向成直角，探测距离 5mm。检测等离子体发射光谱的分辨率达到 0.3nm。在距喷嘴 5mm 位置处测得的 Ar 等离子射流的发射光谱如图 9.3 所示。可以看出，在 250～850nm 波长范围内，主要由激发态 Ar（Ar Ⅰ）峰支配。另外，在 308.9nm 和 777.1nm 处分别发现了羟基（OH）和原子 O 的辐射峰。另外还观察到了环境气体，如 N_2。这些自由基是不被希望存在的，因为它们可能与样品表面反应。不过，这些自由基的含量可以通过调节系统参数来控制。例如，如果提升系统电压，则 OH 含量被极大地抑制。Ar 气流速是影响自由基物质存在的主要参数之一。如果 Ar 气流量超过 6slm，则激发态 N 峰值比 OH 自由基更强。

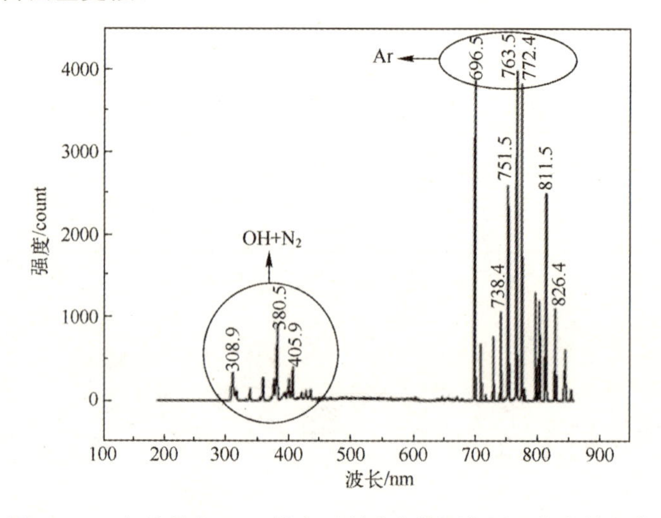

图 9.3　Ar 气流量为 6slm 等离子射流在检测位置处的发射光谱

9.2.3　电子温度

电子温度 T_e 是描述等离子体的一个重要参数。等离子射流是电子温度比离子和气体温度高一个数量级的非平衡等离子体。通过光学发射谱法（OES）并应用 Boltzmann-plot 方法可测定大气等离子射流的电子温度。为此，ln（$I\lambda/gA$）对 E_k 的关系曲线应是斜率为$-1/T_e$的直线。I_k 是发射光的强度，λ 是波长，g 是权重，A 是转移率，E_k 是高层级能量。表 9.1 展示了在等离子体中检测到的主要 Ar 谱线及其特性。

表 9.1 在等离子体中检测到的主要 Ar 谱线及其特征

线	λ/nm	上层态（i）	下层态（j）	E_i/eV	E_j/eV	g_i	g_j	$A_{ij}/10^S s^{-1}$
Ar Ⅰ	415.859	5p	4s	14.53	11.55	5	5	0.0140
Ar Ⅰ	416.418	5p	4s	14.53	11.55	3	5	0.00288
Ar Ⅰ	418.188	5p	4s	14.69	11.72	3	1	0.00561
Ar Ⅰ	419.071	5p	4s	14.51	11.55	5	5	0.00280
Ar Ⅰ	419.832	5p	4s	14.58	11.62	1	3	0.0257
Ar Ⅰ	420.068	5p	4s	14.50	11.5	7	5	0.00967
Ar Ⅰ	425.936	5p	4s	14.74	11.83	1	3	0.0398
Ar Ⅰ	427.217	5p	4s	14.52	11.62	1	1	0.00797
Ar Ⅰ	452.232	5p	4s	14.46	11.72	3	1	0.000898
Ar Ⅰ	706.722	4p	4s	13.30	11.55	5	5	0.0380
Ar Ⅰ	714.704	4p	4s	13.28	11.55	3	5	0.00625
Ar Ⅰ	727.294	4p	4s	13.33	11.62	3	3	0.0183
Ar Ⅰ	738.398	4p	4s	13.30	11.62	5	3	0.0847
Ar Ⅰ	750.387	4p	4s	13.48	11.83	1	3	0.445
Ar Ⅰ	751.465	4p	4s	13.27	11.62	1	3	0.402
Ar Ⅰ	763.511	4p	4s	13.17	11.55	5	5	0.245
Ar Ⅰ	794.818	4p	4s	13.28	11.72	3	1	0.186
Ar Ⅰ	800.611	4p	4s	13.17	11.62	5	3	0.0490
Ar Ⅰ	801.479	4p	4s	13.09	11.55	5	5	0.0928
Ar Ⅰ	810.369	4p	4s	13.15	11.62	3	3	0.250
Ar Ⅰ	811.531	4p	4s	13.08	11.55	7	5	0.331

大气等离子射流通常处于局部热力学平衡（PLTE）状态。因此，可以通过玻耳兹曼分布函数和玻耳兹曼曲线来描述不同条件下原子和离子的分布。从图 9.4 中的 OES，观察到两组 Ar Ⅰ跃迁的分布点：4p-4s 和 5p-4s。电子温度是所有这些点拟合得到的。计算斜率表明，等离子体中电子温度为 1.3eV。此条件下电子温度在 1.0～1.3eV 内变化，且变化程度取决于氩气流速。Ar Ⅱ线没有显示出来，因为这些谱线通常只能在低压等离子体中观察到。在直流微束等离子射流中，空心阳极内可以检测到 Ar Ⅱ谱线。

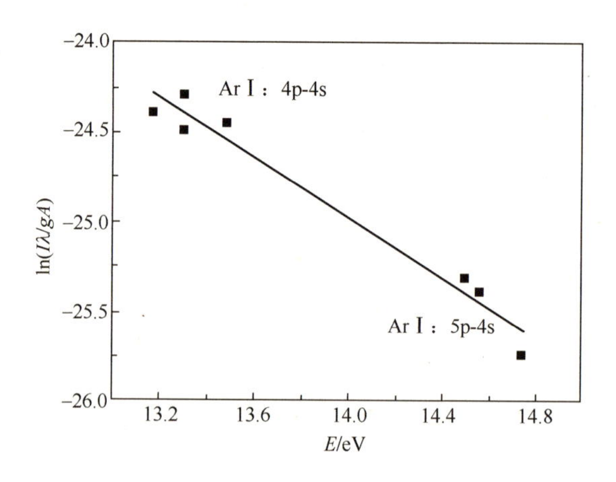

图 9.4　确定等离子射流电子温度的玻耳兹曼图

9.2.4　丝绸的处理

1．等离子体-丝织物表面的相互作用

像其他等离子源一样，在等离子-基体界面处会发生许多基本反应，具体情况如表 9.2 所示。表面与高速的电子、离子和自由基接触，不断产生的 UV-vis 谱段电磁辐射进一步增强了物理/化学反应。增强物理/化学反应的电磁辐射发射功函数 $e\varphi$ 提供了将电子从固体费米分布的最高能级转移到真空(到固体表面正外部的一点)所需的最小能量，其中 φ 是电子发射势。能量可以通过热能（声子，kBT)、光子（$h\omega$）提供，也可以由原子和离子的内部势能、动能或亚稳态激发态提供。

表 9.2　等离子表面反应

反应类型	作用
AB+C（固）→A+BC（气）	刻蚀
AB（气)+C（固）→A（气)+BC（固）	沉积
$e^-+A^+\rightarrow A$	重组
$A^*\rightarrow A$	消磁
$A^*\rightarrow A+e^-$（从表面）	二次排放
A^*（快）$\rightarrow A+e^-$	二次排放

等离子体活性自由基的产生和浓度取决于所用等离子体的电离参数。电子初始化电离、电子气的变化（密度、温度、电子能量分布函数（EEDF））

强烈地影响着反应物的形成、浓度和化学反应速率以及不同波长辐射的强度。电子气参数也取决于等离子体的工作参数，如功率、发频率、体流量和压力。

2．电子

等离子体中的电子不是单能电子。这一点是很关键的，因为等离子体-化学反应的速率取决于能量是等于还是高于反应阈值的电子数量。具有特定能量电子的概率密度可以通过电子能量密度函数（EEDF）来描述。EEDF 取决于等离子体中的电场和气体成分，通常离真正的平衡分布很远。由于在准平衡 Maxwell-Boltzmann 近似中做出的各种假设，非局部热力学平衡（LTE）等离子体的 EEDF 通常可以通过 Druyvesteyn 分布函数进行预估。

$$f(\varepsilon)=1.04\langle\varepsilon\rangle^{-3/2}\varepsilon^{1/2}\exp\left\{-\frac{0.55\varepsilon^{2}}{\langle\varepsilon\rangle^{2}}\right\}$$

如图 9.5 所示，Druyvesteyn 分布函数的特征是向更高的电子能量移动。

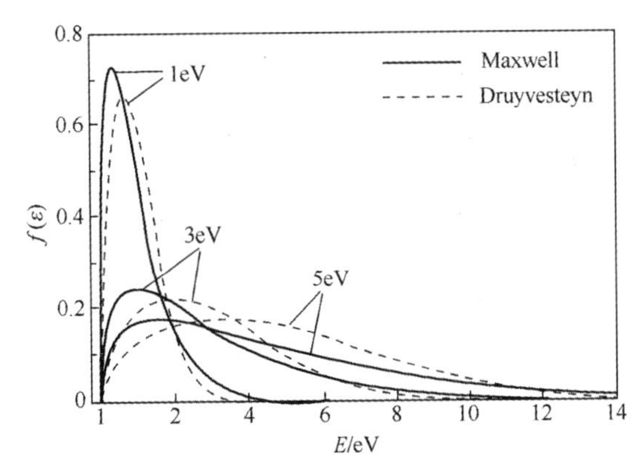

图 9.5　根据 Druyvesteyn 和 Maxwell 得到的电子能量分布

（数字表示每种分布的平均电子能量）

但是，无论采用哪种近似值，能量分布都显示出一个重要的事实：尽管非 LTE 等离子体中大多数电子都具有较低能量（0.5～4eV），但也存在一定数量的电子，其特征是能量位于曲线尾端的（8～15eV）区域。尽管数量很少，但这些电子会显著影响等离子体中的整体反应速率，此反应速率有助于反应进行并形成特定的能量阈值。如表 9.3 所示，这种等离子体中的大多数电子具有足以解离几乎所有化学键的能量。

表 9.3　有机化合物的电离能

键类型	键能/kJ・mol^{-1}	键能/eV
C—H	411	4.25
C—C	346	3.56
C—N	276	2.86
C—O	358	3.70
C—S	272	2.80
C═C	602	6.23
C═O	724	7.50
C≡C	835	8.65
N—H	385	3.99
O—H	456	4.73

3．离子

由于非热等离子体中离子的电离速率远低于分子解离的速率，因此自由基物质的密度可能比离子密度高几个数量级。

因此，等离子体化学反应主要受自由基反应或光化学手段控制。由于它们通常在等离子体鞘层中获得动能，因此，离子被认为对等离子体-化学反应动力学有很大贡献。离子的形成过程包括激发、电离、解离和进一步的电子撞击反应等，类似于解离电离或等离子体电子解离附着。正离子和负离子的各种消耗方式如表 9.4 所示。

表 9.4　等离子体中正离子和负离子的消耗方式

反应	作用
$e^-+AB^+\rightarrow(AB)^*\rightarrow A+B^*$	解离电子复合
$e^-+A^+\rightarrow A^*\rightarrow A+h\omega$	辐射电子复合
$2e^-+A^+\rightarrow A^*+e^-$	三分子电子复合
$A^-+B^+\rightarrow A+B^*$	双分子离子复合
$A^-+B^++M\rightarrow A+B+M$	三分子离子复合
$e^-+M\rightarrow(M^-)^*\rightarrow M^-+h\omega$	辐射电子附着
$e^-+A+B\rightarrow A^-+B$	三分子电子附着
$A^++B\rightarrow A+B^+$	伦原子电荷转移
$A^++2A\rightarrow A_2^++A$	离子转换
$e^-+AB\rightarrow A^++B^-+e^-$	极解离
$e^-+A^-\rightarrow A+2e^-$	电子附件

大气等离子体中的离子化学有很多种。其中一个例子是离子诱导的悬空键的形成，能够充当烷基或任何其他自由基的化学吸附位点。目前已经通过粒子束实验证明了高能离子撞击能够形成的离子。图 9.6 表明表面高活性位点可被 O（原子或分子）占据，这会导致表面缺陷的快速钝化，从而产生各种氧官能团。或者产生逐渐挥发的物质，如 H_2O、—OH、CO 和 CO_2 等，可以从内部扩散到表面并解吸。

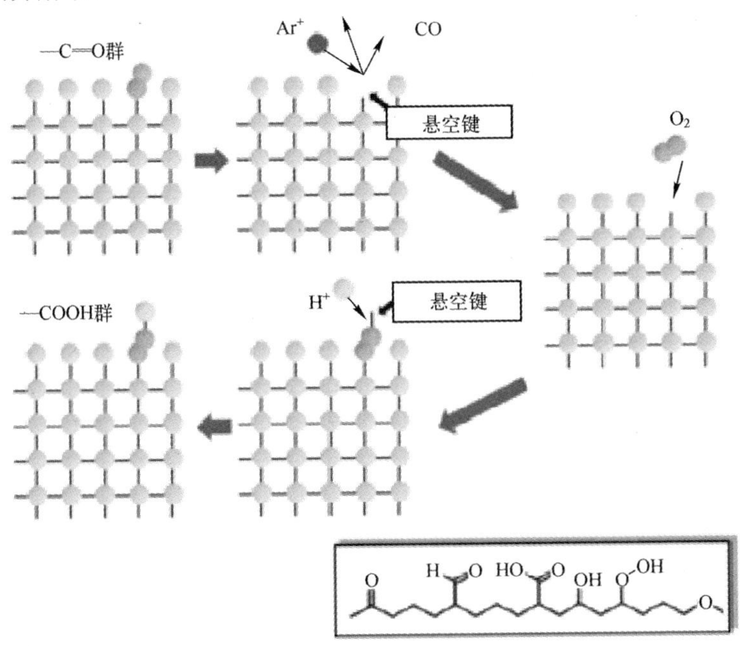

图 9.6　等离子体中的自由基（离子）与固体表面相互作用形成功能性表面的过程

尽管悬空键的产生是一个剧烈吸热的过程，但高能离子的作用通常足以使化学键断裂（见表 9.3）。对于大气等离子射流，可以通过对基体施加几百伏负偏压来获得能量高达 100eV 的离子。

4．光子

在高气压下，单一碰撞的条件不再存在。除了二元碰撞外，三元相互作用开始发生，导致准分子的形成。稀有气体准分子的形成通常通过电子碰撞电离或直接通过亚稳态稀有气体原子激发而进行。无论哪种情况，初始步骤都是三元碰撞过程，其中两个基态原子与激发态原子相互作用（稳态或共振，见表 9.5）。有效的准分子形成需要大量的电子，保证其能量高于亚稳态形成（或电离）的能量阈值，另外还需要足够高的压力以产生足够高的三体碰撞概率。对于 Ar，通过电子撞击基态 Ar 形成亚稳态 Ar 原子所需的最小能量约为 12eV。

表 9.5 稀有气体准分子的形成

反应	作用
$e^- + X \rightarrow X^+ + 2e^-$	电子碰撞电离
$X^+ + 2X \rightarrow X_2^+ + X$	
$X_2^+ + e^- \rightarrow X^* + X$	
$X^* + 2X \rightarrow X_2^* + X$	
$e^- + X \rightarrow e^- + X^*$	电子冲击激发
$X^* + 2X \rightarrow X_2^* + X$	
$X_2^* \rightarrow 2X + h\omega$	辐射衰减

正是由于这种独特的环境，非 LTE 等离子体不仅能够提高传统化学过程的效率，还能通过改变分子电子构型的对称性来实现常规化学合成中无法实现的反应。在中等基体温度下引发新的反应，可能导致新的过渡产物或二次产物，这通常是等离子体处理非常期望得到的结果，并且已经开始大力研发。然而，高化学活性物质的产生不仅具有不可控的风险，而且还有发生非预期等离子体化合反应的可能。因此，在任何工业应用前，必须全面了解等离子体化学。

9.2.5 阻燃复合接枝

等离子体诱导接枝过程分为两步。在接枝之前，通过惰性气体等离子体形成自由基。如前文所述，随后的等离子体与基体表面作用后，产生了用于进一步反应的活性位点。在这种情况下，以 4slm 的 8kV 电压产生 Ar 等离子体。对于所有 Ar 等离子体的表面处理，这些参数都保持恒定。样品表面用 Ar 等离子体预活化 5min，喷嘴和样品之间的距离设置为 5mm。Ar 等离子体预处理后，将样品浸入 PBS 溶液中 10s，然后在 60℃的空气中干燥 10min。用 Ar 等离子体进行接枝聚合 5min。这些样品称为 Ar-PBS-Ar 丝。最后将样品浸入乙醇中以除去残留的未接枝分子，并在室温下置于空气中干燥。为了进行对比，制备了未经 Ar 等离子体预处理便直接浸入 PBS 溶液中的样品，并称之为 PBS 丝。

9.2.6 测试

1．洗涤稳定性测试

为了评估阻燃处理后丝织品的洗涤耐久性，用 TIS-121（3-1975）在 1g/L 的去离子洗涤剂和自来水溶液中，在 35℃下洗涤 30min。然后将样品风干并储存在干燥器中。

2．表面形貌和化学成分检测

扫描电子显微镜（SEM）和 X 射线能量散射谱（EDS）用于检测样品表面的形貌以及清洗前后的化学成分。用于这项工作的 SEM 设备是配备 EDS 的 JSM 633S（日本，Jeol）。此外，采用傅里叶变换红外光谱（FTIR）检测样品表面上的化学键。红外光谱是通过衰减全反射率（ATR）模式运行的 Nicolet 6700 FTIR 分光光度计（德国，布鲁克）获得的，以 4cm^{-1} 的分辨率将 64 次扫描结果收集起来并求取平均值。

通过比较 PBS 丝的 SEM 照片（见图 9.7（a））和 Ar-PBS-Ar 丝洗涤后的照片（见图 9.7（b）），可以观察到 PBS 的接枝。如图 9.7（a）所示，PBS 颗粒局部沉积在丝线的结上，纱线的表面形貌相对光滑。相反，洗涤后的 Ar-PBS-Ar 丝的纱线是粗糙的，并且被 PBS 颗粒均匀地覆盖着。显然，丝绸可以通过 Ar 等离子接枝获得持久的阻燃性能。

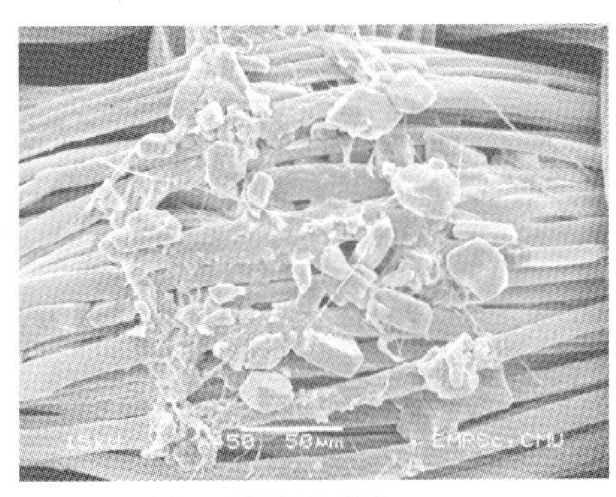

（a）PBS丝的SEM照片

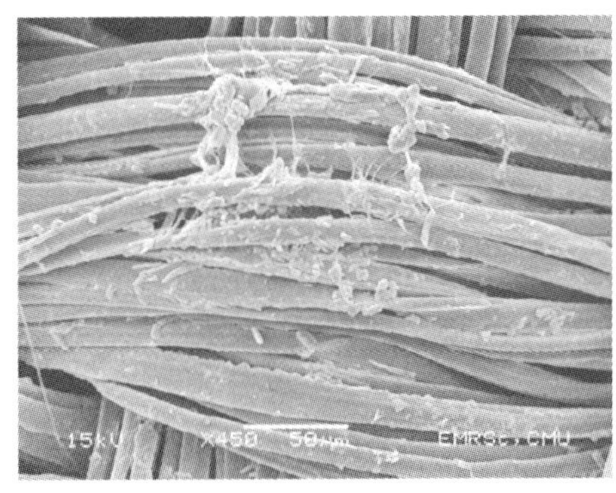

（b）洗涤后的Ar-PBS-Ar丝

图 9.7　接枝处理后丝线形貌

图 9.8 展示了 PBS 丝纱线结上的沉积物的 EDS 谱线。检测结果表明，P 源于 PBS 化合物。丝绸检测结果中出现了诸如 N、C 和 O 等成分的峰，Ca 是天然丝绸的标识之一。样品中的 P 含量通过 EDS 进行了定量分析。结果发现，Ar-PBS-Ar 中的 P 含量比 PBS 丝（磷含量为 7wt%）的 P 含量高 11%。经过洗涤后，Ar-PBS-Ar 丝中的 P 含量保持恒定。结果清楚地表明，为了获得持久的阻燃性能，接枝聚合是必要的。这项工作中使用的 Ar 等离子体能够使阻燃化合物以共价键的形式结合到丝织物上。可以说，洗涤后的 Ar-PBS-Ar 样品类似于普通的蚕丝，但具有优异的阻燃性能。

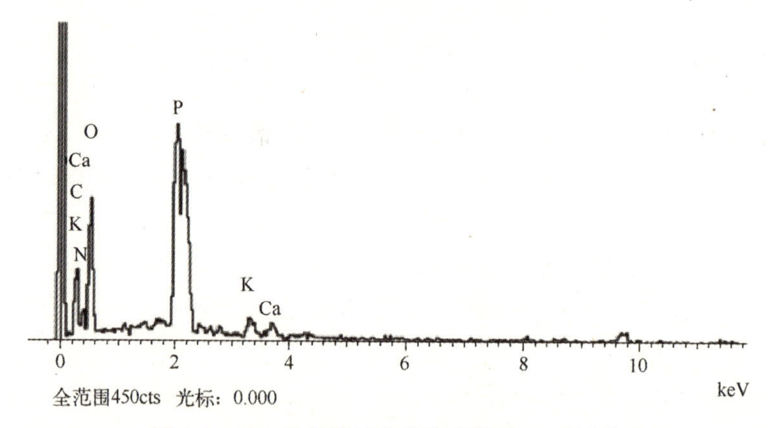

图 9.8　PBS 丝纱线结上的沉积物的 EDS 谱线

与未经处理的样品相比，洗涤后的 Ar-PBS-Ar 丝绸样品具有 ATR-FTIR 的特征，如图 9.9 所示。Ar 等离子体进行的接枝聚合反应可以通过在 1196cm^{-1}（C—O 拉伸振动）、1078cm^{-1} 和 919cm^{-1}（P—O—C 拉伸振动）处的峰位来证明。P═O 拉伸振动表明 PBS 化合物在 C-O 波段内重叠。红外峰强度的变化似乎相对较低，表明等离子处理后，丝绸表面上的接枝 PBS 非常薄。

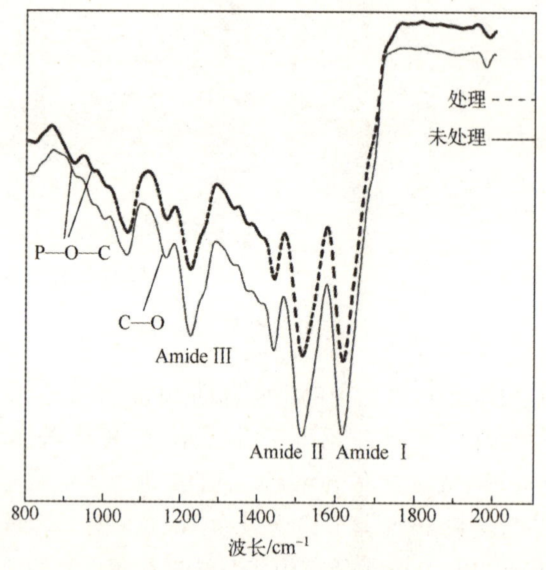

图 9.9　未经处理和洗涤后的 Ar-PBS-Ar 丝的 ATR-FTIR 光谱

3．阻燃测试

在 30℃、62+/−3%RH、冲击时间 5s 的条件下，采用符合 ASTMD1230 标

准的 45°可燃性测试仪，对未经处理和处理后的棉织物洗涤前后的燃烧行为和 45°火焰蔓延速率进行了测试。通过数字摄像机记录下燃烧行为和火焰蔓延。火焰蔓延时间是指火焰在织物上向上蔓延 12.7cm（5″）所花费的时间，并通过停止绳的燃烧进行自动记录。图 9.10 展示了丝绸样品的燃烧行为。对于未经处理的丝绸，样品瞬间点燃，火焰蔓延速率是 1.43cm • s^{-1}。

（a）在7s内完全燃烧的未经处理的蚕丝

（b）PBS丝

（c）洗涤Ar-PBS-Ar丝

（d）仅用乙醇洗涤

图 9.10　样品燃烧考核状态照片

对于直接浸入PBS溶液（PBS丝）的样品，其着火特性与未经处理的样品相同，但火焰蔓延立即终止，样品没有余辉，并且可以观察到由于形成焦炭而产生的烟雾。炭的形成表明样品表面上含有P残留。该化合物在加热时分解多磷酸并形成黏稠的表面层。该层可以组织氧气到达丝纤维，抑制纤维的分解。

洗涤后的PBS丝的燃烧行为与未处理样品相似，观察到一些烟雾。这是由于PBS是水溶性的，因此可以在洗涤过程中将其从丝绸表面上去除。但是产生烟雾则表明丝绸中还残留一些PBS。而Ar-PBS-Ar丝的燃烧行为完全不同，其火焰蔓延速率高于PBS样品。但是，火焰立即消失，没有余辉，能够观察到炭的形成。热解过程中有少量P产生催化作用，将残炭氧化为CO而不是CO_2。燃烧的烟雾显著减少，接近未处理样品的量。由于燃烧的烟雾主要来自样品表面上残留的PBS，因此可以推断大多数PBS分子已通过Ar等离子体均匀地接枝到丝绸分子链中。洗涤过程可能会将未接枝的PBS分子从丝绸表面去除掉，但大多数仍保留在丝绸表面。因此，在具有足够多接枝PBS分子的情况下，丝绸样品可以生成炭，以防火焰扩散产生过多的燃烧烟雾。

9.2.7 丝绸结构的分子动力学（MD）模拟

为了研究PBS与丝绸结构之间的化学键合，进行了MD模拟。通过模拟来预测加入PBS后的丝绸的IR光谱以研究其相互作用。丝绸模型是使用重复的甘氨酸-丙氨酸生成的，如前文所述，使用Material Studio 4.3软件建立模型，利用COMPASS力场对30Å×30Å×30Å周期系统中含有5条10单位甘氨酸-丙氨酸链的丝聚合物宏观结构进行能量最小化和MD模拟。采用共轭梯度法进行能量最小化，以消除相邻链相互作用产生的势能。在得到最小单元后，设计了吸附模块的Metropolis-Monte Carlo（MC）模拟退火方法，来模拟PBS与丝模型的相互作用。对于微正则系统，截止距离设定为12.5Å。从MC模拟中收集轨迹用于径向分布分析。为了预测等离子体处理后丝绸的红外光谱，利用GAUSSIAN 03对经MD模拟预测产物PBS修饰的真丝模型化合物进行了量子计算。采用B3LYP/6-31G（d）密度泛函理论（DFT）计算了优化的结构和红外光谱。

通过使用图9.11中所示的模型进行的MC模拟，研究了PBS与丝绸之间的相互作用。MC模拟中最可能的结构表明PBS分子的P═O和P—O—N部分中的活性氧原子倾向于与丙氨酸单元甲基上的丝聚合物发生表面反应。H_{meth}—$O_{O=P}$和H_{meth}—$O_{P\text{-}O\text{-}N}$的径向分布函数（RDF）图（见图9.12）表明丝绸中甲基周围的 PBS 中的 P═O 和 P—O—N。根据收集的轨迹计算的 RDF 表明，丝绸周围 PBS 的分布是由于 PBS 中的 P═O 和 P—O—N 与丝绸中的甲基之间的较强相互作用而引起的。从 3.25Å 处部分 O^{2-} 和部分 H^{+} 之间相互作用壳层的最强静电作用，可推断出 H_{meth}—$O_{O=P}$ 在氢键方面主导分子间的相互作用。另外，H_{meth}—O_{P-O-N} 相互作用主要是扩散的，半径为 4～9Å。因此，PBS 的 P═O 基团应与丝中丙氨酸残基的甲基发生反应。

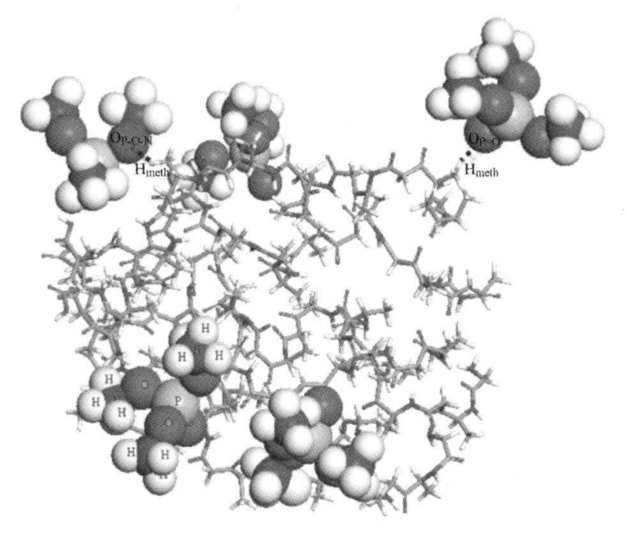

图 9.11　蒙特卡罗法模拟退火的丝绸模型和 PBS 分子系统的复杂结构（虚线表示距离 2.50～2.60Å 的 PBS 中 P═O 和 P—O—N 与丝绸中的甲基有很强的相互作用）

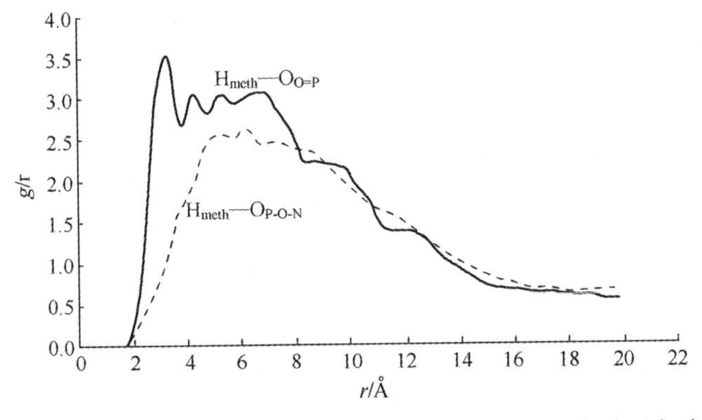

图 9.12　H_{meth}—$O_{O=P}$ 和 H_{meth}—O_{P-O-N} 的径向分布函数分别代表丝绸表面甲基周围 PBS 中的 P═O 和 P—O—N

用上述方法推导了 PBS 与蚕丝反应的产物，并与蚕丝模型进行了比较，如图 9.13 所示。在 B3LYP/6-31G（d）的计算水平上，C═O 在 $1777cm^{-1}$ 和 $1844cm^{-1}$ 处发生拉伸，C—O 键在 $1196cm^{-1}$ 处出现拉伸，而未处理的丝绸和 PBS 丝绸的 N—H 弯曲与 C—N 拉伸发生在 1200～$1700cm^{-1}$ 范围内。还发现 $1078cm^{-1}$ 处的 P—O—C 拉伸振动和 $919cm^{-1}$ 处的 P—O—C 拉伸振动的中峰与先前的研究有很好的相关性。

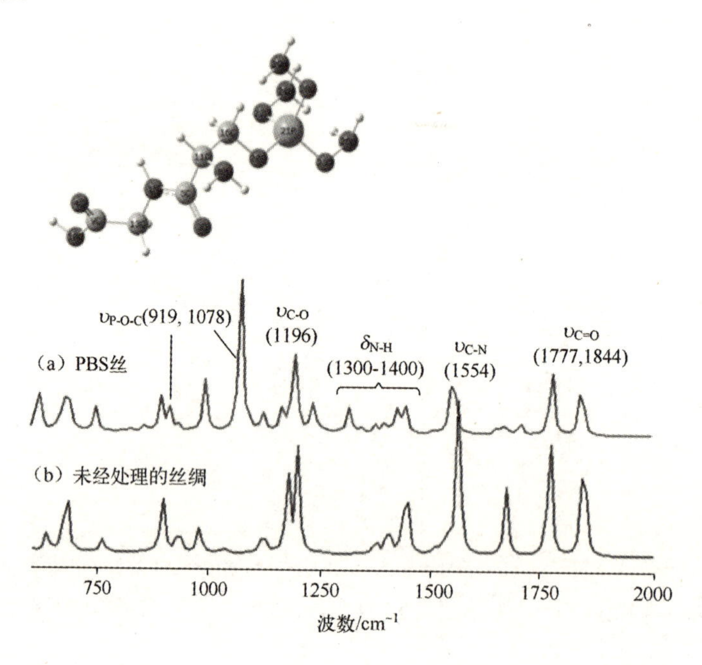

图 9.13　使用 B3LYP/6-31G（d）计算出处理后丝绸样品振动谱

9.3　结论

非平衡大气等离子射流已被证明在以下方面具有优势：产生高密度活性自由基、较低的基体表面温度、可直接处理及低成本。等离子体中的自由基与表面原子或分子相互作用，并在不影响整体性能的情况下修饰表面。还可以实现等离子体渗透到纺织物中。这种接近室温的温度要求使得等离子体表面处理具有工业价值。P 基阻燃剂由于副产品环境友好和低毒性可以替代卤族阻燃剂。

由于 P 基阻燃剂不耐洗涤，所以需要接枝聚合处理。能够进行离子选择的等离子体表面处理工艺可采用替代化学试剂并且需要长时间干燥的化学处理工艺。本章还研究了等离子射流诱导接枝阻燃剂丝绸的阻燃性能。结果表明，Ar 气等离子体接枝是获得持久的阻燃性能的必要步骤。Ar 气等离子体接枝赋予丝织物良好的洗涤稳定性可归因于丝绸表面存在的 P。

45°可燃性测试研究表明，Ar 接枝的 PBS 丝绸显示出更高的阻燃性，形成了残炭，并通过 PBS 接枝抑制了余辉。由于等离子体表面处理丝绸经过洗涤后仍然能保持较好的阻燃性，所以 Ar 气等离子体能够给丝线带来持久的阻燃性。在该研究中，Ar 接枝的 PBS 丝绸使 45°火焰蔓延速率降低约 95%，显著提高阻燃耐久性，而且样品在火中产生的烟雾少，因此具有更好的性能。这些化合物促进脱水并在其基材上形成残炭，防止火焰蔓延。扫描电子显微镜结果表明，Ar 气等离子体接枝的丝绸被 PBS 颗粒均匀覆盖，对于非接枝丝而言，PBS 呈现局部沉积。EDS 检测表明，在 Ar 气等离子体接枝的丝中存在高达 11wt%的 P。傅里叶变换红外光谱证实了 P 与丝绸分子链之间的键合。采用分子动力学模拟证实了在丙氨酸单元甲基中磷的渗入，预测得到的红外光谱与测得的红外光谱非常吻合。

9.4 致谢

Dheerawan Boonyawan 感谢清迈大学给予的研究经费和实验室支持。感谢参与该项目的同事和学生，以及愿意尽力帮助我们的人。

参 考 文 献

[1] Achwal W B, Mahapatrao C R, Kaduskar P S. Flame-retardant finishing of cotton and silk fabrics[J]. Colourage, 1987, 34(12): 33-37.

[2] Becker K H, Kogelschatz U, Schoenbach K H, et al. Non-equilibrium air plasmas at atmospheric pressure[M]. New York: CRC Press, 2004.

[3] Chaiwong C, Tunma S, Sangprasert W, et al. Graft polymerization of flame-retardant compound onto silk via plasma jet[J]. Surface & Coatings Technology, 2010, 204(18-19): 2991-2995.

[4] Cheng C, Liye Z, Zhan R J. Surface modification of polymer fibre by the new atmospheric

pressure cold plasma jet[J]. Surface & Coatings Technology, 2006, 200(24): 6659-6665.

[5] Coburn J W, Winters H F. Ion-and electron-assisted gas-surface chemistry—An important effect in plasma etching[J]. Journal of Applied Physics, 1979, 50(5): 3189-3196.

[6] Dhavalaikar, R.S. J. Scientific and Industrial Res, 1962, 21(C), 261.

[7] Fridman A. Plasma Chemistry[M]. New York: Cambridge University Press, 2008.

[8] Frisch, M. J. Trucks, G. W. Schlegel, H. B. Scuseria, G. E. Robb, M. A. Cheeseman, J. R. Montgomery, Jr., J. A. Vreven, et al. Gaussian 03, Revision C.02; Gaussian, Inc: Wallingford, CT, USA, 2004.

[9] Gaan S, Sun G. Effect of phosphorus and nitrogen on flame retardant cellulose: a study of phosphorus compounds[J]. Journal of Analytical and Applied Pyrolysis, 2007, 78(2): 371-377.

[10] Griem H R. Plasma Spectroscopy[M]. New York: McGraw-Hill, 1964.

[11] Grill A. Cold plasma in materials fabrication[M]. New York: Wiley-IEEE Press, 1994.

[12] Grzegorzewski, F. PhD. Dissertation[D]. University of Berlin, 2011, 29.

[13] Guan J P, Chen G Q. Flame retardancy finish with an organophosphorus retardant on silk fabrics[J]. Fire and Materials: An International Journal, 2006, 30(6): 415-424.

[14] Guan J, Yang C Q, Chen G. Formaldehyde-free flame retardant finishing of silk using a hydroxyl-functional organophosphorus oligomer[J]. Polymer Degradation and Stability, 2009, 94(3): 450-455.

[15] Guimin X, Guanjun Z, Xingmin S, et al. Bacteria inactivation using DBD plasma jet in atmospheric pressure argon[J]. Plasma Science and Technology, 2009, 11(1): 83.

[16] Horrocks, Richard A, D Price. Handbook of Technical Textiles[M]. Camb. Woodh. Publ. 2001, Limit. ISBN:1855734192.

[17] Kako T, Katayama A. Performance properties of silk fabrics flameproofed with organic phosphorous agent[J]. Journal of Sericultural Science of Japan, 1995, 64(2): 124-131.

[18] Khomhoi P, Sangprasert W, Lee V S, et al. Theoretical Study of the Bombyx mori Silk Surface Functionalization: Quantum Mechanical Calculation of the Glycine-Alanine Unit Reacting with Fluorine and Molecular Dynamic Simulation of Wettability[J]. Chiang Mai Journal of Science, 2010, 37(1): 106-115.

[19] Kurunczi P, Lopez J, Shah H, et al. Excimer formation in high-pressure microhollow cathode discharge plasmas in helium initiated by low-energy electron collisions[J]. International Journal of Mass Spectrometry, 2001, 205(1-3): 277-283.

[20] Kylián O, Benedikt J, Sirghi L, et al. Removal of Model Proteins Using Beams of Argon

Ions, Oxygen Atoms and Molecules: Mimicking the Action of Low - Pressure Ar/O_2 ICP Discharges[J]. Plasma Processes and Polymers, 2009, 6(4): 255-261.

[21] Mathew T, Datta R N, Dierkes W K, et al. Mechanistic investigations of surface modification of carbon black and silica by plasma polymerisation[J]. Plasma Chemistry and Plasma Processing, 2008, 28(2): 273-287.

[22] Naganathan P S, Venkatesan K. Crystal and molecular structure of glycyl-L-alanine hydrochloride[J]. Acta Crystallographica Section B: Structural Crystallography and Crystal Chemistry, 1972, 28(2): 552-556.

[23] Osaki K, Fujimoto S, Fukumasa O. Application feasibility of high-performance-type plasma jet device to various material processes[J]. Thin Solid Films, 2003, 1(435): 56-61.

[24] Raballand V, Benedikt J, Wunderlich J, et al. Inactivation of Bacillus atrophaeus and of Aspergillus niger using beams of argon ions, of oxygen molecules and of oxygen atoms[J]. Journal of Physics D: Applied Physics, 2008, 41(11): 115207.

[25] Reddy P R S, Agathian G, Kumar A. Ionizing radiation graft polymerized and modified flame retardant cotton fabric[J]. Radiation Physics and Chemistry, 2005, 72(4): 511-516.

[26] Sangprasert W, Lee V S, Boonyawan D, et al. Sulfur hexafluoride plasma surface modification of Gly-Ala and Ala-Gly as Bombyx mori silk model compounds: Mechanism investigations[J]. Journal of Molecular Structure, 2010, 963(2-3): 130-136.

[27] Schäfer J, Foest R, Quade A, et al. Local deposition of SiOx plasma polymer films by a miniaturized atmospheric pressure plasma jet (APPJ)[J]. Journal of Physics D: Applied Physics, 2008, 41(19): 194010.

[28] Sismanoglu B N, Amorim J, Souza-Corrêa J A, et al. Optical emission spectroscopy diagnostics of an atmospheric pressure direct current microplasma jet[J]. Spectrochimica Acta Part B: Atomic Spectroscopy, 2009, 64(11-12): 1287-1293.

[29] Takahashi Y, Gehoh M, Yuzuriha K. Structure refinement and diffuse streak scattering of silk (Bombyx mori)[J]. International Journal of Biological Macromolecules, 1999, 24(2-3): 127-138.

[30] Tranter T C. Unit-cell dimensions and space groups of synthetic peptides. II. Glycyl-l-alanine, glycyl-l-alanine hydrochloride, glycyl-l-analine hydrobromide and glycyl-l-tryptophane[J]. Acta Crystallographica, 1953, 6(10): 805-806.

[31] Tranter T C. Crystal structure of Glycyl-l-Alanine hydrochloride[J]. Nature, 1956, 177(4497): 37-38.

[32] Tsafack M J, Levalois-Grützmacher J. Flame retardancy of cotton textiles by

plasma-induced graft-polymerization (PIGP)[J]. Surface and Coatings Technology, 2006, 201(6): 2599-2610.

[33] Tsafack M J, Levalois-Grützmacher J. Plasma-induced graft-polymerization of flame retardant monomers onto PAN fabrics[J]. Surface & Coatings Technology, 2006, 200(11): 3503-3510.

[34] von Keudell A, Jacob W. Elementary processes in plasma-surface interaction: H-atom and ion-induced chemisorption of methyl on hydrocarbon film surfaces[J]. Progress in Surface Science, 2004, 76(1-2): 21-54.

[35] Wichman I S. Material flammability, combustion, toxicity and fire hazard in transportation[J]. Progress in Energy and Combustion Science, 2003, 29(3): 247-299.

[36] Wu W, Yang C Q. Comparison of different reactive organophosphorus flame retardant agents for cotton: Part I. The bonding of the flame retardant agents to cotton[J]. Polymer Degradation and Stability, 2006, 91(11): 2541-2548.

[37] Wu W, Yang C Q. Comparison of different reactive organophosphorus flame retardant agents for cotton. Part II: Fabric flame resistant performance and physical properties[J]. Polymer Degradation and Stability, 2007, 92(3): 363-369.

[38] www.NIST.gov accessed via internet, 2009.

[39] Yang H, Yang C Q. Durable flame retardant finishing of the nylon/cotton blend fabric using a hydroxyl-functional organophosphorus oligomer[J]. Polymer Degradation and Stability, 2005, 88(3): 363-370.

[40] Zanini S, Riccardi C, Orlandi M, et al. Plasma-induced graft-polymerisation of ethylene glycol methacrylate phosphate on polyethylene films[J]. Polymer Degradation and Stability, 2008, 93(6): 1158-1163.

[41] Zou X P, Kang E T, Neoh K G. Plasma-induced graft polymerization of poly (ethylene glycol) methyl ether methacrylate on poly (tetrafluoroethylene) films for reduction in protein adsorption[J]. Surface & Coatings Technology, 2002, 149(2-3): 119-128.

后　记

由于本书的撰稿人具有不同的背景，使本书真正成为国际合作的结晶。本书展示了世界各地相关研究的新发展，并且详细分析了新领域。我们要感谢Hamidreza Salimi Jazi博士，感谢他以专业的知识使这本书变得独一无二。没有他的贡献和努力，这本书是无法付梓的。他为收集本书各个方面的最新信息付出了巨大的努力，使这本书成为许多专业人士和学生的宝贵借鉴资料。

本书是以传授最新信息为理念的，编辑委员会（以下简称编委会）中的每个人都为本书做了严格的评估，之后，他们投入了大量的时间为读者研究和汇编最有用的数据。编委会和撰稿人之间不时举行会议，以便在书中以最容易理解的形式介绍相关内容。

本书的每一章都经过了专家的审查，大家共享署名许可协议，其实际应用或可促进相关科学的发展。编委会成员一直参与在本书的编写中，他们花费了大量的时间研究和探索各种主题，从而成功地出版了本书。他们通过这本书总结了相关领域数十年的知识。为了尽快完成这项艰巨的任务，出版单位在每个环节中都为团队提供了支持，还配备了几位助理编辑，以加快出版流程，提升书稿质量。

本书的编委会成员来自各个国家，他们都为本书贡献了自己的创新成果。研究人员和撰文者进一步讨论这些成果，并对此提出了宝贵的意见。

本书设计人员还花了大量的时间为本书设计封面。他们仔细检查书中的每张图片，以设计合适的主题封面。

编委会积极参与每个过程，包括收集数据，与贡献者联系以及获取相关信息。编委会一直为编辑、设计和制作提供大力支持。他们不遗余力地为该项目争取优秀的人才。

出版社和编委会希望这本书为世界各地的研究人员、学生、从业人员和学者提供有用的知识。